ERSHISI JIEQI NONGGENG WENHUA JIAOCHENG

二十四节气农耕文化教程

编委会主任　刘新民

副　主　任　田义轲　　张玉梅　　云立新

编　　　委　赵龙刚　　吕永庆　　蔡连卫

柴　超　　贾永超　　刘园园

曹银娣　　徐　浩　　吴　薇

王　淙　　隋仁东

主　　　编　云立新　　蔡连卫

中国海洋大学出版社

·青岛·

图书在版编目(CIP)数据

二十四节气农耕文化教程 / 云立新,蔡连卫主编
. 一青岛:中国海洋大学出版社,2023.8
ISBN 978-7-5670-3602-4

Ⅰ.①二… Ⅱ.①云… ②蔡… Ⅲ.①二十四节气—
关系—传统农业—风俗习惯—中国—农业院校—教材
Ⅳ.①P462 ②K892.29

中国国家版本馆 CIP 数据核字(2023)第 160347 号

出版发行	中国海洋大学出版社			
社　　址	青岛市香港东路 23 号		**邮政编码**	266071
出 版 人	刘文菁			
网　　址	http://pub.ouc.edu.cn			
电子信箱	zwz_qingdao@sina.com			
订购电话	0532—82032573(传真)			
责任编辑	邹伟真		**电　　话**	0532—85902533
印　　制	青岛国彩印刷股份有限公司			
版　　次	2023 年 8 月第 1 版			
印　　次	2023 年 8 月第 1 次印刷			
成品尺寸	170 mm×230 mm			
印　　张	18			
字　　数	304 千			
印　　数	1~9000			
定　　价	49.00 元			

目　录

导　论 / 1

第一篇　春　生

第一章　复苏 / 21

第一节　立春 / 21

第二节　雨水 / 31

第三节　惊蛰 / 41

第二章　萌生 / 52

第一节　春分 / 52

第二节　清明 / 62

第三节　谷雨 / 72

第二篇　夏　长

第三章　成长 / 81

第一节　立夏 / 81

第二节　小满 / 91

第三节　芒种 / 100

第四章　成熟 / 111

第一节　夏至 / 111

第二节　小暑 / 120

第三节　大暑 / 128

第三篇　秋　收

第五章　收割 / 141

第一节　立秋 / 141

第二节　处暑 / 150

第三节　白露 / 158

第六章　收获 / 169

第一节　秋分 / 169

第二节　寒露 / 179

第三节　霜降 / 190

第四篇　冬　藏

第七章　蕴藏 / 203　　　　　　　**第八章　休养** / 235

第一节　立冬 / 203　　　　　　　第一节　冬至 / 235

第二节　小雪 / 213　　　　　　　第二节　小寒 / 250

第三节　大雪 / 223　　　　　　　第三节　大寒 / 261

结语　坚定新时代二十四节气农耕文化自信与守正创新 / 274

参考文献 / 279

后　记 / 282

导　论

"春雨惊春清谷天,夏满芒夏暑相连。秋处露秋寒霜降,冬雪雪冬小大寒。"传唱于时间长河的古老歌谣,让二十四节气深深地刻在中国人的记忆中。

一、二十四节气的农耕文化意蕴

(一)二十四节气的缘起

作为我国优秀传统文化的独特符号和宝贵遗产,二十四节气起源于古代的黄河流域,可以说与黄河农耕文化相伴而生。黄河是中华民族的主要发祥地之一,孕育滋养了民族精神的生发成长。遥想我们的祖先披荆斩棘、筚路蓝缕,在从事农耕活动和农业生产的过程中,面对的最大挑战就是自然界的无常变化与万千气象。无论天气、气候还是地质水文,无一不对他们在黄河流域的繁衍生息和生存发展产生着重大影响。为了应对严酷的自然环境压力,以保证族群的生存和生活,我们的祖先很早就有了主动认识自然、适应环境变化的自觉。

正如一些学者认为,研究中国历史文化现象,应当本着"取地下之实物与纸上之遗文互相释证"①的科学态度。二十四节气被认为是先民在农耕活动中通过对太阳周年运动变化的观察,在此基础上总结了相关规律,进而形成的关于时间认知与实践应用的系统性知识体系。二十四节气的形成,与黄河流域处于中纬度地区、暑寒分明便于观测密切相关。起初,限于观测方法的原始简陋,相关规律性经验认识比较粗略,对农业生产指导的精确性并不是很高。随着圭表测影方法的运用,在能够较为准确地测量日影周期性变化的基础上,我们的祖先创造性地对时间进行了年、季、月、节的划分,诞生了二十四节气这一重要的文化成果,并且成为古代农业生产的指南。关于这一叙述,不仅见于众多古文献的相关记载,而且借助现代考古学家对位于山西省襄汾县陶寺村南、距今

---

① 陈寅恪《金明馆丛稿二编》,生活·读书·新知三联书店 2001 年版,第 219 页。

4000 年前的陶寺遗址进行的考察发掘成果发现,早在"夏"时期,就已经有了古观象台和带有刻度的圭表。由此可见,在以龙山文化为典型代表的中国黄河中游地区的文明进化过程中,我们的祖先已经能够用圭表测日,探求日影长度在一年中的变化及其呈现的特定轨迹和运行规律。

的确,一年之中,日影长度是如何变化的,其呈现的轨迹有无规律可循,这些变化与时间和自然万物的动静反应之间到底有什么关系等,这些问题曾经让先民陷入苦苦思索。为此,他们便在躬耕垄亩、穴居野处的艰难生产生活实践中,在弥漫着泥土气息的广阔大地上展开相关的观测活动,去感受时间的流动,体察自然万物的变化。

最初,我们的祖先只是对日出日落的方位进行简单的观测,把一次日升日落定义为一日(天),并根据地表某一点观察到的太阳的空间位置来决定时刻,比如当太阳处于某地正南上方时,此时便是"正午"。通过定点观测,我们的祖先还发现太阳在不同的时间段起落的方位不同。比如通过一天天的观测可以看到,太阳落山后,某一个时期出现在西半天空的星星,经过一段时间就会移动到东半天空,而太阳本身也好像一直在从西向东不停地移动。于是他们便从观测日出日落方位转向观测太阳位置如何在星星之间改变的周期性变化。在周期性观测太阳位置变化的同时,我们的祖先也在思考寒暑往来、冷暖转换与日出日落的内在关联。渐渐地,他们认识到:"气候的温寒是由太阳高度角的变化引发的,然后发现了地面上影子的长短与太阳高度角的大小呈负相关的关系,由此发明了利用圭表测量影子的长短来掌握太阳高度角变化规律的方法。"[1]这里所说的圭,实际上相当于一把水平放置用来测量的尺子;而表,其实就是一根垂直竖立的杆子。毫不夸张地说,使用圭表对太阳的观测是一项标志性创举,它把人类肉眼的直观认识转化为技术测度。自从有了圭表作为技术支撑,日复一日,我们的祖先将正午捕捉到的日影周期性变动与自然界和各种生物的相应变化联系起来展开观察。一是查验天气特征,看天地间的风、雨、雷、电、水、虹、露、霜、冰、雪在如何演变;二是查验动植物特征,观花、草、林、木、鸟、兽、虫、鱼在如何动静反应。有一个大家熟知且非常形象的词汇——立竿见影,生动形象

---

[1]　毕旭玲《重新认知以二十四节气为代表的中国古代太阳历的地位及其对中国政治文化的影响》,《阅江学刊》2022 年第 4 期。

地描绘了人们是如何对太阳投射到地面上的光影长度进行测度和把握的。但是在历史的长河里，我们的祖先为了能够"审堂下之阴，而知日月之行、阴阳之变"（《吕氏春秋·慎大览·察今》），通过运用圭与表来测量正午太阳影子的长短，付出了现代人难以想象的辛劳。正是由于我们的祖先日积月累、坚持不懈地运用圭表测量，他们对太阳活动、天气变化和生物动态规律的认识和把握也不断深入，渐渐发现每天使用圭表在正午观察到的日影长度都不相同，其特征呈现为一伸一缩的规律性变化，而且这个周期的长度恰好是一次寒暑的轮回，因此便把这一周期定为一岁（年）。同时逐渐弄清楚了一岁之内哪一日正午杆影最长，哪一日正午杆影最短以及杆影在这最长最短两个时刻之间变化的基本轨迹。他们把最长的那一日定为"长至"或"日长至"，即"夏至"；最短的一日定为"短至"或"日短至"，即"冬至"。通过不断明确日、岁，特别是创立冬至、夏至的概念，我们的祖先以冬至和夏至把一岁也就是通常所说的一年划分成两个时间段，再对其进行平分，又有了春分和秋分的定义，以此为基础继续测量和推算，最终形成了二十四节气的系统排列。自从有了二十四节气的认知，我们的祖先便据此研判开展农业耕作的时机，进行相应生产时间调度，同时有序安排日常生活。

（二）二十四节气鲜明的文化特征

1. 二十四节气是黄河农耕文化的精华

我国古代以农立国，黄河农耕文化生成于中国北方黄河两岸所处的独特地理环境。那里的地势平坦开阔，土壤肥沃，借助简单的耕作工具便可以开荒种地，从事稼穑，黄河的各个支流沿岸同样有着便于开发的丰富土地资源。无论是黄土还是黄河，都为我们的祖先繁衍生息提供了得天独厚的自然条件，让他们找到了安身立命的场所，也在这一片土地上形成了以农耕为主的生产格局。

出于农耕活动的实际需要，我们的祖先开始把注意力转向太阳，观察其变化特征，探索这些变化对于农作物的种、长、收、藏产生的影响。而二十四节气的形成，让我们的祖先可以根据气候、物候的变化安排耕种、收割等农事活动，同时也为日常生活提供了指引。在二十四节气中，反映季节的是立春、春分、立夏、夏至、立秋、秋分、立冬、冬至；反映气候变化的有雨水、谷雨、小暑、大暑、处暑、白露、寒露、霜降、小雪、大雪、小寒、大寒；反映物候现象的是惊蛰、清明、小满、芒种。关于物候，要从候谈起。候，本是古代的计时单位，一候为五日，一年是七十二候。而在每一候，动物、植物、天气等都会有相应的变化，这些自然现象被称为"物候"。二十四节气将自身与七十二候统合，形成三候一节气。特别是七十二候中同一种动物或天气现象因不同的节气而可能呈现截然相反的变化，如"玄鸟至"与"玄鸟归"、"蛰虫始振"与"蛰虫坏户"、"雷发声"与"雷始收声"等。所以，二十四节气有助于我们的祖先通过对物候的观察判断来合理安排农耕活动。由此可见，正是在黄河农耕文化不断发展的过程中，二十四节气通过识天象、察物候，得以定时令、资稼穑，也逐渐演变成一个"内涵丰富的农业生产和民俗事象的系统"[①]。二十四节气不仅成了黄河流域先民农业生产、农事活动和日常生活的指南，还是黄河农耕文化的重要构成部分。因此，作为黄河农耕文化的精华，二十四节气充分体现了发源于黄河流域的中华文明博大精深的丰厚文化内涵以及独特鲜明的民族性格，也成为对中国传统文化进行观照的一面镜子。今天，我们探析二十四节气丰厚的文化意蕴，可以从中清晰地梳理出向往安宁的文化诉求、顺时而作的文化精神、阴阳和合的哲理思维以及崇尚自然的文化心理。难怪有人这样形容二十四节气："以时节为经，以农桑与风土为纬，建构了中国人的生活韵律之美。"[②]也就是说，二十四节气里的光与影、晴与雨，将一部百折千回的中国历史，将源远流长的黄河农耕文化，特别是将黄河两岸祖祖辈辈在土地上日出而作日落而息的平凡生活，含蓄而又深刻地娓娓道来。它所独有的生成和运行逻辑，洋溢着人与自然之间的一种相互依存的关系，进而传导了天人合一、人与自然和谐共生的自然观、生活观和伦理观。

此外，二十四节气还与"中国"一词有不解之缘。1963年，在陕西宝鸡贾村出土了一个被称为何尊的西周早期青铜酒器，人们在尊内的底部发现了12行共122字的铭文，涉及文王受命、武王灭商、成王迁都等西周早期一系列政治事件。文中有"余其宅兹中国，自之乂民"这样的字句，据考证这是"中国"首次以词语的形式闪亮登场。[③]也有学者论证指出，何尊上"中国"词语的形成实际上源自先民观测和制定二十四节气的圭表测影活动。通过相关研究追溯认为，在

①　王加华《节点性与生活化：作为民俗系统的二十四节气》，《文化遗产》2017年第2期。
②　宋英杰《二十四节气志》，中信出版集团2017年版，"序言"第5页。
③　叶正渤《西周标准器铭文疏证（一）》，华东师范大学中国文字研究与应用中心《中国文字研究》第七辑，广西教育出版社2006年版，第151页。

周公姬旦摄政时期曾经作出一个决定,即将政治中心由镐京迁往洛邑。为了使迁都举措令人信服,他特意举行了一次隆重的圭表测影活动,就在洛邑某地的夏至那天中午,高高竖立的表的日光投影与地面放置的圭等长,以此佐证洛邑是周王朝土地的中央,即"中央之国","中国"一词概发源于此。①

2. 二十四节气内涵丰富

二十四节气中充满农事和生活趣味。立春、立夏、立秋、立冬和春分、秋分以及夏至、冬至,简称为"四立二分二至",共同构成二十四节气的经纬。而二十四节气中的节庆、礼仪、民俗、文学等多种丰富内涵,它"涵盖的农业生产与生活的技艺和经验,正是民俗群体的集体记忆在代与代之间的传承,这其中既包括饮食习惯、生活导向和观念认知等回忆结构的主观方面,也包括村居民舍、田垄水渠、农具牲口等回忆结构的客观方面"②,更是人们在长期的生产实践和社会生活中形成并世代相传的文化成果。从二十四节气产生和演变传承中可以见证"中国悠久的古代农耕历史、发达的农学思想、和谐的文化理念"③,还可以了解农业生产的技术知识与古代中国发达的天文知识,进一步理解大一统的政治制度的形成与历朝历代重农政策的起因。

二十四节气可指导农业生产。二十四节气与农业生产关系密切,其核心就是以"巢居者知风、穴居者知雨、草木知节令"的视角,把握农时,便宜农事,适时播种,及时收获,争取丰收。所以,二十四节气中关于指导农业生产的内容基本上集中于蔬菜、瓜类、果树、竹木、桑树的栽培,农田水利,蚕的饲养,养蜂采蜜,粮食和种子保管,副食品加工等方面,涵盖了农作物生长、病虫害防治、抗旱保墒、积肥施肥、田间管理等诸多方面,涉及对蔬、果、畜、禽以及水产养殖等农事活动的指导。二十四节气还强调应当围绕把握有利时机做好诸如精细整地、疏通排水、灌水防旱、松土除草以及薄肥勤施等农事,可谓包罗万象。

人们还可根据二十四节气安排日常生活。长期以来,二十四节气已经成了中国人安排打理日常生活的经典指南,正所谓"跟着节气过日子"。从二十四节气的起源地黄河流域来说,深厚的农耕文化氛围,让每一个农家的日常生活无

---

① (汉)郑玄注,(唐)贾公彦疏《周礼注疏》,《十三经注疏》本,中华书局 1980 年版,第 639 页。
② 徐业鑫《文化失忆与重建:基于社会记忆视角的农业文化遗产价值挖掘与保护传承》,《中国农史》2021 年第 2 期。
③ 徐旺生《"二十四节气"在中国产生的原因及现实意义》,《中原文化研究》2017 年第 4 期。

外乎"细致地揣摩着天地之性情,观察天之正气,地之愆伏,因之而稼穑;恭谨地礼天敬地,顺候应时"①。二十四节气中产生较早的"二至""四立"等,与老百姓生活关系十分紧密。以冬至为例,在我国北方,几乎家家都在这一天包饺子聚餐,家人围坐一处,其乐融融。倘若跨过长江,进入江苏、浙江境内,便会见到此日人们忙着祭祖和全家团圆,包馄饨、蒸年糕的情景如同除夕的守岁,难怪会有"冬至大如年"一说。再往南,福建、广东同样如此。再比如山东荣成等沿海地区对谷雨节气特别重视,那是因为谷雨节气"百鱼上岸",为祈求出海捕鱼能收获满满平安归来,当地百姓一般要在谷雨这天举行盛大的祭祀海神仪式,代代相传,形成了仪式隆重的谷雨节。还有像小暑、大暑、小雪、大雪、小寒、大寒等节气,往往事关日常生活,十分贴近寻常的一日三餐,同时又暗寓着益寿延年的期许,如民间广为流传的大暑进补、大寒进补等养生保健方法。随着时间的推移,这些习俗越过了黄河、跨过了长江,传播于中华大地。

二十四节气对于日常生活的安排上的影响,在地域差异和多样化方面也越来越明显,这样既增强了它的适应性和活力,也可以随着时代发展不断丰富其内容,这就使得许多做法延续至今。

节气中的民俗。农耕时代,大家同属一方水土,乡村成员多以血缘或地缘为联结纽带,耕作依据同一岁时节令,参与基本相同的婚丧喜庆和尊祖祭祀的活动,属于典型的熟人社会。从这一意义上讲,二十四节气"穿越时空,勾连起过去与当下、传统与现代、自我与他者,并以特定的形式得到传承和发展",同时"提供了集体性叙事、地方性认同以及日常互动秩序"②。因此,二十四节气的文化习俗活动更为丰富。纵观浩瀚的史料,每逢立春、春分、清明、夏至、立秋、秋分、冬至等节气,几乎历朝历代帝王都要去祭祖荐陵。而民间在春分、清明、夏至、秋分、冬至等节气,各地老百姓会以不同形式祭祀祖先,缅怀先人。"春为一岁之首,农为百行之先。"从周朝开始,每逢立春日,天子亲率三公九卿诸侯大夫,到东方八里之郊迎春,此后相沿成习。每当新年伊始,寒收北陆,气转东郊,便少不了迎春大典。还有塑土牛打春的习俗,千百年来作为官方节事几乎定时举行,目的在于"一打风调雨顺,二打土肥地暄,三打三阳开泰,四打四季平安,

---

① 宋英杰《二十四节气志》,中信出版集团2017年版,"序言"第8页。
② 徐业鑫《文化失忆与重建:基于社会记忆视角的农业文化遗产价值挖掘与保护传承》,《中国农史》2021年第2期。

五打五谷丰登,六打六合同春,七打七星高照,八打八节康宁,九打九九归一,十打天下太平"。可以说,祈求丰收从打春牛开始,想要打去一冬慵懒,打来一岁丰稔。

节气民俗文化还有一个特征,就是着力将与节气应然的气候、物候冲突的各种灾异记录于官修史书当中,通过把寒暑旱涝的不合时令与帝王将相的施政行为关联到一块,希望运用节气来臧否吉凶,借助"天戒""天罚"警示庙堂之上的失德失政。

节气的谚语表达。二十四节气可以梳理出大量谚语,千百年来被用于预测天时气候、年度丰歉。这种节气的谚语表达方式,使得关于节气的农业知识跃升为文化智慧。例如,"雨水有雨庄稼好,大春小春一片宝。""雨水前后,植树插柳。""春分早,立夏迟,清明种田正当时。清明麻,谷雨花,立夏点豆种芝麻。""清明不见风,麻豆好收成。""小满前后,种瓜点豆。""白露早,寒露迟,秋分种麦正当时。""霜降不起葱,越长心越空。""寒露一到百菜枯,薯类收藏莫迟误。"这些有关农业生产的谚语,多是面朝土地背朝天的农民,用他们直观的感受,以朴素的思维,通过简洁、直白的词汇,从生产实践中提取一个个生动的文化符号,勾勒出时令和农业生产之间的脉络。

诗情词韵中的节气。自然风物是诗词表现的一个重要领域,体现自然美与趣味的山水、田园以及春夏秋冬四季变化,是诗词抒情写意的最佳场域。而诗情词韵中的二十四节气更是一种独特而又深远的艺术表现形式。事实上,诗情词韵中的节气,往往是时间元素和空间元素的浑然一体。凭借这种自然的结合,诗情词韵中所表达的思想与内容呈现出大千世界与人间情感的有机交融。从唐朝韦应物笔下"微雨众卉新,一雷惊蛰始。田家几日闲,耕种从此起"的风光,到南唐文学家徐铉笔下"仲春初四日,春色正中分。绿野徘徊月,晴天断续云"的景致,更不用说唐杜牧脍炙人口的"清明时节雨纷纷,路上行人欲断魂"的写真,使得关于二十四节气的吟诵变成了"一切景语皆情语",作者内心浓浓的情感与外界的千姿百态融为一体。因此不难看出,春季万物勃发,草长莺飞,诗情词韵中的节气更多是喜悦场景;而无论是萧瑟的深秋还是肃杀的严冬,诗情词韵中的节气就会显得苍凉落寞。可以说,诗情词意借助不同的节气表达了作者内心不同的感受,以展现他们"遵四时以叹逝"的心声。也正是诗情词韵中有了节气变化的烘托,才能巧妙地阐释作者真实的处境和心境,为此类作品平添了更多艺术的感染力。

总之,二十四节气作为世界文化遗产,曾经年复一年指引着祖先的生产劳作,滋养着百姓的生活。或许它早已进入我们中国人的意识深处,化成我们身体中永不消失的"文化基因"。

二、二十四节气农耕文化的历史演变

(一)二十四节气的文化演进

总体来说,在历史长河中,二十四节气形成及其演变主要表现为:"一是时间的划分逐步走向精细化和制度化;二是逐步实现生产生活与时间体系的融合,并呈现出丰富多彩的文化表现形式。"①正如"时间的永恒轮回构成了田野的永恒秩序",由于农民以土地为生,所以他们"是在一定的时间界限中生活、思考和作出决定的,这种时间界限不仅仅是自然周期和大气条件强加给农业劳动者的,而且也是、还可能主要是传统文化的遗产"②。换言之,他们"是以农作物生长的周期和独特的物候现象为时间标记的。当他们回忆过去时,时间是具体而非抽象的,其中包含着丰富的自然情境与生命体验"③。

这就不难理解,尽管二十四节气并非完全独立的历法系统,但千百年来作为一个调和阴历与阳历的重要"纽带",它将天象、四时、物候和相应的农事活动联结成一体,不仅反映天时而且反映农时,是我国先民的独创性文化成就,为人类历法和农业历史文化发展奉献了中国智慧。2016 年 11 月 30 日,"二十四节气"被联合国教科文组织列入人类非物质文化遗产代表作名录。④

纵观二十四节气的诞生、发展和演变,并非一夕而成,而是经历了一个漫长的历史过程。按照学术界基本的认定,二十四节气应当是萌芽于夏商时期。另据历史天文方面的研究推算,二十四节气作为干支历的基本内容,在上古时代已经订立,如"天皇氏始制干支之名,以定岁之所在"。所以,二十四节气是干支历中表示季节、物候、气候变化的特定节令。早在西周时期,从日南至、日北至的测定到春分、秋分概念的产生,冬至、夏至、春分、秋分 4 个节气便已出现。从

---

① 隋斌、张建军《二十四节气的内涵、价值及传承发展》,《中国农史》2020 年第 6 期。
② 〔法〕H. 孟德拉斯《农民的终结》,李培林译,社会科学文献出版社 2010 年版,第 47 页。
③ 王加华《农民的时间感——以山东省淄博市聚峰村为中心》,《民俗研究》2006 年第 3 期。
④ 《"二十四节气"申遗成功》,《光明日报》2016 年 12 月 1 日第 9 版。

东周到春秋再到战国,随着先民测度技术的日益提高,对太阳周期变化规律的进一步认识,又增添了立春、立夏、立秋、立冬节气,形成"八节"。"八节"是二十四节气中最重要的部分,是季节转换的标记。有了"八节",一年中的四季便被划分得更加细致。同时,二十四节气的内容开始涉及降水和气温。直到秦汉时期,二十四节气趋于完善。1972年出土的银雀山汉简《三十时》中,已有"冬至""夏至"和"日夜钧"字样,明确说明冬至、夏至、春分、秋分,把一年分为四季。

二十四节气真正确立和定型的标志应该是汉武帝元封六年(公元前105年),诏令改定历法,由天文学家邓平等人议造《汉历》,第二年,即汉武帝元封七年历成,同年五月改年号为太初,并将这套《汉历》颁布实施,后人称为《太初历》。《太初历》首次正式将二十四节气纳入国家历法,以指导农事。

(二)历史典籍中的二十四节气

二十四节气多见于历史典籍。如在《尚书·虞书·尧典》中,春分、秋分、立春、立秋四个节气开始出现;在《周礼》中已有关于四时的记载;《管子·幼官》中已经有了30个节气。而在《左传·昭公十七年》中,则以另一种形式明白地提到了八节:"玄鸟氏,司分者也。(玄鸟,燕也。以春分来,秋分去。)伯赵氏,司至者也。(伯赵,伯劳也。以夏至鸣,冬至止。)青鸟氏,司启者也。(青鸟,鸧鹒也。以立春鸣,立夏止。)丹鸟氏,司闭者也。(丹鸟,鷩雉也。以立秋来,立冬去,入大水为蜃。)"[①]意思是说,燕子春分来,秋分去,以此命名的官主管春分和秋分;伯劳鸟夏至鸣,冬至止,以它命名的官主管夏至和冬至;青鸟立春鸣,立夏止,以它命名的官主管立春和立夏;丹鸟立秋来,立冬去,以它命名的官主管立秋和立冬。战国末期,秦国丞相吕不韦主持编纂《吕氏春秋》(又名《吕览》),书中除小满和大雪以外,已记有22个节气。西汉时期的《淮南子》中二十四节气已经完整,节气名也已统一并沿用至今。

同样,在西汉司马迁的《史记·太史公自序》中这样写道:"夫阴阳四时、八位、十二度、二十四节各有教令,顺之者昌,逆之者不死则亡。未必然也,故曰'使人拘而多畏'。夫春生夏长,秋收冬藏,此天道之大经也,弗顺则无以为天下纲纪,故曰'四时之大顺,不可失也'。"也就是说,二十四节气的内容符合自然运

---

① (西晋)杜预注,(唐)孔颖达疏,(清)阮元校刻《春秋左传正义》,《十三经注疏》本,中华书局1980年版,第2083页。

行的规律,应当是农耕活动自觉遵循的根本原则。而在东汉班固的《汉书》中详细记载了二十四节气的推演方法,星次、星宿和节气的关系等。值得一提的是,成书于元代的《王祯农书》,作为中国古代四大农书之一,其中有《周岁农事授时尺图》(以下简称《授时图》),以图文并茂的形式来表现二十四节气指导农业生产的主要内容。这里的"周岁"即一年;"尺图"指"图成仅盈尺"的小幅图画。《授时图》以黄河中下游地区的天象、气象、降水、物候的时序变化为基准,用二十四节气定月份、定季节,将天象、节气、物候、农事活动等融为一图,目的在于"考历推图,以定种艺"。《授时图》反映的是我国北方主要是黄河流域的气候变化和农事活动,带有连续性和周期性的特点,分别表现不同的时节,对应不同的农事安排,因此成为一种农事月历和农耕宝典。

(三)二十四节气的变化特点

研究发现,二十四节气的先后次序在汉代的变化最为频繁。宋代学者王应麟《困学纪闻》卷五《仪礼》中曾经指出:"汉始以惊蛰为正月中,雨水为二月节。""太初以后,更改气名,以雨水为正月中,惊蛰为二月节,迄今不改。""又按《三统历》:谷雨三月节,清明中。而《时训》《通卦验》清明在谷雨之前,与今历同。"宋人鲍云龙《天原发微》卷三下《司气》也说:"汉始以惊蛰为正月中,雨水为二月节。至前汉末始改。""《三统历》谷雨三月节,清明中。按《通卦验》及今历以清明为三月节,谷雨中,并与《律历志》同。"再比如,现今"雨水—惊蛰""清明—谷雨"的节气次序,曾经是"惊蛰—雨水""谷雨—清明"这样一种排列。之所以会发生这样的变化,究其原因,主要是当时的历法修订对二十四节气排列产生的影响。

今天,当人们谈到二十四节气,一般都将其视为中国古代的一种历法体系或者说时间制度。据司马迁《史记》记载,最先定甲子制历法的人是远古的黄帝。对生活在黄河流域以农为本的先民来说,其生存生活对土地的依赖性很大。之所以要创建历法,其目的简单清晰,就是要努力掌握自然时变的规律,而制定历法的首要目的就是为了把握时变。前面已经提到的西汉汉武帝时期制定的《太初历》,该历法最大的贡献是将"二十四节气"引入历法,确立了更加科学的置闰原则,可以通过调整个别时节的天数,使历法与实际太阳年尽可能地接近。这是因为,我们的祖先尽管将寒来暑往的一年称作一"岁",然而"阴阳之气"从一个"冬至"到下一个"冬至"的"岁周"与地球绕太阳运行一周的"天周"时间并不一致。这一点用晋朝虞喜的认识和解释更加明了,即所谓"天自为天,岁自为岁"。

因为先民通过观测地球在恒星天中移动一周的时间发现,存在着地球绕太阳未完成一个完整周天的"岁差"现象,用我们祖先的话说这叫出现了"天纵",所以闰月的概念也就应运而生。

《太初历》以前,通行的历法将一岁划分为十二辰,又叫作"十二月建"。"建"代表着北斗七星斗柄顶端的指向。由于我们的祖先认为北斗七星循环旋转,并且斗转星移与季节变换有密切关系,因此以北斗星斗柄所指的方位作为确定季节的标准,称为斗建,也称月建。同时,先民根据《太阳历》将一个"岁周"定为365.25日。这在现实使用中难以做到与月的匹配,使得每月天数的规定参差不齐。由于它与十二个月的协调存在困难,导致历法对每一年第一个月的规定都不相同,势必造成使用中的不便,不仅会出现"初一满月,十五上弦"的异象,还会造成农业生产活动的失序。而二十四节气与十二个月匹配融洽,破解了太阳历难以克服的局限,解决了"岁差"造成的多余天数与十二个月协调的难题,满足了古代农业社会生产生活的实际需求。

正是因为阴阳合历通过每月大致分配两个节气,居奇数者为"节气",居偶数者为"中气",并且在不含中气的月份设置闰月的做法,既考虑到了"天周"全年的时长,又照顾到月亮的盈亏变化周期,对按照均分多出来的天数不再是集中分配到年中或年底,而是将其通过设闰月的方式统筹阴历和阳历的矛盾,使得二十四节气跟农耕活动更加贴近,对时节的表达更精确,使用也更方便。也因为如此,二十四节气不断演变发展,逐渐超越了单纯历法的功能,不仅成为农业生产经验的汇集和农耕活动的指引,而且成为中国人生活智慧的结晶。

其次,划分节气方法的不同对二十四节气排列同样有影响。目前了解到划分节气的方法主要有两种。一种是"平气法"(即平均时间法)。"平气法"将冬至与下一个冬至之间的日期平均分成十二等分,称为"中气",再把相邻"中气"之间的日期等分,称为"节气";平均每月有一个"中气"与一个"节气",统称为"二十四节气"。"平气法"是时间平均法,每个节气间隔时间约15天,划分的节气,始于冬至,终于大雪。后人质疑"平气法"划分的科学性,是因为它没有考虑和反映太阳在黄道上的运动快慢不匀等因素。

另一种叫作"定气法"。"定气法"产生于隋代,是根据太阳在回归黄道上的位置来确定节气的方法,在明崇祯年间(1628—1644 年)正式运用到历书。由"定气法"划分的节气,始于立春,终于大寒,周而复始,与现在的排序相同。

那么,为什么今天的二十四节气始于立春,终于大寒?合理的解释是为了更好地发挥二十四节气对农业生产实践活动的指导。一般来说,"正月节。立,建始也。五行之气往者过来者续于此。而春木之气始至,故为之立也。立夏、秋、冬同。"也就是说,"立春"是一年的开始。而一年的结束之所以终于大寒,这与农作物春生夏长秋收冬藏的节律一致,符合农事活动的规律。从而再次证明,我国作为历史上一个传统的农业国,历法的产生是因为农事的需要,其最重要的目的就是授民农时,能否方便地指导农事是检验历法能否建立和长久发展的首要标准。岁首上半年如果从冬至开始,与春耕时间相差甚远,对农事活动更是有弊无利。

此外,关于二十四节气的排列争议,至今尚未平息。如有一种观点认为,现代媒体、网络、纸本、世俗广为流行的"立春"是第一节气的说法,并不是我国历史上二十四节气排序的通行做法。冬至为第一、立春为第四等二十四节气的排列顺序,早在《淮南子》书中就已经出现,后被《史记》《汉书》《后汉书》《隋书》《旧唐书》《新唐书》《宋史》《清史稿》等史书以及《周髀算经》所继承和延续。最为荒谬的排序就是西汉刘歆为了迎合王莽篡位改制,以标榜王氏王朝的正统地位和合法性的欲求,竟然刻意把"惊蛰"排在正月中,直到东汉班固修《汉书》时才加以改正,恢复了《淮南子》的排序。

三、"二十四节气"农耕文化的当代价值

随着当代科学技术的发展,人类已经实现了对天气的中长期预报,二十四节气作为农业历法的功能正在逐步减弱。但是,传统的农业生产方式仍然在相当大的区域存在,普通民众的日常生活也仍然与节气密切相关,因此,二十四节气农耕文化仍然在农业生产、文化和民俗活动中具有一定的作用和价值,尤其是在解决当代农业面临的一些问题时,二十四节气农耕文化中蕴含的中国智慧,依然可以提供行之有效的解决方案。

(一)二十四节气中蕴含的中国智慧

二十四节气作为中国古代农时系统的典范,体现了既顺应自然又因时制

宜、因地制宜的中国智慧。

农业生产的季节性很强，从古至今，农田的耕种收播都要顺天应时、按照季节进行，这样才能五谷丰登、丰衣足食。"民以食为天"，所以自古以来，中华民族就把"不违农时"列为农业生产的首要大事，上至天子、下至百姓，都强调不失农时、不违农时、不误农事。国家还会颁布月令历书、强调遵守节气，古代帝王甚至将"不知四时"上升到"失国之基"的政治高度。而二十四节气，就是根据气候和农事特点制定的、指导人们进行农业生产的典型的"农历"，这从二十四节气的命名就可以看出来。例如，雨水和谷雨体现的是春耕春种时节人们对春雨的企盼，小满体现的是人们对雨季洪涝灾害的警示，小暑、大暑和处暑体现的是暑热之际人们对防暑保墒、培肥苗稼的提醒，白露、寒露、霜降体现的是人们对秋季作物管理、防止冻害减产的注意，"冬雪雪冬小大寒"体现的是冬寒期间人们的防寒保暖意识，等等。

在中华文明的早期，黄河流域是我国的政治、经济、文化以及农业生产的中心，所以二十四节气主要是以黄河中下游的气候、物候以及农业生产为依据建立起来的。但是，因为我国幅员辽阔，各地物候表象和农业活动的差别很大，农业生产在遵循季节的同时，还要因时、因地、因物而异。根据当地的农业物种和生产季节，一些地区的人民对二十四节气做了相应的调整，形成了各自地域性的季节安排，制定出符合当地气候和物产需要的"农事历"。这样经过不断发展，二十四节气就从黄河流域扩展到了广阔的中华大地，从而使二十四节气具有了放之四海而皆得其宜的广泛适应性和生生不息的强大生命力。

(二)二十四节气可以增强文化自信

二十四节气确立之后，不仅直接服务于农业生产和农业生活，也与民众日常生活相融合，形成了包含祭祀仪式、民俗表演、诗词歌赋、饮食养生等内容的知识体系和社会实践。事实上，二十四节气在中国人民心目中还蕴藏着深厚的民族情感和悠久的历史记忆。以清明为例，清明节气与岁时物候相关，用来指导农事有天朗气清、春耕时宜之意；清明又是人们扫墓祭祖、追思先人的节日；清明时节人们还有踏青、荡秋千、放风筝、植树、插柳等习俗；"清明时节雨纷纷，路上行人欲断魂。借问酒家何处有？牧童遥指杏花村"等脍炙人口的清明诗词，也成了中华民族的共同记忆；于是清明兼具了自然和人文的内涵，成为融入人们日常生活的知识体系和社会实践。

习近平总书记在 2013 年 12 月 23 日的中央农村工作会议上的讲话中指出:"农耕文化是我国农业的宝贵财富,是中华文化的重要组成部分,不仅不能丢,而且要不断发扬光大。如果连种地的人都没有了,靠谁来传承农耕文化?我听说,在云南哈尼梯田所在地,农村会唱《哈尼族四季生产调》等古歌、会跳哈尼乐作舞的人越来越少。不能名为搞现代化,就把老祖宗的好东西弄丢了!"在 2017 年 12 月 28 日中央农村工作会议上,习近平总书记还指出:"中华文明根植于农耕文明。从中国特色的农事节气,到大道自然、天人合一的生态伦理;从各具特色的宅院村落,到巧夺天工的农业景观;从乡土气息的节庆活动,到丰富多彩的民间艺术;从耕读传家、父慈子孝的祖传家训,到邻里守望、诚信重礼的乡风民俗,等等,都是中华文化的鲜明标签,都承载着华夏文明生生不息的基因密码,彰显着中华民族的思想智慧和精神追求。"诚如总书记所言,二十四节气等农耕文化作为中华文化的鲜明标签之一,彰显了中华民族的思想智慧和精神追求。因此,二十四节气等农耕文化绝对不能丢掉,必须传承弘扬下去。

传承弘扬蕴藏着深厚民族情感和悠久历史记忆的二十四节气,让全国各族人民深入了解二十四节气农耕文化及其赖以植根的农耕文明,可以极大地增强全国各族人民的文化自信,增强实现中华民族伟大复兴的精神力量,推进文化自信自强,铸就社会主义文化新辉煌。

(三)二十四节气有助于为解决当今农业问题提供中国方案

《史记》有言:"农,天下之本,务莫大焉",即农业是天下的根本,各项事情没有比这更为重要的了;《晋书》亦言:"务农重本,国之大纲",即务农业、重根本是国家的大纲;由此可见农业在国家所处的根本性地位。所以,习近平总书记指出:"历史和现实都告诉我们,农为邦本,本固邦宁。我们要坚持用大历史观来看待农业、农村、农民问题,只有深刻理解了'三农'问题,才能更好理解我们这个党、这个国家、这个民族。必须看到,全面建设社会主义现代化国家,实现中华民族伟大复兴,最艰巨最繁重的任务依然在农村,最广泛最深厚的基础依然在农村。"①但是,作为"天下之本、国之大纲"的农业,作为全面建设社会主义现

---

① 习近平《坚持把解决好"三农"问题作为全党工作重中之重　举全党全社会之力推动乡村振兴》,《求是》2022 年第 7 期。

代化国家、实现中华民族伟大复兴最广泛、最深厚基础的农村,在今天却面临着诸多发展难题。

一是农业资源环境等生态问题。比较突出的是水资源紧缺、水土流失、土地沙化盐化问题、水旱灾害问题、化肥过量使用带来的土壤质量问题等。以黄河流域的水资源为例,黄河流域的农业生产在保障国家粮食安全和农产品有效供给中具有十分重要的地位,但是黄河流域的水资源却非常紧缺,"水缺"比"地少"更为严重,干旱缺水已经成为黄河流域农业可持续发展的刚性约束。所以,2019 年 9 月 18 日,习近平总书记在黄河流域生态保护和高质量发展座谈会讲话中就提出,要推进水资源节约集约利用,要坚持以水定地、以水定产、大力推进农业节水;2020 年 6 月 10 日,习近平总书记在宁夏考察时再次提出,农业要节水化,要调整种植结构、积极发展节水型农业。再以化肥使用为例,化肥是农业生产活动中的重要物资,适当施用化肥可以加快农作物的生长速度、提高农作物的产量及品质,进而提高农作物的销售效益。但是,部分农户为了在短时间内取得更大的经济效益,往往会不断地增加化肥用量。长此以往,化肥中的化学元素进入土壤内,就会给土壤及地下水体造成污染,严重影响土壤质量和水资源质量。

二是农业发展后继乏人的问题。农业可持续发展,除了要确保我国粮食安全保障能力可持续、我国农业资源永续利用,还要确保足够的劳动力。但是目前比较突出的问题是,新生代农民工和农村准青年劳动力从事农业活动的意愿不强。党的十八大以来,中国的新型城镇化建设深入推进,城镇建设和发展步入新的阶段,取得了巨大成就,更多农业转移人口市民化。中国发展研究基金会与普华永道联合发布的《机遇之城 2022》报告显示,进入 2022 年,中国的新型城镇化进程开启了高质量深化发展的新篇章。但是,伴随着城镇化这一现代化必由之路的发展,也出现了劳动力不愿意从事农业的问题。那些 1980 年以后出生、20 世纪 90 年代末开始进城务工的农民工,渴望融入城市、不愿意返乡务农;那些出生在农村家庭、具有农村生活背景、初步具备劳动能力但尚未参加工作的农村准青年劳动力,从事农业活动的意愿也普遍较低,甚至据调查有八成以上不愿从事农业相关活动。新生代农民工和农村准青年劳动力,是农业发展和新农村建设的潜在主体力量,他们是否有从事农业的意愿,影响到"将来谁来种地"的问题,关系到农业的可持续发展。

要解决当今农业发展面临的这些难题,需要有立足中国农业和农村现实的中国智慧与中国方案,二十四节气可以提供不少思路。二十四节气蕴含的顺应自然又因时制宜、因地制宜的中国智慧,对于解决影响农业资源环境等生态问题(如不合理用水和过度施肥等),有重要启示意义,如何在顺应自然的同时合理用水、合理施肥,是农业发展应该思考和面对的问题;二十四节气与民众日常生活关系密切,以二十四节气为抓手来唤醒民众对农耕文化的重视意识,传承弘扬农耕文化,逐步增强新生代农民工和农村准青年劳动力从事农业活动的意愿,可以逐步解决农业可持续发展所需要的劳动力问题。

四、开展“二十四节气”农耕文化课程教学的重要意义

如前所述,二十四节气农耕文化与民众日常生活关系密切。某种程度上可以说,中国人民都是二十四节气农耕文化的传承人、使用人和受益人,也是二十四节气农耕文化始终不渝的实践者、推动者和创新者。用民众熟悉的“二十四节气农耕文化”开展课程教学,能够加深青少年对农耕文化的了解与热爱,更好地传承、弘扬农耕文化,增强青年学生的知农爱农情怀,向世界讲好中国故事和中华文化。

(一)加深青少年对传统农耕文化的了解与热爱

“耕读传家久,诗书继世长”,是对中华优秀传统文化的核心解读,也是中华几千年传承的价值观念。“耕”与“读”,即既从事农业劳动又读书,二者一直是密不可分的。陶渊明《归去来兮辞》中的“悦亲戚之情话,乐琴书以消忧。农人告余以春及,将有事于西畴”,虽然是陶渊明辞官之际对归隐生活的理想,但同时也是对读书人最常见生活的真实描绘;范成大《四时田园杂兴(其三十一)》中的“昼出耘田夜绩麻,村庄儿女各当家。童孙未解供耕织,也傍桑阴学种瓜”,是农村最常见的生活场景。

但是今天,随着城镇化建设的深入和生活节奏的加快、随着高考竞争力的增大和越来越厉害的就业内卷,“书山题海,疲于奔命”“四体不勤,五谷不分”“城市就业,考研考公”,成为当代青少年普遍的学习生活状态和奋斗目标,他们对农业农村缺乏基本认知。即便是在农村出生、成长起来的青少年,也因为农业机械化的普及,大都没有亲身从事过农业生产劳动,缺少“昼出耘田夜绩麻”

"也傍桑阴学种瓜"的生活经历和农业生产经验。通过"二十四节气农耕文化"课程的教学,可以让当代青少年在具体可感的生活中逐步了解农业、农村,从而加深青少年对传统农耕文化的了解与热爱。只有当代青少年了解热爱二十四节气农耕文化,他们才有可能成为农耕文化的传承者,成为未来农业农村的建设者。

(二)更好地传承弘扬农耕文化

习近平总书记指出:"农耕文化是我国农业的宝贵财富,是中华文化的重要组成部分,不仅不能丢,而且要不断发扬光大。"教育要从娃娃抓起,农耕文化最好的普及、传承渠道,也莫过于各级各类学校。2019 年 3 月 18 日,习近平总书记在学校思想政治理论课教师座谈会上强调:"青少年阶段是人生的'拔节孕穗期',这一时期心智逐渐健全,思维进入最活跃状态,最需要精心引导和栽培。"

二十四节气中有许多生动有趣的民间习俗、非常丰富的文化内涵,仅以立春节气为例,就有迎春、糊春牛、打春牛、咬春、踏春、立春祭等多种民俗活动,有制作春盘、春饼、春卷等多种饮食活动,还有"一年之计在于春,一日之计在于晨""立春一年端,种地早盘算"等众多农业谚语,以及"律回岁晚冰霜少,春到人间草木知"(张栻《立春偶成》)、"春已归来,看美人头上,袅袅春幡。无端风雨,未肯收尽余寒"(辛弃疾《汉宫春·立春日》)等经典诗词名句。而这些民俗、饮食、农谚、诗词等,都与青少年的生活息息相关。毫无疑问,当我们将这些与日常生活息息相关的二十四节气内容,精心融入学前的生活教育、融入中小学的学科教育、融入大学的通识教育,就是对处于"拔节孕穗期"的当代青少年普及农耕文化的有效、快捷渠道。因为懂得,所以热爱,当亿万青少年通过"二十四节气农耕文化"课程的学习,深入了解了农耕文化之后,他们就会成为农耕文化自觉的传承者和弘扬者。

(三)增强青年学生的知农爱农情怀

习近平总书记在二十大报告中指出:"全面推进乡村振兴,坚持农业农村优先发展,巩固拓展脱贫攻坚成果,加快建设农业强国,扎实推动乡村产业、人才、文化、生态、组织振兴,全方位夯实粮食安全根基,牢牢守住十八亿亩耕地红线,确保中国人的饭碗牢牢端在自己手中","教育、科技、人才是全面建设社会主义现代化国家的基础性、战略性支撑"。乡村振兴和农业农村的发展,离不开有志于农业农村发展的优秀人才,全国涉农高校则承担着培养农业农村发展所需优秀人才的重任。习近平总书记2019年9月5日在给全国涉农高校的书记校长和专家代表的回信中指出:"中国现代化离不开农业农村现代化,农业农村现代化关键在科技、在人才。新时代,农村是充满希望的田野,是干事创业的广阔舞台,我国高等农林教育大有可为。希望你们继续以立德树人为根本,以强农兴农为己任,拿出更多科技成果,培养更多知农爱农新型人才,为推进农业农村现代化、确保国家粮食安全、提高亿万农民生活水平和思想道德素质、促进山水林田湖草系统治理,为打赢脱贫攻坚战、推进乡村全面振兴不断作出新的更大的贡献。"

但是,事实上,今天的涉农高校大都是综合性院校,除了农林学科专业的大学生之外,大部分大学生对农业农村缺乏深入了解、缺少到农业农村干事创业的兴趣和热情。这就使得农业农村的未来发展面临着科技和人才的巨大难题,农林院校以立德树人为根本、培养更多知农爱农新型人才的任务也依然艰巨。因此,在涉农高校中开设二十四节气农耕文化通识必修课,让所有本科生都对农业农村有较为深入的了解,就显得尤为重要了。只有这样,涉农高校才能培养出更多有志于农业农村发展的优秀人才、增强青年学生的知农爱农情怀,才能将立德树人为根本、强农兴农为己任、培养更多知农爱农新型人才的任务落到实处。

(四)向世界讲好中国故事和中华文化

习近平总书记在二十大报告中指出,要"增强中华文明传播力影响力,坚守中华文化立场,讲好中国故事、传播好中国声音,展现可信、可爱、可敬的中国形象,推动中华文化更好走向世界"。二十四节气不仅在中国有着广泛的传播和影响,还传播到了同属儒家文化圈的日本、韩国、越南等国,并与当地历史文化传统相结合,形成了本土化的民俗文化,而且国外学者对于本土节气文化的研究也很深入。此外,随着我国学者对二十四节气研究的不断深入,世界范围内的节气习俗也进入了研究视野,如欧洲比利牛斯山区夏至火节等。这就为二十四节气农耕文化的海外交流和比较研究奠定了坚实基础。

今天,国际交流合作越来越广泛深入,而青年则是中外文明交流互鉴的重要主体,也是持续推进全球发展合作最具活力的创造者,不同国家、不同民族、不同文化的青年交流对话、互学互鉴,有助于消除隔阂和误解,共同推动构建美好和多彩的世界。2019 年 4 月 30 日,在纪念五四运动 100 周年大会讲话中,习近平总书记强调:"青年是整个社会力量中最积极、最有生气的力量,国家的希望在青年,民族的未来在青年。"当熟知二十四节气农耕文化的青年,在对外交流中,自觉向海外青年介绍、传播二十四节气农耕文化,就是向世界讲好中国故事和中华文化,有助于促进青年对中华文化的认知和认同,让他们更好地感知开放、包容、发展的新时代中国,才能共同推进构建人类命运共同体。作为农耕文化最鲜明的标签、最贴近生活的代表,弘扬二十四节气农耕文化将是推动农耕文明保护和传承、加强农业文化遗产保护、推动人类命运共同体构建的有效途径。

青年强,则国家强。青年一代增强了文化自信,可以更好地向世界讲好二十四节气中的中国智慧,更好地传承中华优秀传统文化,更好地建设社会主义文化强国。

第一篇 春 生

第一章 复　苏

第一节　立　春

立春,位居二十四节气之首,又名正月节、岁节、改岁、岁旦等。《授时通考》解释立春为:"立,始建也。春气始至而建立也。"立春标示着万物闭藏的冬季已经过去,开始进入风和日暖、万物生长的春季。立春正是阳气初生之时,万物至此,渐次复苏。自秦代以来,我国就一直以立春作为春季的开始。立春是一个充满希望的节气,民谚道:"一年之计在于春。"

我国自古为农业国,春种秋收,关键在春。立春是从天文上来划分的,而在自然界、在人们的心目中,春是温暖,鸟语花香;春是生长,耕耘播种。

一、立春的气候物候

(一)气候

时至立春,人们明显地感觉到白昼长了,太阳暖了。气温、日照和降雨处于一年中的转折期,渐趋于上升或增多。虽然立了春,但是华北地区的气温仍然较低,故有"白雪却嫌春色晚,故穿庭树作飞花"的景象。这些气候特点,在安排农业生产时都应该考虑到。小春作物长势加快,油菜抽薹和小麦拔节时耗水量增加,应该及时浇灌追肥,促进生长。"立春雨水到,早起晚睡觉",大春备耕也开始了。

(二)物候

古人将立春的十五天分为三候:"一候东风解冻,二候蛰虫始振,三候鱼上冰。"这说的是东风送暖,大地开始解冻;五日后,蛰居的虫类慢慢在洞中苏醒;再过五日,河里的冰开始融化,鱼向水面游动,此时水面上还有没完全融解的碎冰片,如同被鱼背着浮在水面。

一候东风解冻。从冬至一阳生开始,阳气萌动,逐渐生长,到立春三阳开泰,阴阳平衡,万物复苏。立春时节,春风送暖,大地解冻,树枝萌芽,百花渐开,人长精神,农耕始动,大地一派生机。故有东风解冻的说法。

二候蛰虫始振。所谓蛰虫,便是冬天里蛰伏在土地之下冬眠的昆虫。"始振"表示昆虫刚从冬眠中被惊醒。冬至生阳,经过小寒和大寒的积蓄,阳气进一步生长,到了立春万物苏醒,蛰居的虫类感受到了春天微生的暖意,却也知气候还不够和暖,只在洞穴里微微翻个身,并未破土而出。

三候鱼上冰。立春之后,气温上升,河里的冰开始融化,鱼开始到水的上层游动,水面有碎冰,水下有鱼儿游动。这种现象反映的还是自然万物已苏醒并开始活动的状况。

二、立春的农事活动

"一年之计在于春",作为二十四节气之首的立春,"立"是"开始"的意思,是农民准备新的一年耕种和管理、期待收获的时节。

(一)翻耕平整土地

立春是农民进行农业活动的准备阶段,为了之后更好地进行农业生产,农民都会在这个阶段提前准备。例如,选购种子、肥料等春耕生产物资,陆续做好春耕生产苗床和土地的翻耕整理等备耕准备。经过上年的耕种,冬季土壤沉积,变得板结,播种前翻地能有效地降低病虫害,还能使板结的土壤变得疏松透气。

(二)种植

立春气候的最大特点是乍暖还寒,昼夜温差较大,冷空气活动频繁。在此期间,适宜北方地区种植的农作物很少。有些农作物耐寒性较好,如马铃薯、番茄、南瓜、芹菜、大葱、茄子、油菜、萝卜、辣椒和空心菜等。它们的最佳种植时间是每年的2～3月份,因此可以在立春时期进行种植。

以马铃薯为例。立春是春马铃薯开始播种的季节,要充分利用冬闲田,特别是发展春马铃薯生产。播前施足基肥,基肥可为有机肥或有机肥和化肥的混合。播种密度以每亩①6000～8000 株为宜,播种深度为 8～12 厘米。

(三)农作物管理

1. 除草

立春时期的农作物大都年前已播种好,立春后温度慢慢回升,农作物将进入返青期。年前杂草未出或者数量较少,伴随温度升高,万物复苏,田间的杂草数量会慢慢增多,因此立春时期人们便开始除草。

2. 施肥灌溉

植物在生长期间给其合理施肥并且适量浇水,有利于植物对肥料的吸收。植物在吸收肥料中的营养元素后,能够为枝叶提供养分,更好地生长。立春节气期间气温变化大,要加强春季作物管理,做好"倒春寒"防范工作,保证农作物的正常生长。

(四)其他管理

除了传统的经济作物的农耕管理,立春时期对果园、茶园、春花作物和露天蔬菜的管理也很重要。

1. 果园管理

清园杀菌:打扫果园的落叶、病果、杂草、废弃果袋和杂物等,剪掉病虫枝,并集中深埋或焚烧处理,消灭其中潜藏越冬的病虫。再全园细致喷洒浓度为 1%～3%的石硫合剂。

树干涂白:常用于幼树涂白和大树主干涂白。树干涂白可增强反光,减少树干对热量的吸收,缩小温差,使树体免受冻害。它的作用主要是防止"日灼"和"抽条",其次是消灭病虫害,防止树皮被动物啃咬。

早春修剪:葡萄、猕猴桃、桃、李等落叶果树做好早春修剪,猕猴桃最迟在 2 月中旬前完成修剪。

建园种植:新建果园做好开沟、整地、搭建棚架和施底肥等工作,并适时种植。

2. 茶园管理

早施催芽肥:一般早生种生产茶园以施氮肥为主,每亩施尿素 10～15 千

---

① 1 亩≈666.67 平方米。

克,高产茶园适当增加。施肥时提倡开沟浅施,深度以 10 厘米左右为宜,撒施后覆土即可。为促进茶树营养生长,提高发芽能力,也可喷施氨基酸类、腐殖酸类叶面肥,禁止使用调节型叶面肥,喷施时间一般在茶芽萌动后的某个晴天下午 3 时以后进行,每隔 7 天喷施一次,连续施用 2～3 次。

合理修剪:对于冬季遭受严重冻害的茶园,应抓紧对受冻枝梢进行适度修剪,对于出现较大面积幼嫩芽叶枯萎或焦变的茶园,建议将冻伤芽叶及以下 3～5 厘米修剪掉,程度宜轻不宜重。修剪后通过加强肥水管理及适度留养等措施,重新培养高产树冠。

严防春季冻害:密切注意天气预报,根据具体情况,采取覆盖、喷灌水、薰烟等措施进行防护。

3. 蔬菜管理

蔬菜管理主要做好施肥、雨后排水等工作。对已成熟蔬菜,要及时采收。对十字花科蔬菜(如大白菜、青菜、萝卜等)的采种田,要做好追肥和田间去杂工作,确保种子纯度和质量。还要及时清沟理墒,确保沟渠畅通,避免作物发生渍害。此外,油菜适施薹肥和花肥,可结合除草、清沟培土来进行。抽薹期及时喷施硼肥,防止油菜"花而不实"。

三、立春的风俗文化

"立春"是春季的开始,相关民俗有迎春、咬春、打春、游春、躲春等。它既是一个古老的节气,也是一个重大的节日。

(一)迎春

迎春是立春的重要活动,事先必须做好准备,进行预演,俗称演春。然后才能在立春那天正式迎春。迎春是在立春前一日进行的,目的是把春天和句芒神接回来。过去在每年的皇历上都有芒神、春牛图,清末《点石斋画报》上的"龟子报春""铜鼓驱疫",都是当时过立春节日的重要活动。为了迎春,先搭起"春棚",春棚一般搭在交通要道、人群集中的地方,四周插上彩旗。

迎春活动是在立春当天举行,具体时间以历书表为准,有时在当日辰时,有时在半夜子时。迎春活动一般都在浩浩荡荡的仪仗队伍中,抬上春官游行显威。也有报子、马弁等身着长袍马褂或奇装异服,坐在二人抬的独木杠子上,边行进边做戏,打诨逗趣,引人发笑。迎春的队伍由四面八方拥向春棚前集中,然后到县衙报喜迎春。由于是春天的开始,我国民间都把立春作为节日来过,称为立春节,在这一天要举行盛大的迎春仪式。

(二)咬春

立春会吃春饼、萝卜、五辛盘等。五辛盘是由葱、蒜、辣椒、姜、芥末调和而成,作为就餐的调味品。

立春后,人们在春暖花开的日子里,喜欢外出游春,俗称出城探春、踏春,这也是春游的主要形式。立春节,民间习惯吃萝卜、姜、葱、面饼,称为"咬春"。

春卷是中国民间节日的一种传统食品,流行于中国各地,在江南等地尤盛。在中国南方,过春节不吃饺子,而是吃春卷和芝麻汤圆。民间除供自己家食用外,常用于待客。春卷历史悠久,由古代的春饼演化而来。

春盘既是立春节日的礼物,又是聚会宴席上必不可少的节日美食。在立春这天,人们通常组织聚会,就着丰盛的菜品,饮酒话家常,弥漫着欢乐的气氛。自唐代始,春盘就是立春的节日饮食,而到了宋代,内廷赐春盘给官员成为皇帝对官员的一种赏识。皇帝除了赐高官近臣金质的彩幡春胜外,还会赐他们后苑供进的春盘以示恩宠。在民间,春盘也是人们立春日的节日美食。在立春日前七天,就已经有人家做春盘招待客人了。中国民间在立春这一天要吃一些春天的新鲜蔬菜,既为防病,又有迎接新春的意味。唐代人已经开始试春盘、吃春饼了。所谓春饼,又叫荷叶饼,其实是一种烫面薄饼——用两小块水面,中间抹油,擀成薄饼,烙熟后可揭成两张。

元《饮膳正要》中的"春盘面"由面条、羊肉、羊肚肺、生姜、蘑菇、蓼芽、胭脂等十多种原料构成。明、清时在饼与生菜外兼食水萝卜,谓能去春困。

吃春饼、嚼生萝卜叫"咬春";交相庆贺叫"拜春";乡民以麦米豆抛打春牛叫"打春";南方还有摸牛脚之俗:"摸摸春牛脚,赚钱赚得着。"查最早楚俗,立春日在大门上立春字为"讨春";唐人始作春饼,用生菜卷饼为"春盘",妇女在头顶戴"迎春髻",互赠春词为"春帖子"。

咬春作为饮食文化,是立春习俗不可分割的组成部分,是一个节日的代表和象征。各具特色的节日食品,它们的象征意义要比它们的营养价值重要得多。

北方立春,最具有代表性的食品是吃萝卜。东北立春日,将萝卜洗干净,放在菜墩上,刀劈成块直接食用,这样不仅可以缓解春困,据说还有增强生育机能的功效,以及寓繁衍、新生之意,因此立春萝卜,又被称为"子孙萝卜"。

(三)句芒神

句芒为春神,即草木神和生命神。句芒的形象是人面鸟身,执规矩,主春事。在周代就有设东堂迎春之事,说明祭句芒由来已久。浙江地区在立春前一日有迎春之举。这一日抬着句芒出城上山,同时又祭太岁。迎神时多举行大班鼓吹、抬阁、地戏、秧歌、打牛等活动。从乡村抬进城后,人们夹道聚观,争掷五谷,谓之看迎春。山东迎春祭句芒时,根据句芒的服饰预告当年的气候状况:戴帽则示春暖,光头则示春寒,穿鞋则示春雨多,赤脚则示春雨少。其他地区则贴"春风得意"等年画。广州地区是在立春前后,击鼓驱疫,祈求平安。

在民间,句芒的形象有明确的规定,体现了中国的农历特点。如句芒身长三尺六寸五分,象征一年三百六十五天;鞭长二尺四寸,象征一年有二十四个节气。句芒站立的位置,也要根据五行的干支和阴阳年确定。年份尾数是奇数就是阴年,尾数是偶数就是阳年。阳年,句芒站在春牛左边;阴年,句芒站在春牛右边。句芒有时还手执彩鞭。这时的句芒,被唤作"芒神",既是春神,又兼有谷神的职能。民间的农事,尽在句芒的掌握之中。由于鞭春牛与迎芒神的活动接近,到宋代将之合并为立春日的"打春"活动。打春,向来为历代帝王重视,唐、宋两代甚为盛行。尤其是宋仁宗颁布《土牛经》后,鞭土牛风俗传播更广,成为民俗文化的重要内容。

(四)鞭春牛与打春

鞭春牛,又称鞭土牛,起源较早,后来一直流传下来,但时间改在春天,盛行于唐、宋两代。鞭春牛的意义在于催耕助农。山东民间要把春牛打碎,人们争抢春牛土,谓之抢春,以抢得牛头为吉利。另外还有采茶祭春牛活动,湖北地区还举行龟子报春活动。除了皇历上有春牛图外,各地年画中也普遍刻印春牛图,作为春节期间的吉祥图。

打春的传统风俗文化,最早来自皇宫。最早有立春之日要把皇宫门前立的泥塑春牛打碎一说,那时,人们纷纷将春牛的碎片抢回家,视之为吉祥的象征;将碎片放在牲畜圈,意为槽头兴旺;把碎片放在粮仓,意为仓满粮足。

立春日,土牛迎春是节日氛围最浓重的活动。所谓"土牛",就是用泥土塑成的一种"吉祥物"。牛是农耕社会的重要帮手,春天来临,人们鞭打土做的牛有鞭策耕牛来日勤奋工作的意思。北宋时期立春日的"春牛"活动:官府进春牛,鞭春牛;百姓相互赠送小春牛、春幡雪柳。

民间不仅有进春、鞭春、赠小春牛这些环节,春牛游春活动也进行得轰轰烈烈。一般来说,立春前一日伎乐人员组成游行队伍敲锣打鼓将春牛送入迎春馆内,立春日郡守长官执彩杖鞭春。

宋代官府造牛以立春当年、当日的天干地支对应的五行五色来匹配土牛的颜色。"金白、木青、水黑、火赤、土黄",五行相生,要达到平衡,一年才会风调雨顺。

立春风俗中最重要的是塑春牛像,发展到后来成为贴春牛图。先秦时塑的春牛像没有色彩,到后来,所塑的春牛有红、青、黄、黑等颜色。春牛旁边还有一赶牛人的偶像,携农具。如立春在十二月十五日以前,偶像放在牛的前面,表示农事开始较早,如立春在十二月底或正月初,偶像就在春牛的中间,说明农事不早也不晚,假使立春在正月初以后,偶像则在牛的后边,说明农事开始较晚。

(五)报春

旧俗立春前一日,有两人顶冠饰带,一称春官,一称春吏,沿街高喊:"春来了",俗称"报春"。报春人遇到摊贩商店,可以随便拿取货物、食品,店主笑脸相送。这一天,州、县要举行隆重的"迎春"活动。前面是鼓乐仪仗队担任导引;中间是州、县长官率领的所有僚属;后面是执农具的农民队伍。来到城东郊,迎接先期制作好的芒神与春牛。到芒神前,先行二跪六叩首礼。执事者举壶爵,斟酒授长官,长官接酒酹地后,再行二跪六叩首礼,然后到春牛前作揖。礼毕,热热闹闹,将芒神、春牛迎到城内。

(六)游春

迎春报喜后开始游春,各村各社的锣鼓队和仪仗队走在前边,由四人或八人抬的巨大春牛塑像走在后边。边走边舞,锣鼓喧天,鞭炮齐鸣。游行的队伍浩浩荡荡,十分壮观。游遍周围村庄,大街小巷。

游春的队伍进入春场后,绕场游两圈,然后各自列队站立。接着报春仪式举行,按传统的风俗,设有报春台,身着奇装异服的报子,手执各色彩旗,上场第一报——"风调雨顺",群众同声呼应;第二报——"五谷丰登",群众亦同声呼应;第三报——"国泰民安",群众再同声呼应。

(七)躲春

在传统民俗学上,到了立春这一天就该躲春,即这一天应避免口舌之争,必须和和睦睦、心平气和。

(八)迎太岁

我国传统有迎太岁的习俗,把太岁想象成了值班的神,立春之时就是新旧太岁进行交接班之时,迎太岁以期待平安富足。目前"迎太岁"这一活动在我国的北京、广州、台湾、香港等地以及新加坡等东南亚国家十分盛行。

(九)春社

春社是古时春天祭祀土地神的日子。周代为甲日,后多在立春后第五个戊日举行。以后成为风俗流传下来,意为大地繁衍万物,祷告祭祀,以祈求六畜兴旺、五谷丰登。

(十)贴宜春字画

春天到了,在门壁上张贴宜春字画,这种风俗在唐代就有。据记载:立春日,唐代长安人常在门上张贴迎春祝吉的字画,字称"宜春字",画称"宜春画",有"迎春""春色宜人""春光明媚""春暖花开"等内容。

(十一)佩燕子

佩燕子是关中一带的古老习俗。每年立春日,人们喜欢在胸前佩戴用彩绸剪成的"燕子",这种风俗起自唐代,现在仍然在农村中流行。因为燕子是报春的使者,也是幸福吉利的象征。

(十二)剪彩花

立春日,阳气初生,刚从寒冬中苏醒过来的花草树木还没来得及成长,春意并不明显。为了助长春天的氛围,男女老少不仅自己簪花胜、戴春幡,还将鲜艳招展的彩花挂上枝头。在宋代,剪彩花、贴宜春贴、进春书通常是妇女儿童的节日乐事。彩花、彩燕、春幡、春胜是常见的剪彩形式。心灵手巧的人将彩纸、彩绢裁剪成精巧的春燕、彩花、春幡等样式,供家人节日佩戴。

(十三)贴春牛

为了五谷丰茂、六畜兴旺、人口繁衍,百姓还有贴"春牛图"的风俗。这是一种木刻印刷的民间版画,旧时由报春人挨家挨户送图上门。

四、立春的谚语表达

(一)常用谚语

(1)腊月立春春水早,正月立春春水迟。

腊月立春,天气很早就开始变暖,所以春水来得早一点,农作物有了充足的雨水,就会生长得好。反之,如果是正月立春,还要等一段时间天气才会变暖,降雨才会增多,春水来得就要晚些,农作物生长得不好,也就会影响一年的收成。

(2)立春晴,雨水匀;立春阴,花倒春。

如果立春的这一天是个大晴天,那春雨比较均匀。如果立春这一天是一个阴天,那就一定要预防在春季发生"倒春寒"的自然灾害。"倒春寒"是春天农作物刚开始生长的时候,天气骤然变冷,出现大批农作物冻死的恶劣情况。"倒春寒"会对开花或者孕蕾期的果树及一些开花的农作物产生很大的影响。

(3)雷打立春节,惊蛰雨不歇。

如果在立春时节,暖湿空气活跃得早,立春便会打雷;这时冷空气跟暖空气一汇合,到惊蛰节气,阴雨连绵的天气也不会少。

(4)吃了立春饭,一天暖一天。

立春之后,天气会逐渐回暖,冬去春来,天气注定会越来越暖和。

(5)春脖短,早回暖,常常出现倒春寒。

立春后如果天气转暖快,人们会觉得很舒适,以至于感觉春天已经到来了,而此时常常会出现冷空气的入侵,气温还会下降。还有"春脖长,回春晚,一般少有倒春寒",指的是立春后如果天气转暖慢,人们会觉得些许不舒适,容易感到春天来得很慢,而此时却很少会出现冷空气入侵导致气温下降的现象。

(二)其他谚语

立春一日,水暖三分。

立春暖一日,惊蛰冷三天。

立春一日阴,必有花倒春。

立春天气晴,百事好收成。

立春晴,一春晴;立春下,一春下。

立春之日雨蒙蒙,阴阴沉沉到清明。

不求立春一天晴,就怕立春半天雨。

春脖长,春脸短,一般少有倒春寒。

腊月立春春水早,正月立春春水迟。

年前立春过年暖,年后立春二月寒。

正月立春二月寒。

立春好栽柳,夏至好接枝。

立春早,早稻播种不宜早;立春迟,早稻播种不宜迟。

立春大雾生,百日冰雹不落空。

两春夹一冬,无被暖烘烘。

立春晴好春水下,立春下雨倒春寒。

雨淋春牛头,七七四十九天愁。

两头春,伏天热。

五、诗情词韵中的立春

(一)韦庄的《立春》

立　春

青帝东来日驭迟,暖烟轻逐晓风吹。

扆袍公子樽前觉,锦帐佳人梦里知。

雪圃乍开红菜甲,彩幡新翦绿杨丝。

殷勤为作宜春曲,题向花笺帖绣楣。

　　青帝,据说为春之神及百花之神,是中国古代神话传说中五帝之一,掌管天下的东方,亦是古代帝王及宗庙所祭祀的主要对象之一。在这句诗中青帝代表春天。春天来了才会有"暖风",才会有"雪圃乍开红菜甲,彩幡新翦绿杨丝"般红红绿绿的色彩。

(二)苏轼的《减字木兰花·立春》

减字木兰花·立春

春牛春杖,无限春风来海上。便丐春工,染得桃红似肉红。

春幡春胜,一阵春风吹酒醒。不似天涯,卷起杨花似雪花。

古时立春日,由人扮"句芒神",鞭打土牛。这首诗中的"春杖"则是鞭打土牛的鞭子;"春工"寓意春天,春风吹暖大地,使生物复苏;"春幡"即"青幡",指旗帜;"春胜",一种剪纸,剪成图案或文字,又称剪胜、彩胜,也是表示迎春之意。

(三)王镃的《立春》

立 春

泥牛鞭散六街尘,生菜挑来叶叶春。

从此雪消风自软,梅花合让柳条新。

这首诗中的"泥牛",是用土、芦苇或纸做成的。在立春前一天,百姓设坛祭祀,抽着彩鞭赶着"春牛"回到县衙门,县衙设好酒水以作供奉。老百姓则牵着"春牛"载歌载舞,祈求丰收。立春日正午时分,县衙官员要手执红绿鞭或柳枝鞭打土牛三下,然后交给属吏与农民轮流鞭打,把"牛"打得越碎越好,代表来年丰收。

立春日还有一种习俗就是做春饼、生菜,称为"春盘",寓意春天来了,即诗中所说的"生菜挑来叶叶春"。

六、思考题

立春时节,你们的家乡都有什么习俗?

第二节　雨　水

雨水,是二十四节气的第二个节气。作为二十四节气的第二个节气,雨水带来了专属春天的湿润气息。正如元代成书的《月令七十二候集解》中所说:"雨水,正月中。天一生水,春始属木,然生木者必水也,故立春后继之雨水。且东风既解冻,则散而为雨水矣。"当太阳到达黄经330°时为雨水节气,交节时间在2月18—20日。雨水和谷雨、小满、小雪、大雪等节气一样,都是反映降水现象的节气,是古代农耕文化对于节令的反映。雨水节气标示着降雨开始,降雨量级多以小雨或毛毛细雨为主。俗话说"春雨贵如油",适宜的降水对农作物的生长很重要。进入雨水节气,中国北方地区尚未有春天气息,南方大多数地方则是春意盎然,一幅早春的景象。如果说"立春"是春天的第一乐章"奏鸣曲":

春意萌发、春寒料峭。雨水之后,便进入了春天的第二乐章"变奏曲":气温回升、乍寒乍暖。雨水节气的天气特点对越冬作物生长有很大的影响,农谚说:"雨水有雨庄稼好,大春小春一片宝。""立春天渐暖,雨水送肥忙。"

一、雨水的气候物候

雨水节气的含义是降雨开始,但降雨量级多以小雨或毛毛细雨为主。时至雨水节气,太阳的直射点也由南半球逐渐向赤道靠近了。这时的北半球,日照时数和强度都在增加,气温回升较快,来自海洋的暖湿空气开始活跃,并渐渐向北挺进;与此同时,冷空气在减弱的趋势中不甘示弱,与暖空气频繁地进行着较量,形成降雨。雨水节气不仅表明降雨的开始及雨量增多,而且表示气温的升高。桃李含苞,樱桃花开,进入气候上的春天。除了个别年份外,霜期至此也告终止。嫁接果木、植树造林,正是时候。

(一)气候

雪渐少,雨渐多。雨水节气天气的主要特征,一是气温回暖,开始降雨,雨量也逐渐增多;二是在降水形式上,雪渐少,雨渐多。

全国大部分地区的气候特点,总的趋势是由冬末的寒冷向初春的温暖过渡。在二十四节气的起源地黄河流域,雨水之前天气寒冷,但见雪花纷飞,难闻雨声淋漓;雨水之后气温一般可升至0℃以上,这时冷暖空气的交锋,带来的已经不是气温骤降、雪花飞舞,而是春风春雨的降临。

黄河中下游及其附近地区全年雪最大,大雪最多的节气既不是"小雪、大雪",更不是"小寒、大寒"(因为那时气温更低、大气中水汽更少),而是春季的雨水。其原因是二月下旬,全年最冷时期已经过去,初春天气,南方暖空气开始活跃,水汽开始丰富,而此时北方冷空气势力也较强,强强对峙,暖气流在密度较大的冷气流背上强烈、持久上升,遂可能降下大雪。

进入春季的雨水,我国北方大部分地区尚未入春,仍然很冷,西北、东北也没有走出冬天的范畴。从2月份的平均气温来看:兰州、西宁、乌鲁木齐、沈阳的月平均气温分别是-1.0℃、-3.9℃、-9.7℃和-6.9℃,可见这些地方还没有摆脱冬季的寒冷,天气仍以寒为主,降水也以雪为主。

雨水期间,除了云南南部地区已是春色满园以外,西南、江南的大多数地方还是一幅早春的景象:日光温暖、田野青青、春江水暖。

雨水期间温差不定,大气环流处于调整阶段,天气变化多端,乍暖还寒。全国大部分地区气温回升,可是如遇强寒潮侵袭,一夜之间气温可下降到 10℃,甚至降到 0℃ 以下,飘起鹅毛大雪。这种气象变化,人们称为"倒春寒"。

中国气候学常以每五日的日平均气温稳定在 10℃ 以上的始日定为春季开始。"雨水"过后,中国大部分地区气温回升到 0℃ 以上,黄淮平原日平均气温已达 3℃ 左右,江南平均气温在 5℃ 上下,华南平均气温在 10℃ 以上,而华北地区平均气温仍在 0℃ 以下。

(二)物候

雨水三候。一候水獭祭鱼,二候鸿雁来,三候草木萌动。一候水獭祭鱼,说的是雨水节气来临,水面冰块融化,水獭开始捕鱼了。水獭喜欢把鱼咬死后放到岸边依次排列,像是祭祀一般,所以有了"獭祭鱼"之说。雨水五日后,大雁开始从南方飞回北方。再过五日,草木随着地中阳气的上腾而开始抽出嫩芽。从此,大地渐渐开始呈现出一派欣欣向荣的景象。

雨水花信。古时以五日为一候,三候为一个节气。每年冬去春来,从小寒到谷雨这八个节气共二十四候,每候都有某种花卉应时风信开放,便有"二十四番花信风"。之后,以立夏为起点的夏季便来临了。

《荆楚岁时记》中记载雨水花信为:一候菜花,二候杏花,三候李花。花开准时为三候报信。雨水花信风第一候为菜花,按照花期,此"菜花"应为油菜花,油菜花在中国种植广泛,每年 1—8 月,随着太阳直射点的移动,油菜花从南到北次第盛开,呈现出一片金黄色的壮丽景象。杏,叶圆而有尖,二月开红花,也称甜梅。李,又叫嘉庆子,字从木、子,是树木中产子较多的,绿叶白花,花味苦、香,制成末洗脸能使人面色润泽,有祛黑斑、粉刺的效果。

二、雨水的农事活动

进入雨水,中国大部分地区严寒多雪之时已过,气温回暖,有利于越冬作物返青或生长,因而要抓紧越冬作物田间管理,做好选种、春播耕地、麦田施肥、大棚管护等农事活动,以实现"春种一粒粟,秋收万颗子"。

(一)蔬菜管理

雨水期间,早春气候依然多变,要注意管理好蔬菜秧苗。虽然阳气渐升,天气回暖,但常伴有"倒春寒",天气寒冷时,既要加强防冻保暖,也要适时通风换气,防止闷坏秧苗。适当控制肥、水,防止秧苗徒长,但不能控制过分,否则会影响秧苗生长,出现瘦、小、黄的秧苗。

(二)粮食春灌播种

雨水前后,油菜、冬麦普遍返青生长,对水分的需求相对较多,而华北、西北以及黄淮地区这时的降水量一般较少,常不能满足农作物的需求。若早春少雨,雨水前后应及时春灌,可取得较好的效果,即常说的"春雨、春水贵如油"。淮河以南地区,此时一般雨水较多,应做好农田清沟沥水、中耕除草等工作,预防湿害烂根。华南双季稻早稻育秧工作已经开始,为防忽冷忽热、乍暖还寒的天气对秧苗的危害,应注意抢晴播种,力争一播保苗。

雨水过后,气温开始回升,小麦自南向北开始返青,土壤中的水汽不断上升,凝聚在土壤表层,夜冻日融,开始返浆。这时抓紧越冬作物田间管理,做好选种、耕地、施肥等春耕、春播准备工作。

(三)果树防治

打扫果园的落叶、病果、虫果、杂草、废弃果袋和杂物等,并集中深埋或烧毁,消灭其中潜藏越冬的病虫。结合冬剪进行,集中对病虫树枝进行处理,并注意破除树枝上的害虫茧(如黄刺蛾)。上年秋冬没有施基肥的果园,应在雨水节气解冻后随即施入(但效果不如秋施好)。施肥后,如有灌溉条件的园地应浇水一次,并及时浅锄保墒,及时防控病虫害。

嫁接果木,植树造林正是时候。华南继冬干之后,又常年多春旱,特别是华南西部更是"春雨贵如油",因此要注意保墒,及时浇灌。西北高原山地仍处于干季,空气温度小、风速大,容易发生森林火灾,要注意防火。

三、雨水的风俗文化

二十四节气当中,每一个节气都有着属于自己的习俗,雨水的传统习俗活动都是希望人们能充分地动起来,与自然和谐共生,为生命注入力量。

(一)活动风俗

1. 舞龙舞狮

当雨水到来时,在大部分情况下,由于春节刚过去不久,年味儿尚有余韵,又多半与元宵节的日期相近,所以,这时的欢乐气氛往往更加浓郁,如热火朝天的舞龙舞狮。

各地、各民族的舞龙表演种类繁多,各具特色。常见的有火龙、草龙、人龙、布龙、纸龙、花龙、筐龙、段龙、烛龙、醉龙、竹叶龙、荷花龙、板凳龙、扁担龙、滚地龙、七巧龙、大头龙、夜光龙、焰火龙等近百种之多。舞龙集武术、舞蹈、编织、刺绣、绘画和锣鼓等多种艺术于一身,通过多人密切合作,模仿飞龙的各种形态动作。舞龙者在龙珠的引导下,手持龙具,随鼓乐伴奏,通过人体运动和姿势的变化,完成龙的舞、游、穿、腾、翻、滚、戏、组图和造型等动作和套式。从久远的年代起,舞龙活动经久不衰,一代又一代流传下来。舞龙不再是某一民族独有的项目,而是属于各个民族的了。"龙"已成为整个中华民族的象征。舞龙的创造和流传是全中华民族光辉历史的一部分,为我们的民族和人民所喜爱。

舞狮多在年节和喜庆活动中表演。狮子在中华各族人民心目中为瑞兽,象征着吉祥如意,从而在舞狮活动中寄托着民众消灾除害、求吉纳福的美好意愿。舞狮历史久远,现存舞狮分为南狮、北狮两大类,南狮具有较多的高难技巧,神态矫健凶猛;北狮娇憨可爱,多以嬉戏玩耍为表演内容;根据狮子制作材料和扎制方法的不同,各地的舞狮种类繁多、异彩纷呈。舞狮开场之前,一般都有一套武术表演,逗狮子的,是一个戴面具的大头和尚,一手拿蒲扇,另一手拿一撮树叶。有的地方还有一个戴面具的猴子。舞狮除狮子表演跳跃、翻滚攀登上八仙桌之外,要在锣鼓伴奏下,由狮子与和尚、猴子有节奏地表演一套程式,如拜山、出山、参狮、洗狮脚、洗狮身、种假青、种真青、吃青、挖井、饮水、睡狮、扇狮、逗狮、镇狮、归山等。

2. 拉保保

拉保保是四川地区古往有之的汉族民俗文化。拉保保即父母给孩子认干爹干娘的意思。目的是孩子健康长大,找相应的人做干爹干娘,所以单叫干爹(保爷、保爹)、干娘(保娘,需未婚者),也叫保保。因为古时医疗条件不好,好多孩子生病根本无法医治,所以需要借助干爹干娘的佑护将孩子带大,于是便有了雨水节拉保保的活动。此举一年复一年,久而成为一方之俗。现今,这一川西独特的汉族民俗变成了一个全民参与的节日——"保保节"。

3. 撞拜寄

在川西民间,雨水是一个富有想象力和人情味的节气。早晨天刚亮,雾蒙蒙的大路边就有一些年轻妇女,手牵着幼小的儿子或女儿,在等待第一个从面前经过的行人。一旦有人经过,也不管是男是女、是老是少,拦住对方,就把儿子或女儿按捺在地,磕头拜寄,给对方做干儿子或干女儿。

这在川西民间称为"撞拜寄",即事先没有预定的目标,撞着谁就是谁。"撞拜寄"的目的,则是让儿女顺利、健康地成长。当然,现在一般只在农村还保留着这一习俗,城市里的人一般由朋友相互"拜寄"子女。

4. 接寿

接寿的意思是祝岳父、岳母长命百岁。在我国有些地区,雨水这一天,女婿要去给岳父、岳母送礼。礼品通常是两把藤椅,上面缠着一丈二尺长的红带,这称为"接寿",意为"寿缘"长,岳父、岳母能长命百岁。送节的另外一个典型礼品就是"罐罐肉":用砂锅炖了猪脚和雪山大豆、海带,再用红纸、红绳封了罐口,给岳父、岳母送去,是对辛辛苦苦将女儿养育成人的岳父、岳母表示感谢和敬意。如果是新婚女婿送节,岳父、岳母还要回赠雨伞,让女婿出门奔波,能遮风挡雨,也有祝愿女婿人生顺利平安的意思。

5. 回娘屋

雨水回娘屋是流行于川西一带的另一项风俗。民间到了雨水节,出嫁的女儿纷纷带上礼物回娘家拜望父母。生育了孩子的妇女,须带上罐罐肉、椅子等礼物,感谢父母的养育之恩。久不怀孕的妇女,则由母亲为其缝制一条红裤子,穿到贴身处,据说这样可助其尽快怀孕。

6. 占稻色

雨水"占稻色"习俗流行于华南稻作地区,传统上就是通过爆炒糯谷米花来预测这年稻谷的成色。成色足则意味着高产,成色不足则意味着产量低。成色的好坏,就看爆出的糯米花多少。爆出来白花花的糯米越多,则这年稻谷收成越好;而爆出来的糯米花较少,则意味着这年稻谷收成不好,米价将贵。"花"与"发"语音相同,寓意发财。有些地方的客家人甚至还用爆米花供奉天官与土地社官,以祈求天地和美,风调雨顺,家家户户五谷丰登。

(二)饮食风俗

1. 龙须饼

龙须饼是北方的特色小吃,形似龙须,香甜酥脆。雨水吃龙须饼还有个奇妙的传奇,说是当年武则天当上皇帝,玉帝知道以后勃然大怒,给四海龙王下旨,三年内不能向人间下雨,百姓民不聊生。管天河的龙王知道以后,怜悯人间,于是违背玉帝的指令,向人间下了一次大雨。玉帝得知以后,把龙王打入凡间,压在一座大山下,作为惩办。百姓为了纪念龙王,就在雨水这天吃龙须饼。

2. 爆米花

北方的爆米花与南方的爆米花不同,北方是玉米,南方是大米。爆玉米花的来历也和降雨的龙王传说有关。龙王被压在山下,玉帝刻了一个石碑,石碑上面写道:"龙王降雨犯天规,当受人间千秋罪。若想重返灵霄阁,金豆开花方可归。"

老百姓为了解救龙王,于是就查找能开花的金豆,但始终没找到,后来人看到了玉米,玉米黄灿灿的,看起来就像金豆,而且玉米一炒就开花,于是家家户户炒玉米做爆米花给玉帝看。

玉帝也不能食言,就免了龙王的罪将它召回天庭,重掌风雨大权,不久人间普降春雨。于是在雨水这天,家家户户都炒玉米做爆米花吃,慢慢成了风俗。

通过南北方雨水饮食风俗的对比觉察,这些风俗的形成都跟当地的气候以及饮食有关系,而形成了特色的节气饮食文化,其实也包含了对今年及来年丰收的期许。

3. 荠菜

南方人雨水吃的时令食物是春笋,而北方人则是荠菜,荠菜在我国被食用的历史已有几千年,《诗经》中已有"谁谓荼苦,其甘如荠"的诗句,说明西周时人们就已经食用荠菜了。雨水节气,荠菜刚好生长到特别嫩的时候,老百姓会在这天采集荠菜,然后做成菜肴食用。荠菜是一种易得而又味美、对人又十分有益的蔬菜,因此成为老百姓餐桌上的食物。北方很多地方在雨水有吃鸡蛋和荠菜的风俗,如今荠菜依旧得到人们的宠爱。

4. "三绿、两白、一红"

韭菜:春天里的韭菜素有"开春第一鲜"的美称,经过一个冬天的蛰伏,开春的头茬韭菜特别肥美鲜嫩,无论包饺子还是炒鸡蛋都特别好吃。开春吃韭菜是有讲究的,因为雨水节气前后气温不稳定,时冷时热,需要保持体内的阳气,而韭菜一直被大家称为"起阳草",非常适合在这个时节食用。春韭作为菜中的佼佼者,味道尤为鲜美。莴笋:新鲜的莴笋口感清脆爽口,是春天里的"黄金菜",雨水节气前后正是吃莴笋的好时机,莴笋钙含量较高,尤其是莴笋的叶子,可以说是"蔬菜钙片"。菠菜:虽然说现在一年四季都能吃到菠菜了,但是还数春天里的"春菠"最美味,春天的菠菜根红叶绿,鲜嫩异常,最为可口。雨水前后正值菠菜大量上市的季节,春天由于气温不稳定,人们很容易生病,而吃菠菜则可以提升抵抗力。大葱:"春天多吃葱,浊气一扫光。常吃葱,人轻松。"尤其是在雨水前后吃葱,对我们的身体非常好。大葱里有一种叫葱辣素的物质,能促进人体胃部分泌消化液,有助于消化,提高食欲。豆芽:每年到了雨水节气前后,很多地方都有吃"春芽"的习惯,而豆芽则是"春芽"里边非常受欢迎的一种。由于春天里天气干燥,人们非常容易上火,而适当地吃一些豆芽,可以起到清热明目的作用。大枣:孙思邈在《千金方》中讲道,春天饮食应"省酸增甘,以养脾气",意思就是春天的时候,要少吃一些酸的东西,多吃一些甘甜的东西,在众多的食物中,红枣则非常适合。

四、雨水的谚语表达

节气谚语是广大农民在长期的农业生产实践中,对天时气象与农业生产关系的认识不断深化和升华的基础上产生的。虽寥寥几字,却是对农业生产与天时气象关系的深刻总结和高度概括,可谓道理深刻。

雨水节气到来之后,我国各地降水会明显增加,有利于春耕。但是,并不是各地都有明显春雨的,有些地区会出现春旱。对此,人们便将经验总结成谚语。

(1)雨水落雨三大碗,小河大河都要满。

雨水降雨,今后的雨水会很多,以小河大河都要满来形容雨水多。

(2)雨水阴,夏至晴。

雨水阴天,会一直阴天,直到夏至才会放晴。

(3)冷雨水,暖惊蛰;暖雨水,冷惊蛰。

雨水天气寒凉,到了惊蛰天气就会变暖;雨水天气暖和,到了惊蛰还可能会降温。

(4)雨水节气南风紧,则回春早;南风不打紧,会反春。

雨水节气里南风刮得紧密,说明天气暖得快;雨水节气里南风少,很可能会出现"反春"现象,即天气会转冷。

(5)早晨落雨晚担柴,下午落雨打草鞋。

雨水这一天早晨下雨当天停,下午下雨会连续不断。

(6)雨打五更头,午时有日头。

雨水这一天五更(凌晨 3—5 点)下雨,到了中午天就会放晴。

(7)早晨下雨当天晴,晚间下雨一夜雨。

雨水这一天,早上下雨当天就会停;如果是晚上下雨,就要下一夜。

(8)雨水日下雨,预兆成丰收。

雨水这一天下雨,会有一个好收成。

(9)雨水节,雨水代替雪。

雨水之后天气会越来越暖,降雨量会增多。

(10)雨水非降雨,还是降雪期。

雨水不仅会降雨,还会有寒流来袭,气温会骤降,甚至会降雪。

(11)七九八九雨水节,种田老汉不能歇。

"冬九九"从冬至开始起算,冬至是一九的第一天,七九河开,八九雁来,之后就是雨水节气,农民就开始种地忙农活了。

(12)雨水到来地解冻,化一层来把一层。

雨水天气转暖,地底下的冰都化了,农民便开始耕地。

(13)麦子洗洗脸,一垄添一碗。

雨水这一天降雨,小麦长得好,谷粒饱满,能增产。

(14)雨水落了雨,阴阴沉沉到谷雨。

雨水这一天降雨,会断断续续一直下到谷雨。

(15)雨水日晴,春雨发得早。

雨水这一天天气晴朗,意味着春天降雨来得要早。

五、诗情词韵中的雨水

在我国灿烂悠久的诗词文化中,有许多与雨水节气有关的诗和词。

(一)元稹的《咏廿四气诗·雨水正月中》

咏廿四气诗·雨水正月中

雨水洗春容,平田已见龙。祭鱼盈浦屿,归雁过山峰。

云色轻还重,风光淡又浓。向春入二月,花色影重重。

春雨为大地清洗春容,唤醒蛰伏万物;田野深处已是一片生机盎然。鱼感水暖上游,水獭捕食,往往吃两口就扔于岸上,看上去像是以鱼祭天;归来的大雁,落在山口处,小憩着、诉说着、分享着。云儿缥缈着,一会儿轻如鸿毛,一会儿重似千钧,把天空遮得忽明忽暗。在原野上,风光如此迷离,一会儿淡如清水,一会儿浓似凝香。时间即将踏上二月的门槛,春天还只是刚刚开始;但花儿的影子,似乎已经一重一重的。

这是唐代大诗人元稹的一首雨水节气诗。春雨的魅力,在于为大地清洗春容,唤醒万物;"洗"和"喜"同音,道出了春雨来得之及时、之惬意、之喜悦。水獭出动,大雁北回,这都是春天萌动的现象,一切都充满了希望,反映了雨水节气三候中之二候:一候獭祭鱼,二候鸿雁北。"云色"对"风光";"轻还重"对"淡又浓"。云色一会儿轻,一会儿重;天空忽明忽暗,或晴或阴。景色一会儿淡如清水,一会儿浓似凝香。正月将尽,眼看就要进入二月,美好的春天即将来临。元稹用此诗,为我们描绘了雨水特有的节气特点与风景。

(二)刘辰翁的《七绝·雨水时节》

七绝·雨水时节

郊岭风追残雪去,坳溪水送破冰来。

顽童指问云中雁,这里山花那日开?

郊外山岭上的风儿驱散着残留的积雪,山涧溪水潺潺流下,送出破碎的冰块。调皮的孩童指着云中北飞的大雁问道:这儿的山花哪天会盛开?

这是宋代大诗人刘辰翁的一首雨水节气诗。雨水节气有三候:"一候獭祭鱼;二候鸿雁来;三候草木萌动。"从雨水开始,江河冰破,水獭开始捕鱼并摆在岸边犹如祭祀;五天后大雁开始从南方飞回北方;再过五天,草木开始萌芽,大地回春。诗中"风追残雪""水送破冰""云中雁""山花开"说的就是雨水三候的自然现象,春天已经在不远处向我们召唤。牧童指问一句,不禁让人想起杜牧的诗句"牧童遥指杏花村",一幅牧童指春图跃然纸上,让人感受到浓浓的春意。

六、思考题

(1)总结雨水节气,有哪些作物开始种植。

(2)说一说雨水节气,你的家乡都有什么习俗。

第三节　惊　蛰

惊蛰,初称"启蛰",《左传·桓公五年》中云:"凡祀,启蛰而郊。"我国现存最早的传统农事历书《夏小正》中,便有"正月启蛰"的记载。汉朝时,为了避汉景帝刘启讳而将"启"改为意思相近的"惊"。"启蛰"的称呼在唐朝时曾有短暂的使用,后又启用"惊蛰",且一直流传至今。

这是二十四节气中的第三个节气,一般为每年公历3月5日或6日。惊蛰的名字来源于它所反映的自然现象,"蛰"指动物藏起来不食不动的冬眠状态。《月令七十二候集解》中说:"二月节……万物出乎震,震为雷,故曰惊蛰,是蛰虫惊而出走矣。"这便是古人眼里的惊蛰"虫动"。实际上,昆虫并非因为听到雷声而动。大地回春,天气变暖才是它们结束冬眠、"惊而出走"的原因。每年惊蛰前后,太阳运行至黄经①345°,此时天气回暖,春雷始鸣,蛰伏冬眠的各种动物醒来,过冬的虫卵也要开始孵化,古人便将这一节气称为启蛰。

现代汉语词汇中"蛰伏""蛰居",都是潜藏起来的意思,暗含以待时机、期待新开始的意味。当是时,阳气上升,气温逐渐回暖,春雷乍动,雨水相应增多,植物也在受到节律变化的影响后开始萌发生长。总之,惊蛰之后,天地万物生机勃发,开始呈现出不同的状态。相应地,气候与物候的变化,带来了农业生产和生活中的改变,这也是中国人尊重自然规律的体现。

一、惊蛰的气候物候

惊蛰节气正处乍寒乍暖之际,古人从很早便已注意到,时至惊蛰,大自然的气候与物候都会有相应的变化。

---

① 黄经是指天球黄道坐标系中的经度,它是在黄道坐标系统中用来确定天体在天球上位置的一个坐标值。

(一)气候

惊蛰时节,气候的变化主要体现在以下三个方面。第一,气温回升。惊蛰是全年气温回升最快的节气,惊蛰期间,大部分地区已经开始回温,而且雨水增多。这一时节,日照时数也有比较明显的增加,但是因为冷暖空气交替,天气不稳定,气温波动甚大,昼夜温差比较大。总体来看,除东北、西北等寒冷地区仍是一片白雪皑皑的冬日景象外,全国大部分地区平均气温已升到 0℃以上,华北地区日平均气温为 3℃～6℃,江南地区为 8℃以上,西南和华南已达 15℃甚至更高,早已是一派融融春光的景象。[①]

第二,春雷乍动。惊蛰后,长江流域大部分地区已渐有春雷,南方大部分地区,亦可闻春雷初鸣。除了个别年份以外,华南西北部一般要到清明才有雷声,为我国南方雷暴开始最晚的地区。惊蛰雷鸣最引人注意,民间往往将惊蛰打雷的时间与一年的天气联系起来,如谚语云:"未过惊蛰先打雷,四十九天云不开。""雷打惊蛰前,二月雨淋淋;雷打惊蛰后,旱天到春后。"也就是说,如果初雷在惊蛰之前鸣响,则预示当年的雨水较多,可能会发生"春季连阴雨"的情况;如果打雷在惊蛰之后,则可能会发生旱情;如果第一次春雷在惊蛰之日,则会认为当年风调雨顺。

第三,雨水增多。惊蛰时节,随着气温回升,雨水也相应增多。百姓们认为惊蛰下雨顺应了节气,有利于植物萌发,农民将会迎来大丰收,因此是一个好兆头,预示这一年风调雨顺,农作物生长良好。

(二)物候

惊蛰同时也是一个反映自然物候现象的节气。惊蛰的物候变化,很早就被古人注意。《逸周书·时训解》记载惊蛰物候,曰:"惊蛰之日,桃始华,又五日,仓庚鸣,又五日,鹰化为鸠。"可见将惊蛰时节的十五天分为三候:一候桃始华,二候仓庚鸣,三候鹰化为鸠。三候概括了这半个月中重要的物候变化。

一候桃始华。桃花的花芽在冬季时蛰伏,在惊蛰时节开始开花,从此便逐渐繁盛。《诗经·周南·桃夭》云:"桃之夭夭,灼灼其华",是形容桃花像火一样光彩夺目。惊蛰至,桃花开,仿佛昭示着所有的一切都将沐浴在春光之中,焕发

---

① 栗元周主编,叶青竹编《细说二十四节气》,北京燕山出版社 2016 年版,第 29 页。

出一片生机。

二候仓庚鸣。庚,亦作鹒,指黄鹂。《章龟经》曰:"仓,清也;庚,新也。感春阳清新之气而初出,故名。"即仓为青,也就是清,暗含了清新、更新之意。所谓"仓庚鸣",指的是惊蛰后五日,万物更新,而黄鹂能最早感受到春天的气息,故婉转鸣叫,飞出来活动。

三候鹰化为鸠。有的说法认为在惊蛰节气前后,动物开始繁殖,鹰和鸠的繁育途径大不相同,附近的鹰开始悄悄地躲起来繁育后代,而原本蛰伏的鸠,开始鸣叫求偶;有的说法认为"鹰化为鸠。鹰,鸷鸟也,鹞鹯之属","化"是变回旧形的意思,此时鹰化为鸠,至秋则鸠复化为鹰。《章龟经》曰:"仲春之时,林木茂盛,又喙尚柔,不能捕鸟,瞪目忍饥,如痴而化,故名曰鸤鸠。"鹰每年二三月飞往北方繁殖,此时只可见到斑鸠,于是古人以为春天的斑鸠是由秋天的老鹰变化出来的;还有一种说法,惊蛰之后,其他鸟类都出来活动,只有老鹰不见踪迹,于是古人以为老鹰被其他鸟类所替代。

当然,还有另外一种以花的不同种类来区分惊蛰三候的说法。古人认为风有信,花不误,每个节气都有对应的花朵盛开,是为花信。惊蛰时期的花信风为一候桃花,二候棣棠,三候蔷薇。

二、惊蛰的农事活动

农耕生产与大自然的节律息息相关,古人讲求"以时为令",农业活动必须遵循大自然的规律。惊蛰在农耕上有着相当重要的意义,它是古代农耕文化对于自然节令的反映。我国劳动人民自古就重视惊蛰,认为"春雷响,万物长",将惊蛰视为春耕开始的日子。农谚中也说:"到了惊蛰节,耕地不能歇""九尽杨花开,春种早安排"。

(一)南北方不同作物管理

惊蛰气温回升较快,有利于多种农作物的播种和生长。此时开始种植的作物在不同地区差异较大,同时,还需要根据气候的变化采取不同的作物治理措施。

如华南东南部长江河谷地区,多数年份惊蛰期间气温稳定在12℃以上,有利于水稻和玉米等作物的播种,因此,这些地区的农民在惊蛰后十分繁忙。我国是水稻起源国,也是水稻生产和消费大国。早稻播种应结合当地常年播期,在冷空气来临时浸种催芽,抢晴播种。播种后加强田间管理:在冷空气来临前,及时盖好薄膜或灌水;遇晴热天气要及时揭膜通风,提高秧苗成活率,避免烂种烂秧。玉米作为我国第一大粮食作物,不但可以用作饲用作物、工业作物,也可以用作能源作物。春玉米一般在惊蛰至清明播种比较适宜。春玉米播种前应进行晒种,可提高种子的发芽率,并结合浸种催芽。在惊蛰时,华南东南部地区气温适宜种植此两种重要农作物,由此也可以发现惊蛰对于农事耕作的重要程度。其余地区则常有连续3天以上日平均气温在12℃以下的低温天气出现,不可盲目早播。又如,惊蛰后华北冬小麦开始返青生长,应及时浇水、施肥、除草,底肥少、苗情差的地块在冻层化通前顶凌追肥。另外,随着气温回升,茶树也渐渐开始萌动,应进行修剪,并及时追施"催芽肥",促其多分枝,多发叶,提高茶叶产量,对桃树、梨树、苹果树等果树则要施好花前肥。①

(二)防止春旱

惊蛰虽然气温升高迅速,但雨量增多却有限。如近年来,华南中部和西北部惊蛰期间降雨平均总量仅10毫米左右,继常年冬干之后,春旱常常开始露头。这时小麦孕穗、油菜开花都处于需水较多的时期,春旱往往成为影响小春产量的重要因素。干旱少雨的地方则应适当浇水灌溉,此时的小麦到了孕穗阶段,而油菜也到了开花的时期,对水分的需求量增多,农民要考虑惊蛰这一节气的气候特点,必须勤于浇灌,通过人工干预的方式帮助农作物平安度过春旱时期。植树造林也应该考虑惊蛰的气候特点,栽后要勤于浇灌,努力提高树苗成活率。

又如,华北冬小麦一般在返青的时候,做得最多的工作就是浇水,这也是为了给小麦增加水分、提供营养。但是,当地农民一般都是在施肥之后再去浇水,此时土壤仍冻融交替,及时耙地也是减少水分蒸发的重要措施。这便是农谚中所说的"惊蛰不耕田,不过三五天""惊蛰不耙地,好比蒸锅跑了气",这都是当地人民防旱保墒的宝贵经验。

再如,沿江江南小麦已经拔节,油菜也开始见花,对水、肥的要求均很高,应适时追肥。如个别年份雨水过多,防止湿害则是最重要的。俗话说:"麦沟理三

---

① 曾艺《惊蛰节气与农耕文化的那些事儿》,《农村·农业·农民》(A版)2020年第3期。

交,赛如大粪浇""要得菜籽收,就要勤理沟",必须继续搞好清沟沥水工作。

(三)病虫害防控

惊蛰还应及时搞好病虫害防治和中耕除草。此时春光明媚,万象复苏,是春暖花开的季节。俗语说惊蛰时"春雷惊百虫",就是形容在惊蛰温暖的气候条件下,昆虫都逐渐苏醒,结束了它们漫长的冬眠。对于农业耕种来说,温暖的气候条件不但会促进多种病虫害的发生和蔓延,田间杂草也相继萌发。因此,农民要做好病虫害防控工作,对于早疫病、根腐病等普遍病症也要及时进行处理。甚至家禽家畜在此节气的防疫也要引起重视,所谓"桃花开,猪瘟来",正是说惊蛰后猪瘟容易频发,养殖者应做好预防。

(四)植物保护

受惊蛰气候影响,小麦在其返青孕穗阶段易发生根腐病,具体表现为根部腐烂、叶片出现病斑、茎枯死等症状。如不采用药物治疗,农民可变换栽培方式,运用有机防治方法预防该疾病,栽培方式主要分为以下三种。第一,合理轮作指通过与非寄主作物轮作 1～2 年,有效减少土壤菌量;第二,减少越冬菌源指农民在麦收后进行翻耕,可加速病残体的腐烂,以减少菌源散播;第三,加强田间管理,要想有效地预防田间疾病,农民须勤于管理,在播种前精细鉴地、施足基肥,在适合的时期播种,覆土不可过厚。除此以外,农民还可选用物理防治的办法,用 55℃ 的温水浸种 10 分钟,也可有效预防小麦根腐病。[①]

多年来,农民积累了诸多宝贵的惊蛰作物种植经验,如日光温室内进入收获期的蔬菜应注意追肥、浇水、防治病虫;拱棚西葫芦月初营养钵育苗,月底定植于拱棚内;覆盖大棚内上旬定植番茄、辣椒、茄子,注意要在定植前一周进行低温炼苗;露地西瓜开始育苗,品种可选用西农 8 号、花宝、墨玉、庆发 8 号、特大庆红宝等;3 月中旬春播大葱育苗,苗龄 90 天,麦收后定植,可选用品种好、抗寒性强、耐长途运输的郑研寒葱;小拱棚种植空心菜,麦垄套辣椒、茄子、番茄开始育苗;春播大白菜小拱棚育苗或直播,品种应选用耐抽的品种如郑早 98-8、春白一号、阳春、豫春 1 号;胡萝卜简易拱棚 3 月上旬直播,露地 3 月中下旬直播,品种用红誉五寸,等等。[②]

---

① 曾艺《惊蛰节气与农耕文化的那些事儿》,《农村·农业·农民》(A 版)2020 年第 3 期。
② 《三月份:惊蛰、春分》,《农家参谋》2002 年第 3 期。

（五）多样化的作物种类

惊蛰后的作物种类也开始繁多起来,日光温室生产的叶类和根茎类蔬菜有莴笋、芹菜、菠菜、莜麦菜、小油菜、芦笋、芥蓝、乌塌菜、包心芥菜、荠菜、茼蒿、结球生菜、散叶生菜、白萝卜、樱桃萝卜、小水萝卜、芜菁等;甘蓝类蔬菜有甘蓝、青花菜、花椰菜苤蓝、羽衣甘蓝等;瓜类蔬菜只有在适宜环境条件下生产的黄瓜和西葫芦。在土窖中贮存的露地蔬菜有大白菜、心里美萝卜、胡萝卜等。

三、惊蛰的风俗文化

惊蛰作为长期农事活动观察总结的"物候"节令,之后又作为干支历卯月的起始,伴生延传了许多节令仪式和社会习俗。《左传·桓公五年》载:"凡祀,启蛰而郊,龙见而雩。"晋杜预注:"龙见,建巳之月。苍龙,宿之体,昏见东方,万物始盛,待雨而大,故祭天,远为百谷祈膏雨。"其记载了启蛰时举行郊祭的习俗,祭天之礼为周代最为隆重的祭典活动,皇帝亲自参加。惊蛰当天的祭祀活动属于祈祀,这种祭祀活动与祈福的主要目的相同,往往是为了求雨求福。而惊蛰的祈祀便是为五谷生长祈求风调雨顺,希望新的一年农事顺遂。《周礼》中云:"凡冒鼓,必以启蛰之日。"古人认为隆隆的雷声是雷神敲击天鼓发出,而惊蛰时节往往会有春雷,古人便认为是天上有雷神击天鼓。为了祭祀雷神,周代人们便选在惊蛰这天蒙鼓皮。

时至今日,惊蛰的习俗有许多保留了下来,涉及生活中的方方面面,这些习俗既是人们"先贤情怀"的体现,也是人们对风调雨顺生活的向往。

（一）惊蛰吃梨

在民间素有"惊蛰吃梨"的习俗。民间流行这样一个传说,据说闻名海内的晋商渠家,先祖渠济是上党(今山西长治)人。明代洪武(1368—1398年)初年,渠济带着两个儿子用上党的潞麻与梨倒换祁县的粗布、红枣,往返两地从中赢利,天长日久有了积蓄,在祁县城定居下来。清雍正年间(1723—1735年),十四世渠百川走西口,正是惊蛰之日,其父拿出梨让他吃后说:"先祖贩梨创业,历经艰辛,定居祁县,今日惊蛰你要走西口,吃梨是让你不忘先祖,努力创业光宗耀祖。"渠百川走西口经商致富,将开设的字号取名"长源厚"。后来走西口者也仿效吃梨,多有"离家创业"之意,再后来惊蛰日也吃梨,亦有"努力荣祖"之念。[1]

苏北及山西一带流传"惊蛰吃了梨,一年都精神"的民谚。也有人说"梨"谐音"离",因此,惊蛰吃梨可让虫害远离庄稼,可保全年的好收成,这天全家都要吃梨。也有说惊蛰这个节气万物复苏,惊蛰时节,乍暖还寒,要防寒保暖;此时气候比较干燥,很容易使人口干舌燥、外感咳嗽。所以民间素有惊蛰吃梨的习俗。

(二)惊蛰祭雷神

惊蛰的节气神乃雷神。雷神作为九天之神,地位崇高。各地客家均有俗谚云:"天上雷公,地下舅公。"此语一方面指出了舅父在家族中突出的地位,另一方面也暗示雷公是天庭中继天公之后的重要神祇。在我国台湾,惊蛰的节气神是"雷公"。相传"雷公"是只大鸟,而且随时随地拿着一支铁锤,就是他用铁锤打出隆隆的雷声,唤醒大地万物,人们才知道春天已经来临了。[2]

(三)惊蛰防虫害

惊蛰日驱虫、除虫、吃虫的习俗,起源很早。惊蛰象征二月份的开始,会平地声雷,百虫惊而出走,遍及田园、家中,或殃害庄稼,或滋扰生活。百姓非常痛恨,所以古时惊蛰当日,人们会手持清香、艾草,熏家中角落,以香味驱赶蛇、虫、蚊、鼠和祛除霉味,还会通过其他活动来驱虫,久而行之,便形成习俗。

这类习俗在很多地区都有,但具体内容各有不同。如汀州客家有做芋子板或芋子饺的习俗,以芋子象征"毛虫",以吃芋子寓意除百虫。湖北土家族的农民于惊蛰前在田里画出弓箭的形状,举行模拟射虫的仪式。河南南阳农家妇人,此日要在门窗、炕沿处插香熏虫,并剪制鸡型图案,悬于房中,以避百虫,护祐全家安康。浙江宁波过去在惊蛰日要过"扫虫节",农民拿着扫帚到田里举行扫虫的仪式,表示将一切害虫扫除干净。鲁东南一带,农家妇人则会以炊棍敲锅台,谓之"震虫"。有的以彩纸、秸草或细秸秆串起来悬于堂屋梁上,谓之"串龙尾"。有的则敲面瓢,边敲边念:"二月二,敲瓢叉,十窝老鼠九窝瞎,还有一窝不瞎的,送给南岭老八家。""老八"指的是蛇。[3]

---

① 陈大寿编著《家庭实用二十四节气一本通》,花城出版社 2017 年版,第 65 页。
② 余世存著,老树绘《时间之书 余世存说二十四节气》,中国友谊出版公司 2016 年版,第 38 页。
③ 熊慕东《惊蛰:春雷抖衣裳与虫话短长》,《农村·农业·农民》(A 版)2016 年第 3 期。

还有的地方会在每年惊蛰日拜祭白虎,以此达到驱百虫、免受虫害的目的。因为古人以白虎为兽中之王,认为白虎能够驱邪、驱百兽。

(四)惊蛰炒豆

很多地区在惊蛰这个节气讲究吃黄豆,这是源于炒豆报捷。在这一天,家家户户盛行的风俗是炒蝎豆。潍县、莱州等地称作"报捷",谐音爆蝎,据说吃了炒蝎豆,一年不被蝎子蜇,郓城、滨州等地也称为"炒蝎子爪",孩子们边吃边唱道:"吃了蝎子爪,蝎子不用打。"蝎豆一般用黄豆炒制,有的粘上糖面,有的则用盐水浸泡,还有的把面旗子和蝎豆一块炒。[①]

(五)惊蛰吃烙饼

在部分农村,惊蛰之日烙的饼子上要有龙鳞的图案,包的饺子上要有龙牙的图案,龙的寓意为吉祥平安。在山东的一些地区,农民在惊蛰日要于庭院之中生火炉、烙煎饼,意为红红火火迎来惊蛰和春耕,开启新的时节。

四、惊蛰的谚语表达

(一)常见谚语

(1)春雷响,万物长。

惊蛰时节,天气渐暖,春雷始鸣,春光明媚,万物复苏,已到了各种农作物开始生长的时节。

(2)九尽杨花开,春种早安排。

"九"指从冬至开始的寒冬数九,九天为一九;"九尽"指数九天结束,也称"出九",在三月的中下旬。"出九"以后一般气温稳定回升,这预示着果树开始扬花,春耕、春播等农事活动也应安排妥当。

(3)到了惊蛰节,耕地不能歇。

惊蛰以后,我国大部分地区气温明显回升,土壤多已解冻,雨水增多,正是春耕、春种的好时机。

(4)二月莫把棉衣撤,三月还下桃花雪。

三月飞雪,通常被称为"桃花雪",属于冬春过渡时期的一种天气。二月气

[①] 山东省地方史志编纂委员会编《山东省志·民俗志》,山东人民出版社 1996 年版,第 375 页。

候乍寒乍暖,季节交替,所以还不能更换御寒的棉衣。

(5)惊蛰不耙地,好像蒸锅跑了气。

惊蛰时节耕翻田地时,要随耕随耙耢,可以使地面平整细碎,表土疏松,水分蒸发少,保墒效果好。类似的农事谚语还有"先耕后耙地,墒足苗子齐""光更不耙耢,满地坷垃墒跑掉"等。①

(二)其他谚语

惊蛰春雷响,农夫闲转忙。

惊蛰地化通,锄地莫放松。

惊蛰刮北风,从头另过冬。

惊蛰不藏牛。

节到惊蛰,春水满地。

惊蛰闻雷,谷米贱似泥。

打雷惊蛰前,四十五日不见天。

惊蛰蛾子春分蚕。

惊蛰断凌丝。

惊蛰有雨并闪雷,麦积场中如土堆。

惊蛰一犁土,春分地气通。

惊蛰高粱春分秧。

惊蛰不过不下种。

惊蛰点瓜,遍地开花。

前响惊蛰,后响拿锄。

惊蛰过,暖和和,蛤蟆老角唱山歌。

一声大震龙蛇起,蚯蚓虾蟆也出来。

惊蛰清田边,虫死几千万。

惊蛰春翻田,胜上一道粪。

五、诗情词韵中的惊蛰

除前述民间俗语、谚语中常常会提到惊蛰外,古人诗词中也有不少与惊蛰

---

① 程宁宁《惊蛰农事谚语解说》,《农村百事通》2020年第3期。

有关的作品。这些作品将惊蛰时期的气候、物候与农耕生活紧密相融,不仅有助于我们了解惊蛰,也展现了诗人所在时期的社会历史背景,具有较高的文学以及社会价值,下面我们以几首代表作为例。

(一)元稹的《荆园杂诗》

荆园杂诗

阳气初惊蛰,韶光大地周。桃花开蜀锦,鹰老化春鸠。

时候争催迫,萌芽互矩修。人间务生事,耕种满田畴。

此诗首联中的"初"字,意味着惊蛰时节刚刚来临,表达出诗人对惊蛰节气的喜爱。颔联中的桃花和鹰化为鸠,分别属于惊蛰三候中的第一候和第三候。"桃花"本来是为了对仗"老鹰",为了照顾平仄,将"老鹰"对调成"鹰老"。颈联中的"争"字,可见惊蛰时节勃发之春意。"互"字则暗示不止桃花,其余如惊蛰节气的另外两候信使,杏花和蔷薇,也已一并到来。尾联则指出了惊蛰一到,农民纷纷开始忙于耕种。

元稹此诗不仅提及了惊蛰时期大自然中的气候与物候的变化,也描绘了人们进入了春耕忙碌的景象。惊蛰时节,大自然中的万物逐渐复苏,拼命生长,正如老子《道德经》所说:"万物并作。"面对这些景象的诗人才情奔涌,便写下了这首充满生机的作品。

(二)韦应物的《观田家》

观田家

微雨众卉新,一雷惊蛰始。田家几日闲,耕种从此起。

丁壮俱在野,场圃亦就理。归来景常晏,饮犊西涧水。

饥劬不自苦,膏泽且为喜。仓廪无宿储,徭役犹未已。

方惭不耕者,禄食出闾里。

此诗以惊蛰为背景,紧扣"田家"二字写来。"微雨众卉新,一雷惊蛰始"从春雨春雷写起,引出后两句之中的春耕,同时,也点明了惊蛰的到来。"微雨"二字写春雨,用白描手法展示了惊蛰的天气,并将重点放在"众卉新"三字上,既写出了惊蛰后万木逢春雨的欣欣向荣,又表达了诗人的欣喜之情。"一雷惊蛰始",因民间传说"惊蛰"这天雷鸣,而万虫惊动,农民也开始春耕。"田家几日闲,耕种从此起"总写农家耕作,道出了农民劳作的忙碌。诗人在此诗中用通俗易懂的诗句,描写了惊蛰时节田家的劳碌和辛苦。

(三)仇远的《惊蛰日雷》

惊 蛰 日 雷

坤宫半夜一声雷,蛰户花房晓已开。野阔风高吹烛灭,电明雨急打窗来。

顿然草木精神别,自是寒暄气候催。惟有石龟并木雁,守株不动任春回。

　　这是宋代诗人仇远的一首惊蛰诗,体现了惊蛰春雷响,万物回春,但却仍然寒冷的现象。诗中写道,半夜里天地间传来一声惊雷,使得蛰虫苏醒,花草萌发。春雷阵阵,百花齐放,雷雨交加,这就是与众不同的惊蛰奇妙景观。天高地阔,风吹烛灭,电闪雷鸣,春雨骤然而至。正是从这个时节起,万物突然焕发生机,寒暖交替。惊蛰之后,天气由寒转暖,草木茂盛,春意渐浓,大自然迎来了新的时节。

六、思考题

　　(1)总结本节第五部分的三首代表作,分别体现了惊蛰的哪些气候与物候特点。

　　(2)总结惊蛰时期,有哪些作物开始种植。

第二章 萌 生

第一节 春 分

春分，是春天的第四个节气，于每年公历 3 月 19～22 日交节。当太阳达到黄经 0°时开始，天球①上黄道②和天球赤道相交的两个点分别是春分点和秋分点，两者相差 180°，由于在黄道上没有明显可以作为黄道经度 0°的点，因此春分点被指定为黄经 0°的位置。

春分这一天，阳光直射赤道，昼夜时间几乎平分，古代也称为"日夜分"，其后阳光直射位置逐渐北移，开始昼长夜短，所以春分也称升分。春分是一个极其古老的节气，而且是最早被确立的节气之一。《尚书·虞书·尧典》称春分为"日中"。春秋时期，已经利用土圭(竿)测量日影的变化，定出二分(春分、秋分)、二至(夏至、冬至)，把一年中圭影最长的一天定为冬至，圭影最短的一天定为夏至，再把冬至和夏至之间圭影长短平均的一天定为春分。

《月令七十二候集解》载："二月中，分者半也，此当九十日之半，故谓之分。"《岁时百问》中亦有记载："仲春四阳二阴，昼夜之气中停，阴阳交分，故谓之春分。"《春秋繁露·阴阳出入上下篇》说："春分者，阴阳相半也，故昼夜均而寒暑平。"《明史·历志一》说："分者，黄赤相交之点，太阳行至此，乃昼夜平分。"所以，春分的意义有两方面，一是指一天中白天黑夜平分，各为 12 小时；二是说古时以立春至立夏为春季，春分正当春季三个月之中，平分了春季。

---

① 天球(Celestial sphere)，是在天文学和导航上假想出的一个与地球同圆心并有相同的自转轴、半径无限大的球。天空中所有的物体都可以当成投影在天球上的物件。地球的赤道和地理极点投射到天球上，就是天球赤道和天极。

② 黄道即地球上的人看太阳于一年内在恒星之间所走的视路径，即地球的公转轨道平面和天球相交的大圆。

一、春分的气候物候

(一)气候

春分时节,各地气温持续回升,除了高寒山区和北纬 45°以北的地区外,全国各地日平均气温均稳定达到 0℃以上,华北地区和黄淮平原日平均气温几乎与多雨的沿江江南地区同时升达 10℃以上,全国除青藏高原、东北、西北和华北北部地区以外都进入明媚的春天,大部分地区越冬作物进入春季生长阶段,杨柳青青、莺飞草长、小麦拔节、油菜花香。但由于仲春时节气候反复无常,沙尘、"倒春寒"、低温阴雨、春旱等仍是春分节气的主要气候特点。

由于东亚大槽明显减弱,西风带槽脊活动明显增多,内蒙古到东北地区常有低压活动和气旋发展,低压移动引导冷空气南下,北方地区多大风和扬沙天气。当长波槽东移,受冷暖气团交汇影响,春分前后常常有一次较强的冷空气入侵,气温显著下降,最低气温可降至 5℃以下。有时还有小股冷空气接踵而至,形成持续数天低温阴雨天气,春寒料峭对农业生产不利。春分时节如果降雪,将对麦子等农作物造成重大危害。

春旱也是春分时节的主要气候特点,尤其是在东北、华北和西北广大地区,有"春雨贵如油"和"十年九春旱"之说。作为黄河流域的主要经济作物,冬小麦在越冬阶段对雨水的需求较少。进入 3 月以后,土壤解冻,小麦返青,如果此时降水偏少,旱象就会显现出来,抵抗春旱的威胁成为农业生产上的主要问题。如果春分降雨,则风调雨顺,全年丰收。

(二)物候

明代黄道周的《月令明义》中记载,春分物候的主要现象包括三点:玄鸟至,雷乃发声,始电。其意义为春分之后,燕子从南方迁徙归来,下雨时开始出现打雷并带有闪电。

一候"玄鸟至"。玄鸟即燕子。《礼记·月令》中记载,"仲春三月,玄鸟至。"高诱曰:"春分而来,秋分而去也。"燕子每年春分时节,从热带、亚热带的南方,飞到我国黄河、淮河、长江流域,并且一直往北飞行;秋分时节再飞往南方越冬,每年一次,周而复始,进行大规模的南北迁徙。在中国古代神话传说中,"玄鸟氏"还是上古东方少昊时代的官职,掌管春分与秋分。《左传·昭公十七年》中记载:"玄鸟氏,司分者也。"晋杜预注解中说:"玄鸟,燕也。以春分来,秋分去。"可见燕子作为春分和秋分的信使,自古以来的地位就十分特殊。

二候雷乃发声。《月令七十二候集解》载:"阴阳相薄为雷,至此,四阳渐盛,犹有阴焉,则相薄乃发声矣。乃者,《韵会》曰:'象气出之难也'。注疏曰:'发,犹出也。'"春分到来,四阳渐盛,但阴气犹存,阴阳相遇,则发出隆隆的雷声。古代对"雷"这种天象,特别关注。《淮南子·时则训》中记载:"是月也,日夜分,雷始发声,蛰虫咸动苏。先雷三日,振铎以令于兆民曰:'雷且发声,有不戒其容止者,生子不备,必有凶灾。'"意思是说春分日昼夜长短相等,春雷开始轰鸣,冬眠动物都被震动苏醒。在预计要打雷的前三天,摇动铎铃通知百姓:"雷将要响了,如果谁不检点自己的仪容举止,所生的小孩将会残缺不全,一定会有灾祸降临。"古人为了优生优育,保障婴幼儿健康,提醒人们不能在天上打雷的时候受孕,防止孩子有聋哑、痴呆、脑瘫等疾病。

三候始电。下雨之时,电闪雷鸣,是春分之后的气候现象,狂风暴雨、电闪雷鸣的日子变得渐渐多起来了。《群芳谱》云:"电,阳光也,四阳盛长,值气泄时而光生焉。"意思是电属阳,春分之后阳气旺盛,阳气泄露了就产生光,即闪电。故《历解》曰:"凡声,阳也,光亦阳也。"《易》曰:"雷电合而章。"《春秋公羊传》曰:"电者,雷光是也。"《淮南子·地形训》中记载:"阴阳相薄,激扬为电。"其意为阴气、阳气剧烈碰撞而产生电,《淮南子》对"电"的形成原因的解释,同现代科学解释大致相近。

二、春分的农事活动

春分对于农业生产,具有重要的指导意义。民间有"惊蛰早,清明迟,春分播种正当时"的说法,如果播种过早,天气冷,庄稼会被冻坏;如果播种晚了,错过了时节,会耽误庄稼的生长。春分时节大部分越冬作物也将进入春季生长阶段,春播在即。春分一刻值千金,各地进入紧张的春季生产,农民赶着忙春耕。春分节气就体现这一个忙字。忙着给小麦浇拔节水,施拔节肥,防御晚霜冻害。忙着给春田浇水造墒,给棉花、谷子、高粱等春播作物播种作准备。忙着植树造林,管理果树。春分是植树、移花接木的最佳时机,从古至今都受到农民的重视。二十四节气农事歌中的"春分风多雨水少,土地解冻起春潮,稻田平整早翻晒,冬麦返青把水浇",总结了这一节气的主要生产活动。

(一)北方作物春灌施肥

小麦作为黄河流域的主要经济作物,春分前后生长速度加快。此时,北方大部分地区的冬小麦正处于返青、拔节期。黄河中下游地区的农谚有云"追肥浇水跟松榜,三举配套麦苗壮",北方春季少雨的地区要抓紧春灌,浇好拔节水,施好拔节肥。需加强冬小麦田间管理,保墒,适时中耕除草,减少水分流失;对弱苗地块适当增施氮肥和磷肥,促进弱苗转化升级和增蘖长根,调节群体协调发展;视苗情、墒情适时适量浇水,保证冬小麦返青和拔节生长所需要的水分;降雨期间,气温变化大,是寒潮多发期。如果此时气温下降到−3℃以下,持续6～7小时,已经拔节的麦苗就会发生冻害。此时一定要密切关注天气变化,在寒流来临前采取浇水、喷洒防冻药物等措施,预防冻害发生。一旦发生冻害,要及时采取中耕施肥、浇水等补救措施,促进小麦生长,将冻害损失降到最低程度;同时加强蚜虫、红蜘蛛等喜旱性病虫害的监测和防治,减轻对冬小麦的不利影响。

春小麦正处于播种出苗阶段,春玉米、棉花也将陆续播种,为此,各地要密切关注墒情和天气情况,选择晴好天气趁墒播种。土壤墒情较差的地区采取造墒播种,以保证春播顺利进行。同时应及时采取措施,防御大风和强降温天气影响春播以及春小麦麦苗生长。棉花播种要选择冷尾暖头,适时进行。

(二)南方作物育苗播种

江南地区要抓紧播种早稻,以免延误农时,播后采取薄膜覆盖等保温措施,防御低温阴雨天气的不利影响;已出苗的地区要加强秧田水肥管理,力争培育壮秧。春分时节,仍然有冷空气侵扰。早稻播种育秧时,最好避开冷空气进行,一些已经播种的地区可以在冷空气来临前及时盖好薄膜或者灌水,还可以增施一些热性磷、钾肥来提高秧苗的抗寒能力,另外还可以采用以水调温技术,及时灌水护秧,降低低温、阴雨等不利天气的危害。还有一些没有播种的地区可以在冷空气末期浸种催芽,在气温回暖时抢晴播种。

长江中下游地区要做好清沟理墒工作,减轻湿害、渍害对冬小麦、油菜等作物的不利影响,保证春玉米、棉花等旱地作物正常播种。冬小麦和油菜处于产量形成的关键时期,各地要密切关注降温过程,提前采取防御措施,避免霜冻害,对于苗情较差的油菜要合理追肥,促进弱苗转化升级。同时,各地还应加强病虫害的监测与防治。

(三)南北花卉防病害

春分时节北方花卉生产普遍还在温室内,但此时已经慢慢减少加温,温室内温度开始降低,但湿度仍很高,容易爆发灰霉病、霜霉病等真菌性病害。最好的办法就是在天气较好的时候及时通风降湿或者施用灭菌药物进行保护性杀菌。

南方花卉生产除了可能发生以上病害外,由于温度高、湿度大,花卉小苗容易徒长,茎部经常受一些土传性病害的影响,如发生猝倒、立枯等病害。预防这些病害可以在第一次浇水的时候直接浇含有杀菌药剂的"药水",或者在播种的时候将基质或土壤用杀菌药剂搅拌。

另外,在物理防治方面,应尽量控制温室湿度,避免植株叶片上长时间附着水滴。使用喷灌或喷头浇水时最好在早上进行,以便使植株上的水滴在傍晚来临之前变干。要使用排水性好的栽培基质,并避免过度浇水,否则会导致根腐病的发生。尽量不要将基质与土壤混合使用,因为大部分土壤含有引起植株根腐的病菌。

(四)蔬菜定植与管理

春分时节,严寒已经逝去,气温回升较快,华北地区日平均气温升至10℃以上,进入明媚的春季。"春分地气通"说明地已化冻,到了蔬菜定植、播种和管理的繁忙季节。

春大棚番茄、辣椒、茄子、黄瓜等喜温蔬菜定植:首先要关注天气变化,适期定植。番茄、茄子等茄果类作物在10厘米地温稳定在13℃以上即可定植;而黄瓜、冬瓜等瓜类作物在10厘米地温稳定在15℃以上时才能定植。华北平原地区一般在3月下旬,如遇幼苗过大而地温尚低时,可采取棚内扣膜多层覆盖的方法来提高温度。其次要清洁田园,及时清除前茬残株、烂叶和杂草,运至地外集中进行高温堆肥等无害化处理。还要注意把握好施足有机肥、精细整地、合理密植等环节。

露地甘蓝、菜花、莴笋、生菜等甘蓝类蔬菜的定植:在定植前5～7天做好低温"炼苗",华北平原地区一般在3月下旬,采用地膜覆盖的方法来提高温度。露地越冬蔬菜,如菠菜、小葱、韭菜等越冬根茬菜要及时中耕,去除枯叶,追肥以腐熟细碎的有机肥为主,并在 3 月下旬及时浇水,韭菜用生物农药或安全农药防治韭蛆。

三、春分的风俗文化

(一)祭日

自周代开始春分日有了祭日仪式,《礼记·祭义》曰:"祭日于坛"。此习俗历代相传。清代潘荣陛《帝京岁时纪胜》记载:"春分祭日,秋分祭月,乃国之大典,士民不得擅祀。"千百年来,每逢春分都要在日坛内上演一场祭日大典。朝日定在春分的卯刻,每逢甲、丙、戊、庚、壬年份,皇帝亲自祭祀,其余年份由官员代替祭祀。祭祀之前皇帝要到具服殿休息,然后更衣去朝日坛行祭礼。祭日仪式虽然比不上祭天、祭地的礼仪,但也颇为隆重。明代皇帝祭日时,用奠玉帛,礼三献,乐七奏,舞八佾,行三跪九拜大礼。清代皇帝祭日礼仪有迎神、奠玉帛、初献、亚献、终献、答福胙、车馔、送神、送燎等 9 项。

(二)竖蛋

每年春分,各地都会有人在做"竖蛋"游戏。其玩法简单易行且富有趣味,选择一个光滑匀称的新鲜鸡蛋,轻轻地放在桌子上把它竖起来。春分是竖蛋游戏的最佳时节,故有"春分到,蛋儿俏"的说法。原因有以下两点:从客观方面来说,春分是南北半球昼夜均等的日子,呈 66.5°倾斜的地球地轴与地球绕太阳公转的轨道平面刚好处于一种力的相对平衡状态,有利于竖蛋;从主观方面来说,春分是人感觉较舒适的季节,不冷不热,人们心情非常舒畅,思维也较敏捷,这样在做一些精巧活计的时候,比如竖蛋,成功率就会变得大一些。当然,对于我国人民来说,除了其本身的娱乐性之外,最重要的还是在于它寄托了人们祈祷人丁兴旺和代代传承的美好愿望。

(三)吃春菜

昔日广东开平苍城镇的谢姓,有个不成节的习俗,叫作"春分吃春菜"。"春菜"是一种野苋菜,乡人称为"春碧蒿"。逢春分那天,全村人都去采摘春菜。在田野中搜寻时,多见是嫩绿的,约有巴掌那样长短。采回的春菜一般与鱼片"滚汤",名曰"春汤"。所谓"春汤灌脏,洗涤肝肠。阖家老少,平安健康",慢慢地,这也成了一个习俗,人们祈求的还是家宅安宁,身壮力健。

(四)送春牛

春分时便出现挨家送"春牛图"的现象。把二开红纸或黄纸印上全年农历节气,还要印上农夫耕田图样,名曰"春牛图"。送图者都是些民间善言唱者,主要说些吉祥的话,每到一家更是即景生情,说得主人乐而给钱为止。言词虽随口而出,却句句有韵动听。俗称"说春",说春人便叫"春官"。

(五)粘雀子嘴

春分这一天农民都按习俗休息,每家都要吃汤圆,而且还要把不用包心的汤圆煮好,用细竹叉扦着置于室外田边地坎,名曰"粘雀子嘴",免得雀子来破坏庄稼。

(六)踏青、放风筝

春分到来,温度回升,暖风习习,正值放风筝的好季节。人们纷纷开始踏青出行,很多地方都有在春分前后放风筝的习俗。风筝,至今已有 2000 多年的历史。"鹞"和"鸢"都是鹰类猛禽,古时的风筝大多用绢或纸做成鹰的形状,因此,风筝又称为"纸鹞""纸鸢"。后来,风筝的形状开始变得多样化,春天放的多半为燕子风筝。春分时节清气上升、微风飘荡,人们可以放风筝来活动筋骨,消除春困和郁闷。在古代,春分时还有簪花喝酒的习俗,这一天,无论男女老少都会簪花。

(七)春社

春社,是我国源自商周颇为古老的民俗节日,其主要目的是祭祀土地神,祈求丰收。唐朝之前春社日期并没有固定,甚至还有占卜确定日期的做法;之后就固定在立春后第五个戊日——在立春后的第 41～50 天,春分前后。但是也有部分地区,是在农历二月初二、二月初八、二月十二、二月十五祭祀土地神。

社,在古代指的是司土地之神,又称土地神。人们基于春华秋实、春祈秋报的美好心愿,分别在春分和秋分两个时节进行祭祀,因此就有了春秋两社,合称为社日。社日要祭祀社神,古时春社敬祀土神以祈祷农业丰收,秋社敬祀土神以酬谢农业获得丰收。实际上,春社、秋社分别在春分和秋分前后,因此也有人把它们当作节气看待。在古代,先民们生产力水平比较低,人们在开始春耕之时和秋收之后,为了祈祷和感谢"天"和"地"的恩赐,敬祀土神是很自然的事情。

春社祭祀分为官方与民间。官方有帝王、诸侯、大夫给天下百姓所立之大社、国社、侯社以及置社。官社祭祀自然有一套隆重庄严的拜祭礼仪,如瘗埋祭品、酹酒、滴血于地、杀人衅社等。民间祭祀活动多以村子为单位举行,所以又称为村社、民社、里社,由百姓自行捐资举办,主持人自然是德高望重的社首。和官社的肃穆不同,民间祭社有了许多的烟火气息,人们除了拜祭土地神之外,还有敲社鼓、喝社酒、吃社饭等。如今,中国民间的春社活动日趋简化,但祭祀土地神的仪式和社火演出还一直保留着。

四、春分的谚语表达

春分无雨到清明。

春分雪,闹麦子。

春分阴雨天,春季雨不歇。

春分雨不歇,清明前后有好天。

春分秋分,昼夜平分。

春分降雪春播寒。春分无雨划耕田。春分有雨是丰年。

春分不冷清明冷。

麦过春分昼夜长。

春分麦起身,一刻值千金。

春分前冷,春分后暖;春分前暖,春分后冷。

春分西风多阴雨。

春分有雨到清明,清明下雨无路行。

春分大风夏至雨。

春分南风,先雨后旱。

春分早报西南风,台风害虫有一宗。

春分刮大风,刮到四月中。

节令到春分,栽树要抓紧。春分栽不妥,再栽难成活。

二月惊蛰又春分,种树施肥耕地深。

吃了春分饭,一天长一线。

春不分不暖,秋不分不寒。

春不分不暖,夏不至不热。

春不分不热,秋不分不冷。

春分,秋分,日夜平分。

春分,笋满土墩。

春分,种子土内伸。

春分百草齐发芽,水暖三分种下泥。

春分遍地犁,秋分遍地镰。

爱谷爱豆,春分前后。

吃了春分酒,闲田要耕好。

春分菠菜谷雨菜,清明前后种甜菜。

春分不刮风,万物不扎根。

春分不浸谷,大暑无禾熟。

春分不种花,心里似猫抓。

春分茶,谷雨麻。

春分虫出蛰,树条返青软。

春分虫儿遍地走,农民忙动手。

春分吹南风,麦收加三分。

不到春分地不开,不到秋分籽不来。

五、诗情词韵中的春分

春分一到,春天已经过去了一半。此时,大江南北,处处草长莺飞,鸟语花香,出现了很多优秀的诗词。

(一)元稹的《咏廿四气诗·春分二月中》

咏廿四气诗·春分二月中

二气莫交争,春分雨处行。

雨来看电影,云过听雷声。

山色连天碧,林花向日明。

梁间玄鸟语,欲似解人情。

阴阳二气不要交相争斗了,不如在春分时节,多向春雨深处行走。春雨来时,可以看天空中忽明忽暗的闪电;乌云来时,可以听天空中轰隆作响的雷声。

山色青翠,与天空连成一片,碧空如洗;林间的花儿,分外妖娆,与日光连成一片,分外明亮。梁间的燕子,窃窃私语;似乎想要读懂人们内心的复杂情感。元稹的这首诗将春分时节的天气物候形象地描绘了出来,极具趣味与诗意。

(二)欧阳修的《踏莎行·雨霁风光》

踏莎行·雨霁风光

雨霁风光,春分天气,千花百卉争明媚。画梁新燕一双双,玉笼鹦鹉愁孤睡。
薜荔依墙,莓苔满地,青楼几处歌声丽。蓦然旧事上心来,无言敛皱眉山翠。

这是一首写深闺春愁的词。上阕描写"春分天气"百花争艳的明媚景色,同时以画梁上成双的燕子反衬玉笼中孤枕难眠的鹦鹉,形成两个对比强烈的意象,象征着主人公的孤寂。下阕着墨于女主人公,先写住所周围"薜荔依墙,莓苔满地"的荒芜景象,同上阕的明丽春景形成鲜明的对比。在此深闺幽闭的情景下,远方青楼的歌声,勾起了主人公对"旧事"的回忆和无限的愁绪,不禁沉默无言,紧皱眉头。词人由景到情,情景交融,借春分道出女主人公难言的心境。该词先咏春日韶景,后叹浮云旧事,字面上说新燕鹦鹉、薜荔莓苔,实际上分明是一个孤寂冷清的场景,这是词人在比喻自己孤独的命运。

(三)苏轼的《癸丑春分后雪》

癸丑春分后雪

雪入春分省见稀,半开桃李不胜威。
应惭落地梅花识,却作漫天柳絮飞。
不分东君专节物,故将新巧发阴机。
从今造物尤难料,更暖须留御腊衣。

诗中的癸丑为宋神宗熙宁六年(1073年),此时苏轼担任杭州通判。春分时节,写下了有趣的《癸丑春分后雪》:在浙江杭州,春分竟然飘起了雪花。开了一半的桃花、李花,都禁不住雪花的威力。雪花应该感到惭愧,怕落地之后被梅花识出来;就只好化作漫天飞舞的轻雪柳絮。雪花不管司春之神专门负责春天之事,所以才将新奇精巧发挥成机谋。从今以后,创造万物的造物主更加难以预料;即便天气越发暖和了,也要留着御寒的衣物啊。博学多才的苏轼,看到这个奇景,诗兴大发,留下了传世名篇。

六、思考题

(1)说一说春分时节,你们的家乡都有什么习俗。

(2)请想一想你们当地有什么关于春分的谚语。

(3)尝试从本节谚语中提炼春分的特点。

第二节　清　明

清明,是二十四节气中的第五个节气,表示春季的正式开始。关于清明节的来源,古书中有多种解释。《淮南子·天文训》云:"春分……加十五日指乙则清明风至。"此"清明风",指清爽明净之风。《养余月令》云:"春分后十五日,斗指乙,为清明,言万物至此,皆洁齐而清明矣。"《岁时百问》载:"万物生长此时,皆清净明洁,故谓之清明。"其他如《月令七十二候集解》皆如此。因此,清明节本指春季气清景明之时,为天气、物候表征。

清明又被称为踏青节、三月节、祭祖节等,它由天气特征逐步发展成兼具自然与人文双重内涵的节日。所以,在二十四节气中,清明节是最为特殊的——既是节日又是节气。

一、清明的气候物候

清明在上古时期即被先民认为具有明显的气候与物候特征。《楚辞·九怀·昭世》:"季春兮阳阳,列草兮成行。"洪兴祖注云:"三月温和,气清明也。百卉垂条,吐荣华也。"同样在《楚辞》中,《九思·伤时》有言:"惟昊天兮昭灵,阳气发兮清明。风习习兮和暖,百草萌兮华荣。"清明时节,天朗气清,在物候上有万物萌发、垂条吐荣之表征,在社会意义上则引申出开明、清静的治世之道。

(一)气候

清明节气,据中国气象专家解读,从气象学上看,东亚大气环流已实现从冬到春的转变。西风带槽脊移动频繁,低层高低气压交替出现。江淮地区冷暖变化幅度较大,雷雨等不稳定天气现象逐渐增多,降水也逐渐增多。

在我国北方,气温回升很快,降水稀少,干燥多风,清明是一年中沙尘天气较多的时段。北方许多地区 4 月份的平均气温为 10℃～15℃。我国的东北北部、西北部分地区虽说还没有进入春季,但从 1971—2000 年的中国地面气候资料来看,呼和浩特 3 月的平均气温就已经达到了 15.7℃,西宁为 18.9℃,齐齐哈尔为 13.5℃。此时山林田野草木萌发,恰逢春游、扫墓、植树时节,预防森林火灾十分重要。

对于南方来说,特别是长江中下游地区,清明期间降雨明显增加,除东部沿海外,江南大部分地区 4 月平均雨量在 100 毫米以上,如果冷空气偏强,出现连续 3 天以上日平均气温小于 10℃的低温阴雨天气,日照不足,会给早稻、棉花等喜温作物的生长带来严重影响。华南地理位置偏南,临近海洋,当受到冷暖空气交汇形成的锋面影响时,开始出现较大的降水,称为华南前汛期。当雨带中遇到热力对流时,就会有雷暴等强对流天气出现,形成较大的暴雨,值得警惕。

(二)物候

关于清明物候,明郎瑛《七修类稿·气候集解》有云:"清明,三月节。按《国语》曰,'时有八风',历独指清明风为三月节,此风属巽故也。万物齐乎巽,物至此时皆以洁齐而清明矣。"[①]

一候桐始华。也就是说清明的第一个物候特征是桐木刚开始开花。桐,木名,有三种。华而不实者叫白桐,辞书之祖,十三经之一的《尔雅》所谓"荣桐木"就指此类;皮青而结实者叫梧桐,梧桐中有一种叫青桐,即《淮南子》所说的"梧桐断角,生于山冈;子大而有油者曰油桐。"《毛诗》所谓"梧桐不生山冈者是也。"在清明期间,始华者是白桐。《埤雅》说:"桐木知日月闰年,每一枝生十二叶,闰则十叁叶与天地合气者也。今造琴瑟者,以花桐木,是知桐为白桐也。"

二候田鼠化为鴽。即清明的第二个物候特征是田鼠开始变成鹌鹑类的小鸟。《尔雅》解释说:"鼫鼠,形大如鼠,头似兔,尾有毛,青黄色,好在田中食粟豆,谓之田鼠。"《本草》说:"鴽,鹑也,似鸽而小。"《尔雅·释鸟》说是鴽鹌母。晋代郭璞注释说是一种鴽鸟,青州人呼为"鹑母"。鲍氏说,鼠是阴类,鴽是阳类。阳气盛,所以化为鴽。盖阴为阳所化也。以现代生物学观点来看,这当然是不可能的事,就像腐草为萤,即中国古人认为腐草能化为萤火虫,都是一种误解。但不妨认为是在千年以前古人的科技尚不发达的情况下,产生的一种浪漫的

---

① (明)郎瑛撰《七修类稿》卷三《气候集解》,上海书店出版社 2009 年版,第 28 页。

想象。

三候虹始见。虹，虹蜺也，也就是霓虹。《诗经》注疏中提到，虹是阴阳交会之气，所以先儒以为云薄漏日，日照雨滴则虹生焉。今以水噀日，自剑视之则晕为虹。宋代大儒朱熹说："日与雨交倏，然成质，阴阳不当交而交者，天地淫气也。"虹为雄色，赤白，蜺为雌色，青白，然二字皆从虫。明顾起元《说略·四时序》说："（虹）《说文》曰似蠕蝀状。诸书又云，尝见虹入溪饮水，其首如驴，恐天地闲亦有此种物，但虹气似之借名也。"可见在古人的思维世界中，彩虹的出现反映了天地万物运行、交互的表征，这也丰富了清明的物候内涵。

除了桐华，麦花和柳花也是清明时节的重要花信。在古代清明诗中，常常写到桐花。如白居易的《桐花》一诗说："春令有常候，清明桐始发"，白居易的《寒食江畔》一诗亦说："忽见紫桐花怅望，下邽明日是清明。"这意思是说，看到紫桐花，就意识到是清明时候了。清明节气的另一花信风，就是被称为"轻化细细""万顷雪光"的"寿命最短"之花——麦花。此外，柳花开时思亲浓，人们喜欢清明插柳，食新柳芽。

有学者认为，在关于清明的谚语和节令中，有一种特殊的表述，即二月清明如何，三月清明如何，比如以下几条：二月清明花开白，三月清明花不开；二月清明老了柳，三月清明柳不开；三月清明榆不老，二月清明老了榆；三月清明麦不秀，二月清明麦秀齐；二月清明不要忙，三月清明好撒秧。其中，以清明所处月份不同，代表了不同的物候。清明处在二月和三月的区别，主要源于传统农历中闰年闰月的设置，从而导致节气时间发生变化，比如当清明处在二月，则立春在正月前，代表春季开始的清明的形成及农时功用早，气温回暖早。因此，二月清明，花开白、老了柳、老了榆等，都是证明花、柳树、榆树等较以往三月提前。同样，麦秀指的是冬小麦抽穗开花，而三月清明，气候回暖较晚，虽已处三月，但小麦可能尚未开花。在反映物候现象不同之外，清明所处的月份同样影响到农事的安排。"二月清明不要忙，三月清明好撒秧"，意味着二月清明虽然回暖早，但是不要着急下种，三月清明虽然回暖晚，但不能推迟撒播稻种。相关的谚语很多，表达的意思不尽相同，如"三月清明不上前，二月清明不退后"和"三月清明不要懒，二月清明不要赶"[1]，前者强调三月清明播种适宜推迟，而二月清明播

---

[1]　马建东、温端政《谚语辞海》，上海辞书出版社 2017 年版，第 928 页。

种要趁早;后者表述的是三月清明不要延误播种,而二月清明不要着急播种。上述说法虽有矛盾,但并不是皆无道理,它们都反映了春季耕种时期对适合温度的强调,以及对抢种农时的追求。

清明所处月份不同,代表气候回暖的迟缓,影响了人们对农时的判断,这时在农业生产中就依赖节气下的物候现象。清明,是日农人渍种以桐花开为验。谚曰:"二月清明莫在前,三月清明莫在后"。盖因时播种,早则春寒未除,缓则秧迟也。又曰:"穷人莫信富豪哄,桐子花开才下种。""又有晴清明,暗谷雨之占。"①桐花开,是七十二候之一,亦是清明初候。"桐花开"的自然现象,能够直观反映气候的寒暖。以桐花开的物候现象为清明播种的指导,可以有效防止历法上时日分布差异带来的问题,使清明节气的农时功用更加有效。而清明节气所标识的时间,标志某种农事活动的开始,物候则代表着具体农事的可能性,节气和物候共同构筑了清明农时的内容。②

清明节之渐次变暖的气候使万物萌发生机,一派欣欣向荣之景象,代表着一年活力的迸发。

二、清明的农事活动

中国作为传统的农业大国,自古以来即以农立国。清明节具有鲜明的农业文化特色,体现了农业社会的诸多规律。清明时值隆冬之后,天气渐暖,气候宜人,颇为适合人们进行户外活动。同时,恰逢春耕春种之良机,故而清明对于从古至今的农业生产而言都是一个重要的节气。

(一)农作物管理

清明时节与农作物物候有着密切联系。《白虎通德论·八风》说:"清明者,清芒也。"《白虎通疏证》引《春秋考异邮》亦云:"清明者,精芒挫收也。"注云:"立夏之候也。挫尤止也,时齐麦之秀出已备,故挫止其锋芒,收之始成实。"有注家解释,此处"清明"代表农作物发出青芒的物候特征。清明期间也是农作物的关键时期,因此,不同地域的农人都应高度重视农作物在此期间的管理。

在传统农业社会,各地都会根据该地区的具体地理和气候条件,对农事安

---

① 嘉庆《常宁县志》卷四《风俗农占》,清嘉庆四年刻本。
② 秦闯《清明节气的形成及农时功用》,《古今农业》2022 年第 1 期,第 10～16 页。

排做出一定的调整,通过一些标志性的活动或事件,使得地方农业生产的具体时间符合地方社会的环境特征。对清明节而言,同样如此。

西北地区有农谚云:"清明前后一场雨,强如秀才中了举。"可见春季的降水,对这一地域农业生产的重要意义。如果春季降水相对较为丰富,可基本保证农业生产的进行。一旦降水较少,加上农业灌溉设施的缺乏和春季气温回暖以后的水分蒸发旺盛,就直接影响农业生产的进行,如果持续时间较长,就会发生等级不一的旱灾。因而,春季雨水的多寡在很大程度上直接影响全年农业生产的成败。此外,该地区的气温,尤其是春季气候回暖的日期,也值得我们关注。春季寒潮的结束,气温的稳定回暖,也是决定这一地区农业生产时间的重要因素。①

(二)果蔬管理

清明时节的气象谚语丰富多彩,多数与农业生产有关系。清明至,气温变暖,雨量增多,正是春种和管理的好时节。《岁时百问》中说:"万物生长此时,皆清净明洁,故谓之清明。"意思是清明前后适合播种。对于现代农业来说,大棚种植代表了清明时节果蔬生产的主流,此时段的农业管理对于未来的收成有着重要意义。

据农业专家刘春香观察,清明时节第一个需要考虑的是这个时间段的天气变化。清明时节会出现夜温偏高的情况,植株生长偏旺,很多植株像辣椒、茄子、西红柿等作物可能会出现突然疯长但不坐果的情况。此类蔬菜,由于气候变化较剧烈,出现皱皮、着色不良、尖嘴大头细腰弯瓜等生理症状的改变。另外,随着温度升高,清明时节尤其注意:一是温度调控,白天果菜类蔬菜应为22℃~32℃;中午时要注意放风,不建议到最高温时候再放至最大,建议逐步放大;同时要稳固风口,避免出现被刮上的情况,如果风口被刮上,大棚里面温度瞬时升高,可能会对作物生长造成不可逆的伤害。

清明节前后,降雨量也会逐渐增多,正可谓农人耕地、播种的大好时节。清明时节是桑茶采摘,棉花种植的好时节。此时众多农作物被播种在广阔的大地上,等待其成长、收获。清明前采摘的小茶芽,是制作上品绿茶的最好选择。光绪《会同县志》卷一三曾记载:"谷雨,始采茶,烈火炮制,三炒三挪,再用缓火焙

---

① 侯晓东《农业、气候与祭祀——尧山圣母庙会时间的区域解读》,《青海社会科学》2015 年第 6 期。

干,味颇香美。"可见,从清明一直延续到谷雨,皆为采茶制茶的大好时节。

(三)播种时机选择

清明至,意味着大自然基本摆脱了冬的束缚。然而,前春暖,后春寒,究竟在这段时日及其前后的哪几天耕作播种为宜,则还要视当地以及当年的天气冷暖而定。这在同治《增修施南府志》卷一〇中说得很明确:"农人量气候之暖寒,于此节(清明)前后播种。"而据光绪《巫山县志》卷十五载:"巫邑清明时,农人始渍种,谚曰:'二月清明莫在前,三月清明莫在后。'盖因时播种,早则春寒未除,缓则秧迟。"所谓"二月清明""三月清明",是指在公历中日期相对固定的清明节,在农历中却变动较大,有些年份在二月,也有些年份在三月。二月、三月之别,也就意味着时日的早晚和天气的冷暖,而这正是春耕播种的重要依据所在。所以,如果逢上寒气犹盛的"二月清明",最宜于清明后播种;换作回暖升温的"三月清明",则应在清明前下播。[1]

总之,清明节前后是农业生产的重要时节,要做好各方面的工作,保证农业生产有序、高效地进行,为丰收打下坚实的基础,保证国家粮食安全,因此,需要我们对此予以重视。

三、清明节的风俗文化

清明节在发展过程中逐渐融合了多种传统,在节气意义之外,还增添了更为丰富的文化内涵。比如,清明节以祭祖、扫墓为外在形式的慎终追远、纪念先人的内涵。清明的祭祀,融合了上古时代的春祭传统。至宋元时期,寒食和清明逐渐融合,同时融合了上巳节郊游、沐浴等习俗,将扫墓和踏青融为一体,逐渐成为今日风行的清明节。

(一)扫墓祭祖

祭扫是清明节最重要的习俗。扫墓俗称上坟,是祭祀死者的一种活动。汉族和一些少数民族大多是在清明节扫墓。按照旧时习俗,扫墓时,人们要携带酒食果品、纸钱等物品到墓地,将食物供祭在亲人墓前,再将纸钱焚化,为墓培上新土,再折几根嫩绿的柳枝插在上面,然后叩头行礼祭拜,最后吃掉酒食或者

---

[1] 李柯、林绿怡《从农事活动看清明》,《澎湃新闻·文化课》,https://www.thepaper.cn/newsDetail_forward_17472105,2022 年 4 月 5 日。

收拾供品打道回府。许多地方都有清明"挂青"的说法,又称"挂清""挂亲""挂坟""挂白"等,即将纸幡或纸钱挂于柴棍之上,并插在坟头或坟墓周遭,以行墓祭,这是清明上坟扫墓习俗中最为核心的一项行为仪式。有的地方则干脆将上坟扫墓径直、笼统地称为"挂青"。[①]

(二)踏青

踏青,又叫春游,指的是在清明前后芳草始生、杨柳泛绿的好春时节到郊野去游览的出行活动。踏青的习俗由来已久,至迟在魏晋时期已经成为社会上盛行的风气,而到唐宋年间更是极盛。[②]

(三)荡秋千

荡秋千的历史很古老,可追溯到上古时代,且在南北朝时期就已经流行。汉代以后,荡秋千逐渐成为清明时的流行习俗。《艺文类聚》引《古今艺术图》有"北方山戎,寒食日用秋千为戏"的记载,即当时北方的山戎,在寒食前后将荡秋千作为游戏。荡秋千因设施简单、老少皆宜,成为民众喜爱的一种清明节风俗。

(四)蹴鞠

鞠原指一种皮球,球皮用皮革做成,球体里塞紧兽毛。蹴鞠后来成为一项运动,其实就是我们中国古代的一项足球运动,只是与现在足球的规则有较大差异。这也是古代清明节时人们非常喜欢玩的一种游戏。

除此以外,看傀儡灯影剧、逛蚕花会等,也是清明的风俗。这些风俗,共同构成了中华民族在此美好时节的记忆和文化遗产。

华东师范大学田兆元教授认为,民俗的存在和发展往往体现出整体与多元、互动与认同相统一的谱系特征。实际上,兼具节气与节日两种文化气质与"文化身份"的清明本身就是一种谱系性的存在,聚敛着文化共生的逻辑力量。时常被遮蔽的清明农事活动与禁火、扫祭、踏青等清明节俗相辅相成,共同维系着清明的独特文化形态,并在与时代的互动中传承发展,不断激荡出新的民俗。因此,当我们"遇见"清明,不仅有助于由慎终追远的反求诸己出发,重新审视生命价值的向度,或许也可以从清明农事播下希望、朝向未来的精神意涵中,找寻

---

① 白虹编著《二十四节气知识》,百花文艺出版社、天津科学技术出版社 2019 年版,第 157 页。
② 斗南编《国学知识全知道》,北京联合出版公司 2018 年版,第 454 页。

到春天的希望与奋发的力量。[①]

四、清明的谚语表达

(一)常见谚语

(1)清明前后,种瓜点豆。植树造林,莫过清明。

清明节气不仅有利于稻麦的播种,也是瓜豆、林木种植的最佳季候。

(2)水涨清明节,洪水涨一年。

洪水在清明期间的涨歇,对于预判一整年的雨水走势及农作物相应生长状况都至为重要。

(3)清明响雷头个梅。

浙江地区的农谚,清明时打雷落下梅子雨,也就意味着青梅即将上市。

(二)其他谚语

清明雾浓,一日天晴。

清明冷,好年景。

清明有雾,夏秋有雨。

雨打清明前,春雨定频繁。

清明柳叶焦,二麦吃力挑。

麦吃四时水,只怕清明连夜雨。

清明前后一场雨,强如秀才中了举。

五、诗情词韵中的清明

二十四节气深深融入我国传统文化之中,诗词亦不例外。"清明时节雨纷纷,路上行人欲断魂。借问酒家何处有,牧童遥指杏花村。"杜牧的这首关于清明的唐诗可谓家喻户晓,不过,除此之外,我国的古诗词中还有大量以清明节为主题的诗歌,它们构成了清明节文化的内核,增强了中华民族的文化认同感,体现了传统的慎终追远的孝道,同时也传达了人与生态和谐共处的理念。

[①] 李柯、林绿怡《从农事活动看清明》,《澎湃新闻·文化课》,https://www.thepaper.cn/newsDetail_forward_17472105,2022 年 4 月 5 日。

（一）韦应物的《寒食寄京师诸弟》

寒食寄京师诸弟

雨中禁火空斋冷，江上流莺独坐听。

把酒看花想诸弟，杜陵寒食草青青。

清明的民俗文化是连接不同地域文化的纽带，它能融汇不同的文化理念，加深对民族文化的认同感。这种民族认同感，在思乡之情上，体现得尤为深刻。诗的首句从近处着笔，实写客中寒食的景色；末句从远方落想，遥念故园寒食的景色。这一起一收，首尾呼应，紧扣诗题。中间两句，一句暗示独坐异乡，一句明写想念诸弟，上下绾合，承接自然。这首诗的第一、二两句，看来不过如实写出身边景、眼前事，但也含有许多层次和曲折。第一句所写景象，寒食禁火，万户无烟，本来已经够萧索的了，更逢阴雨，又在空斋，再加气候与心情的双重清冷，这样一层加一层地写足了环境气氛。第二句同样有多层意思，"江上"是一层，"流莺"是一层，"坐听"是一层，而"独坐"又是一层。这句，本是随换句而换景，既对春江，又听流莺，一变上句所写的萧索景象，但在本句中却用一个"独"字又折转回来，在多层次中展现了曲折。两句合起来，对第三句中表达的"想诸弟"之情起了层层烘染、反复衬托的作用。至于紧接在第三句后的结尾一句，把诗笔宕开，寄想象于故园的寒食景色，就更收烘托之妙，进一步托出了"想诸弟"之情，使人更感情深意远。这首诗，运笔空灵，妙有含蓄，更主要得力于结尾一句，它既透露了诗人的归思，也表达了对诸弟、对故园的怀念。这里，人与地的双重怀念是交相触发、融合为一的。

（二）王安石的《壬辰寒食》

壬辰寒食

客思似杨柳，春风千万条。

更倾寒食泪，欲涨冶城潮。

巾发雪争出，镜颜朱早凋。

未知轩冕乐，但欲老渔樵。

清明节很重要的一项民俗活动就是祭奠先人，清明节扫墓寄托着后人对先人的哀思。站在父亲的墓前，王安石看到的是千万条杨柳随风依依。一个"客"字，写出了他心中万千的无可奈何。而这万千复杂的情感，也恰似春风里飘摇的杨柳枝条,数之不尽。自古以来,中国人对于故土的情感就是复杂的,这让无数游子都日夜挣扎在逃离与归去之中。而牵绊游子最多的,就是故乡的人。行文到这里,看到如此凄清的清明景象,王安石对父亲的情感再也无法自抑。一句"更倾寒食泪,欲涨冶城潮"让多少情感奔涌而出。在这样的情感之下蕴含着的正是中国人坚守的孝道。这种孝道不仅来源于血液的维系,更根植于热烈而深沉的情感之中。中国人的人情味,也在这孝道之中,滋养着中华儿女的灵魂。这样的一首诗,既是王安石自己情感的宣泄,也对后辈有深刻的教育意义。

(三)陆游的《临安春雨初霁》

临安春雨初霁

世味年来薄似纱,谁令骑马客京华。

小楼一夜听春雨,深巷明朝卖杏花。

矮纸斜行闲作草,晴窗细乳戏分茶。

素衣莫起风尘叹,犹及清明可到家。

这首诗中细细描述了"春雨""杏花""草"等清明时节的典型意象。这些景物本身只是自然界向我们释放出的"清明信号"。这一切都伴随清明而生,也伴随清明而落。但清明时节所特有的疏朗色彩,又带给人们独特的情感体验。所以杏花春雨、斜风青草也都成了哀伤与思念的代名词。最后一句"素衣莫起风尘叹,犹及清明可到家"中与家乡的缠绵之意,不只是这一首诗独有的,而是众多描绘清明的诗歌所共有的。正是这种千丝万缕的联系,构成了中华民族的乡土情怀,也构成了清明这一节气背后独特的文化底蕴。这些民俗文化不仅丰富了人们的生活,还增强了民族凝聚力和中华民族的文化认同感。

六、思考题

(1)有人说,清明祭祖就是迷信鬼神,在科技高度发达的社会,我们不应该提倡,这是一种应该摒弃的陋俗。作为大学生,面对这样的观点,你有什么看法?

(2)说一说清明时节,你们的家乡都有什么习俗。

第三节　谷　雨

谷雨是二十四节气中的第六个节气,也是春季的最后一个节气,时值每年公历 4 月 19 日—21 日,太阳到达黄经 30°,是反映雨量变化的节气,最早出自《通纬·孝经援神契》:"清明后十五日,斗指辰,为谷雨,三月中,言雨生百谷清净明洁也。"这一节气的到来,意味着寒潮天气基本结束,气温回升加快,即将进入播种移苗、埯瓜点豆的最佳时节。

一、谷雨的气候物候

(一)气候

谷雨前后,东亚高空西风急流会再一次明显减弱和北移,华南暖湿气团比较活跃,西风带自西向东环流波动比较频繁,低气压和江淮气旋活动逐渐增多。受其影响,此时,中国的南方地区开始明显多雨,特别是华南,一旦冷空气与暖湿空气交汇,往往形成较长时间的降雨天气,降雨量会达到 30～50 毫米。秦岭—淮河是南方春雨和北方春旱区之间的过渡地区,从秦岭—淮河附近向北,春雨急剧减少。在西北高原山地,这一时期降水量一般仅为 5～20 毫米。平均气温为 20℃～22℃,比 4 月中旬上升 2℃以上。由于气温上升快,加之风多、蒸发量大,土壤跑墒较为严重,容易发生旱象。同时,在北方地区,谷雨是"终霜"的象征,冷空气大举南侵的情况较少,但影响北方的冷空气活动并没停止,很多地方会出现初雷。谷雨节气也是一年中日较差较大的时期,时而出现较高的温度,时而有强冷空气南下,造成剧烈降温,容易出现冰雹等灾害性天气。

(二)物候

古代将谷雨节气分为三候:第一候萍始生,第二候鸣鸠拂其羽,第三候戴胜降于桑。所谓第一候的"萍始生",意指进入谷雨后,因降雨增多,那些平时缺少绿意的水塘、河畔、湖面等地,在短短的几天里,浮萍就会快速生长并变得茂密起来。这时,布谷鸟开始适时蠢蠢欲动,它不住地抖动浑身的羽毛,并按捺不住满腔的热情放声鸣叫了起来,即进入了"鸣鸠拂其羽"的第二候。在布谷声声满山回荡之后,美丽的戴胜鸟(俗称"臭姑姑")就会飞临桑树的枝头,搭建巢窝,繁衍生息,这标志着谷雨时节迎来了第三候。

二、谷雨的农事活动

谷雨是农时农事与物候结合较为紧密的节气之一,对于我国大部分地区来说,谷雨时节正值农作物播种、出苗的重要季节。

(一)播种、出苗管理

在北方地区,冬小麦正处在生长期,种植玉米的农家已经开始耕地、施肥、播种,防止土蚕的侵害;有些地方开始种植棉花;有些地方开始种黄豆、杂豆、土豆、花生、地瓜、茄子等。经济作物烟叶已经长出了早苗,烟农们也开始紧锣密鼓地做移栽烟苗的工作。《齐民要术》云:"凡种谷雨后为佳,遇小雨宜接湿种,遇大雨待秽生。"[1]《月令七十二候集解》记载:"三月中,自雨水后,土膏脉动,今又雨其谷于水也。雨读作去声,如雨我公田之雨。盖谷以此时播种,自上而下也。"[2]

而在南方地区,气温上升较早的闽南、广西地区的小麦则已成熟收获,长江流域的水稻、烟叶、红薯正在播种,春茶的采制也已进入关键时期,养蚕人家也从这一时节开始加强对春蚕的饲养管理。《四民月令》有云:"谷雨中,蚕毕生,乃同妇子,以勤其事,无或务他,以乱本业;有不顺命,罚之无疑。是月也,杏花盛,可蓄沙白轻土之田。"[3]

(二)病虫害防治

这一时期,还要特别注意防旱防湿,预防锈病、白粉病、麦蚜虫等病虫害,要拔除黑穗病株,同时要做好预防"倒春寒"和冰雹的准备工作。

此外,谷雨期间也是牲畜配种、鱼类繁殖的季节,以捕鱼为生的渔家也早出晚归,忙着撒网打鱼。同时,华北、西北地区仍是"春雨贵如油"的少雨季节,加强春旱的防御依旧是十分重要的工作。

---

① 缪启愉编著《齐民要术校释》,齐鲁书社 2009 年版,第 61 页。
② (元)吴澄编著《月令七十二候集解》,齐鲁书社 1997 年版,第 89 页。
③ (汉)崔寔编著,石声汉校注《四民月令校注》,中华书局 2013 年版,第 105 页。

三、谷雨的风俗文化

(一)禁杀五毒

谷雨时节民间流行禁杀五毒。谷雨以后气温升高,病虫害进入高繁衍期。为了减轻病虫害对农作物及人们的损害,农民一边进入田间消灭害虫,一边张贴谷雨贴,进行驱凶纳吉的祈福。这一风俗习惯在山东、山西、陕西一带较为流行。山东的谷雨贴采用黄表纸制作,以朱砂画出禁蝎符,贴在墙壁或蝎穴处,以此寄托人们消灭害虫、盼望安宁与丰收的期望。陕西同官、米脂的谷雨贴类似于年画的一种,上面刻绘神鸡捉蝎、天师除五毒的形象,有的还附有"太上老君如律令,谷雨三月中,蛇蝎永不生""谷雨三月中,老君下天空,手持七星剑,单斩蝎子精""谷雨三月中,蝎子威风,神鸡一嘴,毒虫化为水"等消灭害虫的文字说明。有的地方在墙壁上贴压蝎符,认为这样做可以除蝎。山西灵石、翼城禁蝎符上书写:"谷雨日,谷雨时,口念禁蝎咒。奉请禁蝎神,蝎子一概化灰尘。"而在山西临汾一带,人们除了在谷雨日画张天师符贴在门上,名曰"禁蝎"之外,还把灰酒泼洒到墙上,也称作"禁蝎"。陕西凤翔一带的禁蝎咒符,则以木刻印制,可见需求量是非常之大的。

(二)赏牡丹

牡丹盛开时节正值谷雨,所以人们又将牡丹花称为"谷雨花",并衍生出"谷雨赏牡丹"的习俗。凡有花之处,就有仕女游观。也有在夜间垂幕悬灯、宴饮赏花的,号称"花会"。清代顾禄《清嘉录》记载:"神祠别馆筑商人,谷雨看花局一新。不信相逢无国色,锦棚只护玉楼春。"①

(三)祭海

谷雨正是春海水暖之时,百鱼行至浅海地带,是下海捕鱼的好日子。为了能够出海平安、满载而归,谷雨这天,渔民会举行隆重的海祭,祝福海神保佑渔民出海打鱼平安吉祥。所以,谷雨节也被称作渔民的"壮行节"。祭海这一习俗在现今山东胶东一带仍然流行。过去,渔民由渔行统一管理,海祭活动由渔行组织。祭海供品为去毛烙皮的、用腔血抹红的肥猪一头,白面大馍馍十个。另

---

① 　(清)顾禄编著,来新夏点校《清嘉录》,上海古籍出版社 1986 年版,第 86 页。

外,还要准备鞭炮、香纸。渔民合伙组织的海祭没有整猪的,就用猪头或蒸制的猪形等代替。古代村落都有海神庙或娘娘庙,祭祀时辰一到,渔民便抬着供品到海神庙、娘娘庙前摆供祭祀,有的还将供品抬到海边,敲锣打鼓,燃放鞭炮,面海祭祀,场面声势十分浩大。

(四)走谷雨

谷雨时节还有个稀奇古怪的风俗,庄户人家的大姑娘、小媳妇无论有事没事,谷雨这天都要到野外走一圈,或者走村串亲,寓意与自然相融合,强身健体,称作"走谷雨"。她们这样做,意图走出一个五谷丰登、六畜兴旺的好年成。

(五)洗"桃花水"

"桃花水"即桃花汛,指谷雨时节桃花盛开时江河里暴涨的水,传说用"桃花水"洗浴可消灾避祸。谷雨时节,我国西北地区民间有用"桃花水"洗浴的风俗,并会组织射猎、跳舞等庆祝活动。

(六)喝谷雨茶

谷雨时节温度适中,雨量充沛,加上茶树经冬季的休养生息,使得春梢芽叶肥硕,色泽翠绿,叶质柔软,富含多种维生素和氨基酸,传说谷雨这天的茶喝了会清火、辟邪、明目等。所以谷雨这天不管是什么天气,人们都会去茶山摘一些新茶回来喝。

(七)戴荠菜花

谷雨时节,野菜已经生发,田间地头,房前屋后,处处都可以找到已经开花的荠菜。传说戴上荠菜花以后不犯头痛病,晚上睡得特别香甜,有民谣这样唱,"戴了荠菜花,一年不头痛",因此,戴荠菜花也成为这一时节重要的习俗活动。在江苏常州武进地区,人们认为妇女戴荠菜花,可以"驱睡";广东龙川,则认为戴荠菜花可以"辟疫气";在山西永济虞乡镇,女子们都要到郊外采摘荠菜,叫作"暂病根";在浙江平湖,认为戴荠菜花,夏天不头晕;在江西上饶,认为这样可以在夏秋时节避免蚊虫叮咬;在江苏苏州,将荠菜花称作"眼亮花",女子们将花戴于发际,祈求眼睛明亮、不生眼疾等。总之,民间普遍认为戴上荠菜花,就会身体健康。[1]

四、谷雨的谚语表达

(一)常见谚语

(1)谷雨不种花,心里像蟹爬。

棉农自古以来就把谷雨视作棉花播种的风向标,不种植的话,心里就像螃蟹爬一样着急。

(2)谷雨三朝看牡丹。

谷雨三天后,牡丹怒放,适合观赏。

(3)谷雨下雨,四十五日无干土。

谷雨当天下雨,一个半月之内都会雨水丰沛。

(4)谷雨到,布谷叫,前三天叫干,后三天叫淹。

布谷鸟在谷雨的前三天叫就会干旱,在后三天叫就会涝。

(5)过了谷雨,不怕风雨。

谷雨过后,麦子就已经坚挺,能抵御风雨。

(6)谷雨前和后,安瓜又点豆;采制雨前茶,品茗解烦愁。

谷雨节气正值春耕春种的好时期。此时有春雨的滋润,万物新生,正是种瓜得瓜、种豆得豆的好时候。谷雨时节又是民间采茶、制茶的农忙时节。小茶叶生长成鲜叶,味美形佳,香气怡人,为茶中上品。喝一口刚刚上市的新茶,能解除农家的烦恼和忧愁,真可谓人间美事儿啊!

(7)谷雨不下,庄稼怕。

谷雨时节正是越冬作物冬小麦的抽穗扬花期,春播作物玉米、棉花的幼苗期,这些作物都需要充沛的雨水来促进正常的发育生长。如果天旱无雨(或无灌溉),冬小麦就会遇上"卡脖旱",麦穗抽不出来。如果不能正常扬花受粉、灌浆,玉米、棉花就不能正常出苗、发苗,这样就会严重影响最终的收成。因此,谷雨如果有雨且有透雨,那么,这对农民来说是求之不得的幸事。

---

[1]　许彦来编著《二十四节气知识》,天津科学技术出版社 2013 年版,第 111 页。

（二）其他谚语

有关谷雨的谚语,内容主要有两大类:一是谷雨前后的气象预测,一是谷雨前后的田间管理。

1. 有关气象预测的谚语

谷雨有雨兆雨多,谷雨无雨水来迟。

过了谷雨,不怕风雨。

谷雨阴沉沉,立夏雨淋淋。

谷雨前后一场雨,胜似秀才中了举。

谷雨南风好收成。

谷雨无雨,交回田主。

谷雨无雨,后来哭雨。

谷雨雨,蓑衣笠麻高挂起。

2. 有关田间管理的谚语

吃过谷雨饭,晴雨落雪要出晒。

谷雨麦结穗,快把豆瓜种;桑女忙采撷,蚕儿肉咚咚。

谷雨前后,撒花点豆。

谷雨前十天,种棉最当先。

谷雨前应种棉,谷雨后应种豆。

谷雨三朝蚕白头。

谷雨三天便孵蚕,谷雨十天也不晚。

谷雨下谷种,不敢往后等。

谷雨有雨好种棉。

谷雨有雨棉花肥。

谷雨栽秧(红薯),一棵一筐。

谷雨栽早秋,节气正相当。

谷雨在月头,秋多不要愁。

谷雨在月尾,寻秋不知归。

谷雨在月中,寻秋乱筑冲。

谷雨种棉花,能长好疙瘩。

谷雨种棉家家忙。

过了谷雨,百鱼近岸。

过了谷雨种花生。

棉花种在谷雨前,开得利索苗儿全。

早稻播谷雨,收成没够饲老鼠。

五、诗情词韵中的谷雨

(一)元稹的《咏廿四气诗·谷雨三月中》

咏廿四气诗·谷雨三月中

谷雨春光晓,山川黛色青。

叶间鸣戴胜,泽水长浮萍。

暖屋生蚕蚁,喧风引麦葶。

鸣鸠徒拂羽,信矣不堪听。

这是唐代诗人元稹所写的五言律诗,以深沉的感情描写了谷雨时节的山川、农业之美,让我们欣赏诗歌的同时,也看到了唐朝谷雨时节的山林以及农事面貌,那浓浓的绿意,带着极度的润泽和饱满。首联,正是讲万物如何自爱。你看那谷雨时节,春天的光景,犹如破晓的阳光;山岳江河,青翠的草木,好像披上一件青色的衣裳。虽然已至暮春,但诗人却用破晓的阳光、青色的衣裳,写出万物蓬勃之气。万事万物都在"拂羽",拼命将自己打扮得婀娜多姿,我们人类又何必自怨自怜呢。颔联,主要讲谷雨三候:萍始生,鸣鸠拂其羽,戴胜降于桑。树叶枝杈间,只见斑鸠鸟儿,咕咕咕叫个不停;积聚的湖水里,生长出许多水浮萍来。这里通过物候,依然在讲春天的生发之气,哪怕是暮春,但它仍是春天,仍具备生发之气。颈联,写温暖的小屋内,像蚂蚁一样的幼蚕,正尽情咀嚼桑叶;和煦的春风下,像葶草黄花一样的麦田,在不停摇摆。"蚕蚁"对"麦葶",对仗巧妙,两处比喻,让蚕麦都具备春天的表情。尾联写它们拼命生长,只为在这个春天,"拂羽"而不虚掷。"生"对"引",同样还是在讲生发之气。

(二)陆希声的《阳羡杂咏十九首·茗坡》

阳羡杂咏十九首·茗坡

二月山家谷雨天,半坡芳茗露华鲜。

春醒酒病兼消渴,惜取新芽旋摘煎。

　　这是唐代诗人陆希声所写的一首七言绝句,主要描写的是谷雨时节,诗人摘取新生茶芽,不经烘焙制作,直接烹煎饮用的情景。

六、思考题

(1)你还了解哪些有关谷雨节气的风俗?

(2)你认为现代农业还需要二十四节气吗?

第二篇 夏 长

老 苗 泥 復 日

第三章　成　长

第一节　立　夏

　　立夏,是二十四节气中的第七个节气,也是夏季的第一个节气,表示春天的结束和夏天的开始,因此又称"春尽日"。此时北斗七星的斗柄指向东南方,太阳黄经达45°。关于立夏,元人吴澄《月令七十二候集解》解释为:"夏,假也,物至此时皆假大也。"①这里的"假"即"大"之意,是说春天的植物到这时已经长大了。立夏后,日照增加,逐渐升温,雷雨增多。万物繁茂,始于立夏。

一、立夏的气候物候

(一)气候

　　立夏是万物进入旺季生长的一个重要节气。但由于中国幅员辽阔、南北跨度大,各地自然节律不一。立夏前后,中国只有福州到南岭一线以南地区进入夏季,而其余大部分地区还处在春季,在东北和西北的一些地区,这时候甚至才刚刚进入春季。立夏时节,全国大部分地区平均气温为18℃～20℃,这时华北、西北等地气温虽然回升很快,但降水仍然不多,加上春季多风,水分蒸发比较强烈,天气十分干燥。秦岭—淮河一带是南方多雨和北方少雨的过渡地区,从秦岭—淮河一带向北,降雨量急剧减少,而受来自海洋的暖湿气流的影响,南方地区则普遍高温、潮湿多雨,两广②的珠江水系和福建的闽江水系,年最高水位往往出现在这一时段,民间有"立夏、小满,江满、河满"的说法。

---

① (明)郎瑛撰《七修类稿》卷三《天地类》,明刻本,第5页。
② 指广东和广西。

(二)物候

立夏分为三候。

一候蝼蝈鸣。蝼蝈蛙类。立夏节气中,可听到蝼蝈在田间鸣叫。

二候蚯蚓出。蚯蚓又名地龙。立夏节气后,在地上便可看到蚯蚓掘土。

三候王瓜生。王瓜,葫芦科,栝楼属多年生草质藤本植物。立夏节气后,王瓜的蔓藤开始快速攀爬生长。

《逸周书·时训解》曰:"立夏之日,蝼蝈鸣。又五日,蚯蚓出。又五日,王瓜生。"[①]描述的就是孟夏之初的物候景象。

二、立夏的农事活动

立夏时节,夏收作物进入生长后期,冬小麦扬花灌浆,油菜接近成熟,夏收作物年景基本定局,故农谚有"立夏看夏"之说,此时果树也进入了保果、疏果阶段。由此,田间管理也进入了大忙季节。同时由于天气转热,人们对畜禽管理也非常重视。

(一)田间管理

1. 农作物管理

(1)水稻。立夏前后正是大江南北早稻插秧的季节。"能插满月秧,不莳满月草",这时气温仍较低,人们栽秧后早追肥,早耘田,早治病虫,促进早发,同时中稻播种也进入扫尾阶段。

(2)小麦。华北、西北等地大气干燥和土壤干旱常严重影响农作物的正常生长,尤其是小麦灌浆乳熟前后的干热风更是导致减产的重要灾害性天气,此时这些地区的人们给小麦适时灌水,抗旱防灾。立夏后,江南进入雨季,总雨量和日均降雨量都明显增加,连绵的阴雨不仅会引起农作物的湿害,还会导致多种病害的流行。小麦抽穗扬花之际最易感染赤霉病,人们及时在小麦始花期到盛花期喷药施治。

(3)棉花。"立夏种棉花,有柴没疙瘩。"这时已过了种棉的季节,正值棉花小苗期,这时人们查苗、补苗、中耕定苗,并注意及时浇水灌溉。棉花在阴雨连

---

① (西晋)孔晁注《逸周书》卷六《时训解》,清乾隆嘉庆间嘉善谢氏刻抱经堂丛书本,第3页。

绵或乍暖还寒的天气条件下,通常会有炭疽病、立枯病等病害的发生,常造成大面积死苗、缺苗。人们积极采取必要的增温降湿措施,并配合药剂防治,保全苗壮苗。

2. 果树管理

(1)柑橘。人们主要保花保果,加强幼果疮痂病、红蜘蛛、蚧壳虫(矢尖蚧、长白蚧、糠片蚧等)第一代幼虫和黑刺粉虱第一代幼虫的防治。

(2)杨梅。人们加强控春梢保果和人工疏果,并进行杨梅褐斑病防治、杨梅果蝇化学诱杀、金龟子灯光诱杀(频振式黑光灯诱杀)等。

(3)枇杷。人们及时施足采前肥,适时采摘,并预防果实日烧病、防治果实炭疽病和枇杷黄毛虫第一代幼虫。

(4)桃。人们主要对树木进行修剪,并及时进行疏果、套袋和追肥。

(5)樱桃。人们此时加强了樱桃采后管理和防治刺蛾、蓑蛾、天幕毛虫、举尾毛虫、枯叶蛾、桃小叶蝉、红蜘蛛、天牛等害虫。

(6)梨。人们这时主要控制新梢过度生长、控制果量、促进新梢花芽分化,加强梨网蝽、梨小食心虫、金缘吉丁虫和梨黑斑病的防治。

(二)畜禽管理

从立夏开始,天气由暖转热,人们对猪、羊、鸡等畜禽的管理更加注重清洁卫生和疾病的预防等。

(1)猪。春夏交替气温不稳定,此时养猪人要及时根据天气变化给猪做好通风、保暖措施,同时加强猪舍清洁,经常给猪舍的用具消毒。

(2)羊。立夏后温度渐高,羊舍内容易滋生致病菌,养羊人要经常对羊舍内的粪污进行清理,并做好蚊蝇防治工作,定期采用药物对羊舍内外进行喷洒、羊舍门窗安装纱网、使用驱蚊药或灭蚊灯等。

(3)鸡。立夏后,养鸡人要经常对鸡舍进行消毒,做好禽流感、鸡瘟、法氏囊病、禽霍乱等病的预防,在饲料中添加驱虫剂,并加强蚊蝇灭除工作。

三、立夏的风俗文化

立夏这天,民间有迎夏、尝新、吃"立夏饭"、斗蛋和秤人等习俗。

(一)迎夏

立夏早在战国末年就已被确立为节气。作为夏季的开端,立夏一直深受人们重视。立夏日,古人举行各种迎夏仪式,迎接夏天的到来。在传统易学中夏在南,属火,朱是其代表色。《礼记·月令》云:"天子居明堂左个,乘朱路,驾赤骝,载赤旗,衣朱衣,服赤玉,食菽与鸡,其器高以粗。是月也,以立夏。先立夏三日,大史谒之天子曰:'某日立夏,盛德在火。'天子乃齐。立夏之日,天子亲率三公、九卿、大夫以迎夏于南郊。"①立夏当日,天子亲率公卿大夫到南郊迎夏。不仅身着朱色礼服,佩带朱色玉饰,还乘坐赤色马匹和朱红色的车舆,连车旗也是朱红色的。这种朱赤基调的迎夏仪式,反映了先民顺天应时的信仰。

(二)尝新

在江浙一带有"立夏尝新"的风俗。苏州地方有"立夏见三新"的谚语,"三新"指新熟的樱桃、青梅和麦子。人们先以这"三新"祭祖,然后分而尝食。在无锡等地,有"立夏尝三鲜"的习俗,三鲜又分地三鲜、树三鲜、水三鲜。在常熟,尝新食材更为丰盛,有"九荤十三素"之说,九荤为鲫、咸蛋、螺蛳等;十三素包括樱桃、梅子、麦蚕、笋、蚕豆等蔬菜水果。杭州人立夏则有吃"三烧、五腊、九时新"的习俗。三烧指烧饼、烧鹅、烧酒;五腊指黄鱼、腊肉、盐蛋、海狮、清明狗;九时新指樱桃、梅子、鲥鱼、蚕豆、苋菜、黄豆笋、玫瑰花、乌饭糕、莴苣笋。

(三)吃"立夏饭"

湖南长沙人立夏日吃糯米粉拌鼠曲草做成的汤丸,名"立夏羹",民谚云"吃了立夏羹,麻石踩成坑""立夏吃个团(当地音为'坨'),一脚跨过河",意喻力大无比,身轻如燕。上海郊县农民立夏日用麦粉和糖制成条状食物,称"麦蚕",吃了可免"疰夏"。湖北省通山县民间把立夏作为一个重要节日,通山人立夏吃泡(草莓)、虾、竹笋,谓之"吃泡亮眼、吃虾大力气、吃竹笋壮脚骨"。闽南地区立夏吃虾面,即购买海虾掺入面条中煮食,海虾熟后变红,为吉祥之色,而虾与夏谐音,以此为对夏季之祝愿。福建闽东地区立夏以吃"光饼"(面粉加少许食盐烘制而成)为主。闽东周宁、福安等地将光饼入水浸泡后制成菜肴,而蕉城、福鼎等地则将光饼剖成两半,将炒熟了的豆芽、韭菜、肉、糟菜等夹而食之。周宁纯

---

① 胡平生、张萌译注《礼记》,中华书局 2017 年 11 月第 1 版,第 313~314 页。

池镇一些村吃"立夏糊"，主要有两类：一是米糊，一是地瓜粉糊。大锅熬糊汤，汤中内容极其丰富，有肉、小笋、野菜、鸡鸭下水、豆腐等，邻里互邀喝糊汤。浙东农村立夏有吃"七家粥"的风俗，就是务农人家左邻右舍互相赠送豆、米，和以黄糖，煮成一锅粥，叫"七家粥"，据说吃了这种粥，邻里和睦，一心去夏耕夏种。

（四）斗蛋

"立夏蛋，满街甩"，斗蛋通常是小孩玩的游戏。斗蛋要用熟鸡蛋，一般是用清水带壳煮的囫囵蛋（蛋壳不能破损），经冷水浸过，然后装在用彩色丝线或绒线编成的网兜里，挂在脖子上。斗蛋的规则很简单，说白了就是"比比谁的蛋壳硬"：大家各自手持鸡蛋，尖者为头，圆处为尾，蛋头撞蛋头，蛋尾击蛋尾，一个一个斗过去，斗破了壳的，认输，然后把蛋吃掉，而最后留下的那个斗不破的，被尊为"蛋王"。至于为什么要斗蛋，民间的说法是："立夏胸挂蛋，小人疰夏难。"

（五）秤人

人们在村口或台门里挂起一杆大木秤，秤钩悬一根凳子，大家轮流坐到凳子上面秤人。司秤人一面打秤花，一面讲着吉利话。秤老人要说"秤花八十七，活到九十一。"秤姑娘说"一百零五斤，员外人家找上门。勿肯勿肯偏勿肯，状元公子有缘分。"秤小孩则说"秤花一打二十三，小官人长大会出山。七品县官勿犯难，三公九卿也好攀。"打秤花只能里打出（即从小数打到大数），不能外打里。民间相传秤人习俗与诸葛亮、孟获和刘阿斗的故事有关。据说孟获被诸葛亮收服，归顺蜀国之后，对诸葛亮言听计从。诸葛亮临终嘱托孟获每年要来看望蜀主一次。诸葛亮嘱托之日，正好是这年立夏，孟获当即去拜阿斗。从此以后，每年夏日，孟获都依诺来蜀拜望。过了数年，曹魏灭掉蜀国，阿斗被迁至洛阳。三年后，晋武帝司马炎取代曹魏称帝。而孟获不忘丞相嘱托，每年立夏带兵去洛阳看望阿斗，每次去则都要秤阿斗的重量，以验证阿斗是否被晋武帝亏待。他扬言如果亏待阿斗，就要起兵造反。晋武帝为了迁就孟获，就在每年立夏这天，用糯米加豌豆煮成中饭给阿斗吃。阿斗见豌豆糯米饭又糯又香，就吃得很多。阿斗虽然没有什么本领，但有孟获立夏秤人之举，晋武帝也不敢欺侮他，日子也过得清静安乐，福寿双全。这一传说，虽与史实有异，但百姓希望的即是"清静安乐，福寿双全"的太平社会。立夏秤人会给阿斗带来福气，人们也祈求上苍给他们带来好运。

四、立夏的谚语表达

(一)常见谚语

(1)立夏麦呲牙,一月就要拔。

立夏节气到了之后,田间的小麦就进入了灌浆成熟期,"麦呲牙"意味着小麦即将裂口成熟,"一月就要拔",说明立夏节气到来之后,再过一个月就要收小麦了。

(2)立夏不起阵,起阵好年景。

这里的"阵"代表阵雨,说的是立夏若是不下雨会影响今年收成。因为立夏正是小麦灌浆乳熟前后,这时需要充足的水分,否则会导致小麦出现干热风情况,从而导致小麦减产。

(3)干锄湿,湿锄干,不干不湿锄个暄。

干地锄后可以阻断底下的湿气往外走,而湿地锄后就可以增加上边的水分蒸发,所以不管是干地还是湿地,锄后都有好处,而且还能让土地变得软和。

(4)一穗两穗,一月入囤。

立夏麦子已经秀穗了,这个时候不能缺了水。因为一个月之后,麦子就要收割到家了。

(5)麦秀风摇,稻秀雨浇。

小麦开始抽穗的时候有风最好,能充分地授粉;稻子长穗的时候最好下雨,这个时候籽粒会更加饱满。

(6)风扬花,饱塌塌;雨扬花,秕瞎瞎。

如果小麦收获的时候刮点风,小麦的粒就会长得非常饱满,但是如果此时下雨的话,小麦长得粒就小了,干瘪自然收获就会少很多。

(7)立夏种姜,夏至收"娘"。

立夏时候种植生姜,到了夏至可以收割老姜。

(8)三三见九少,二五一十多。

种三季,每季每亩 300 斤,三季每亩 900 斤,不如种两季,每季每亩 500 斤,两季每亩 1000 斤。1000 斤比 900 斤多,还少花一季的人工、肥料。

(9)锄下有水也有火。

天旱时,通过锄划切断土壤毛细孔,可减少土壤中水分的蒸腾,起到保墒的作用,即锄下有"水"的含义;雨后土壤水分过大,影响根系呼吸,及时锄划,可加快水分的散失,有利于地温提高,即锄下有"火"的含义。

(10)多带老娘土,阴水两把捂。

老娘土是人们移苗时留在苗根部的土疙瘩。立夏之后,天气变热,湿气加重,出远门讨生活或客居外乡的人,有可能会出现水土不服,甚至中暑的情况。因此,出门在外,可以带上一些老娘土,既是对家乡的一种念想,又可以将老娘土加入未见天日的井水或泉水中,治疗水土不服和中暑的症状。

(二)其他谚语

春争日,夏争时。

立夏麦咧嘴,不能缺了水。

麦旺四月雨,不如下在三月二十几。

寸麦不怕尺水,尺麦却怕寸水。

立夏天气凉,麦子收得强。

立夏前后连阴天,又生蜜虫(麦蚜)又生疸(锈病)。

立夏前后天干燥,火龙(红蜘蛛)往往少不了。

风生火龙雾生疸。

麦拔节,蛾子来,麦怀胎,虫(指黏虫)出来。

小麦开花虫长大,消灭幼虫于立夏。

豌豆立了夏,一夜一个杈。

立夏大插薯。

清明秫秫谷雨花,立夏前后栽地瓜。

立夏芝麻小满谷。

立夏的玉米谷雨的谷。

立夏种绿豆。

季节到立夏,先种黍子后种麻。

立夏前后种络麻。

立夏种麻,七股八杈。

立夏前后,种瓜点豆。

立夏栽稻子,小满种芝麻。

立夏三日正锄田。

锄板响,庄稼长。

棉花听着人的脚步长。

要想庄稼好,田间锄草要趁早。

种在犁上,收在锄上。

夏天不锄地,冬天饿肚皮。

早锄地暖,深锄不板,多锄旱涝双保险。

头遍锄不好,到老一地草。

头遍苗,二遍草,三遍四遍顺垄跑。

头遍高粱,二遍谷,三遍棉花要深锄。

盐碱地,勤中耕,才有季季好收成。

见草锄草工夫到,才能保证收成好。

无雨锄地,有雨补苗。

苗子不全,及早补填。

移苗要保活,必须带泥坨。

定苗带个篮,蚜株移出田。

节气到立夏,就把小苗挖。

棉花鏊子腿,谷子羊屙屎。麦子下种子隔子,谷子留苗屙屎。

高粱稠了难通风,秸倒粒瘪减收成。

稠倒高粱稀倒谷。

稠谷稀麦,十有九坏。

稠谷好看,稀谷吃饭。

不稀不稠,才能丰收。

适当密植不误地,一季收成顶两季。

不稀不稠庄稼旺,秋收到来粮满仓。

留苗不长眼,管好也减产。

拣苗如上粪。

谷茎圆,莠茎扁,莠草脆硬,谷叶绵。

谷子根扩杈,莠草杈扩杈。

挖苗不除根,大棵抱小孙。

地边锄杂草,病虫都减少。

地湿温低苗病重,深锄勤锄病减轻。

不怕苗子小,就怕虫子咬。

苗要好,除虫早。

治虫没有巧,治早治小又治了。

少了不治虫,多了治不净。

小时治不净,大了就有抗药性。

虫子危害细查看,对症下药是关键。

蝼蛄危害呈丝线,金针虫害有孔眼,蛴螬齐茬根茎断。

一看红彤彤,庄稼生火龙(红蜘蛛)。

小麦开花,蚂蚱跳打。

枣步曲,危害大,防治不能过立夏。

五、诗情词韵中的立夏

中国古代诗词中不少描写立夏的作品,以下面几首代表作为例。

(一)元稹的《咏廿四气诗·立夏四月节》

咏廿四气诗·立夏四月节

欲知春与夏,仲吕启朱明。蚯蚓谁教出,王菰自合生。

帘蚕呈茧样,林鸟哺雏声。渐觉云峰好,徐徐带雨行。

这首诗首联“欲知春与夏,仲吕启朱明”直接点明时令是春夏之交,正值立夏。“仲吕”是音律名,在古人的哲学体系和宇宙观中,天体运行影响季节变化,五方、五行、五音、五色与四时都是一一相应的。“仲吕”代四月,即从“孟夏之月,律中仲吕”中来。“朱明”是夏天的别称,也有说指传说中的火神祝融。这两句是说,想要知道春夏如何交替,农历四月(请来祝融)开启夏季。颔联写的是立夏时节常见的物候表现,“蚯蚓”对“王菰”。蚯蚓出洞,王菰生藤,都是极自然的现象。“自合生”也表明立夏时节,万物自然生长,欣欣向荣之态。且这两句所写,都是雨后之繁荣,暗暗表明夏季开始雨水增多,也是祈望夏季顺应天时,及时储秀,秋日盛收,年尾才好冬藏。颈联再举两个例子,但由农事和植物转向了动物。"帘蚕呈茧样"是说蚕开始结茧,帘影上映出它们吐丝作茧的样子。"林鸟哺雏声"写得亲切可爱,一个"声"字点出无限生机,幼鸟争相发出动静,努力吸引雌鸟注意的争食之相活灵活现,这是万物自适的野趣,都在自由生长。尾联以写景作结:"渐觉云峰好,徐徐带雨行",云峰缓移,带来的降雨慢慢将要到来,这是有益于农事的,故而作者发出了"云峰好"的感慨。就像杜甫满腔欣喜、诚挚地赞赏"好雨知时节,当春乃发生"一样,这立夏时的雨也将润及万物,使天地间万物生机勃发起来。夏季雨水充足,也是秋收的基础。尾联结句,全然站在农事立场,读来便觉一颗仁心跃出,满是温情。

(二)李光的《立夏日纳凉》

立 夏 日 纳 凉

茅庵西畔小池东,乌鹊藏身柳影中。

沙岸山坡无野店,不知此处有清风。

诗人通过描写"乌鹊藏身柳影",道出了立夏天气渐热,乌鹊纷纷寻找地方纳凉,与诗人自己寻纳凉地并作叙事双线。"茅庵西畔小池东,乌鹊藏身柳影中"这两句是侧面写"天气之炎热"。"茅庵西畔""小池东",点出了纳凉之地的具体位置。有小池,就有水,有水易生风,为下文描写"清风"埋下了伏笔。"乌鹊藏身",说明天气炎热,也从侧面交代了柳影下的幽静清凉。"沙岸山坡无野店,不知此处有清风"这两句是说,沙岸边山坡上并无一家乡村旅舍,谁也不知道此处藏有清凉的风。这是正面写"纳凉之佳处"。"无野店",则言此处偏僻,一般人难以找到,也为心静自然凉提供了环境保证。"不知"二字,已能感受到诗人发现纳凉佳处后的悠然自得。纵览全诗,诗人通过茅庵、小池、乌鹊、柳影、沙岸、山坡一组景物,勾勒出一幅立夏纳凉图,意境优美,使人读后身临其境,乐在其中。

(三)项安世的《立夏日南风大作二首(其一)》

立 夏 日 南 风 大 作 二 首(其一)

满城杨柳绿依依,背著春风自在飞。

却是杨花有才思,一时收拾伴春归。

这首诗是立夏诗中的名篇佳作。前两句"满城杨柳绿依依,背著春风自在飞"是说,满城的杨柳,绿意盎然,郁郁葱葱,它们背对着春风,自由自在地快乐飞翔。这是写"杨柳之留春"。"柳"有"留"之意,看着绿色的杨柳,仿佛春天还在眼前。诗人通过拟人的修辞手法,道出了杨柳在春风中悠闲自得的样子,表达了诗人沉醉在春风中的美好与诗意。"却是杨花有才思,一时收拾伴春归"两句是说,只有那杨花最有才气情思,收敛了春意,夏天终于来到了。这是写"杨花之送春"。诗人同样通过拟人的修辞手法,道出了杨花用自己的才思,结束了春天,表达了诗人对于夏天来临的欢喜。全诗语言生动,质朴无华,洋溢着送春迎夏的快乐气息。

六、思考题

(1)谈一谈你所了解的有关立夏的诗词。
(2)谈一谈你的家乡有关立夏的习俗。

第二节 小 满

小满,是夏季的第二个节气,于每年 5 月 21 日前后,太阳到达黄经 60°时开始。小满是一个充满希望的节气,古人命名"小满"时,更多的是表达了一种收获在即的喜悦。在我国大部分地区,这时夏熟作物继续灌浆,接近成熟,它们的籽粒逐渐饱满,但还没有十分饱满,所以叫小满。古语云:"四月中,小满者,物至于此小得盈满。"物,指的是夏熟作物,说的就是这个意思。但是,在我国南方一些地区,因季节来临的时间比北方地区早,所以有些作物已经成熟并已进入夏收、夏种季节。在二十四节气中,小满是一个富含儒家哲理的节气。小满者,满而不损也,满而不盈也,满而不溢也。中国传统儒家中庸之道,忌讳"太满""大满",有"满招损、谦受益"之说。

一、小满的气候物候

小满时,在天气变化及其影响下,自然界植物比较茂盛、丰满,以麦类为主的夏收作物的籽粒饱满,但尚未到最饱满的时候,只是小满,还未大满。进入小满节气后,各地气温继续升高,降水继续增多,但春夏之交,气温起伏变化大,此时夏收作物即将成熟,春播作物处于旺盛生长期。

(一)气候

进入小满以后,气温明显升高,雨水开始增多,预示着潮湿闷热的天气即将到来。

在北方,小满往往是一年中日照时间最长的一个节气,黄河以北大部地区平均每天日照在 8 小时以上,西部地区不少地方甚至超过 10 小时,乌鲁木齐、呼和浩特和银川小满期间的平均日照总时数能达 150 小时以上。小满时节,华北、黄淮往往有 1~2 天高温,热度能超过同时期的南方城市。

而在南方,"满"是指雨水的丰盈程度。雨水越充沛,越是丰收的征兆。一般来说,伴随夏季风的到来,北方冷空气容易深入到我国较南的地区,而南方暖湿气流也较强盛,很容易在华南一带相遇,此时南方暴雨开始增多,华南前汛期更是进入鼎盛阶段。因此,小满之后往往是我国南方地区的防汛紧张期。如果小满阶段雨水偏少,就会影响农作物的收成。1981—2010 年的小满期间,广东平均降水量为 149.8 毫米,与芒种、夏至是全年雨水最多的 3 个节气。而华南中部和西部常有冬干春旱,大雨来临又较迟,有些年份要到 6 月大雨才会降临,最晚甚至可迟至 7 月。

从气候特征来看,在小满到芒种期间,全国各地都会渐次进入夏季,南北温差进一步缩小,降水进一步增多。

(二)物候

小满十五天分为三候:一候苦菜秀,二候靡草死,三候麦秋至。旧时有在小满吃苦菜和尝新麦的习俗,吃"苦"尝"新",一些植物枯死了,一些植物成熟了,枯荣有度。

一候苦菜秀。"《埤雅》以荼为苦菜。《毛诗》曰:谁谓荼苦? 荼即茶也,故《韵会》茶注本作荼,是也。鲍氏曰:感火之气而苦味成。《尔雅》曰:不荣而实者谓之秀,荣而不实者谓之英。此苦菜宜言英也。蔡邕《月令》以谓苦荬菜,非。"[1]苦菜的茎单生直立,可高达一两尺,分布遍布中国。小满节气中,麦子将熟,但仍处于青黄不接之时,而苦菜已经枝繁叶茂,旧时百姓们往往采摘苦菜的幼嫩茎叶充饥,现在不少地方仍有吃苦菜的习俗。

---

[1] (明)郎瑛撰《七修类稿》卷三《天地类》,明刻本,第 6 页。

二候靡草死。靡草是喜阴植物。小满时,喜阴的一些枝条细软的草类在强烈的阳光下开始枯死。"郑康成、鲍景翔皆云:靡草,葶苈之属,《礼记》注曰:草之枝叶而靡细者。方氏曰:凡物感阳而生者,则强而立;感阴而生者,则柔而靡,谓之靡草。则至阴之所生也,故不胜至阳而死。"①这些古籍的描述,正说明靡草是一种喜阴的植物。小满节气,各地开始步入夏天,靡草死也标志着小满节气时阳气日盛。

三候麦秋至。《月令》曰:"麦秋至,在四月;小暑至,在五月。"②《七修类稿》曰:"麦秋至,秋者百谷成熟之时,此于时虽夏,于麦则秋,故云麦秋也"③。蔡邕曰:"百谷各以其初生为春,熟为秋,故麦以孟夏为秋。"④此时虽然时间还是夏季,但对麦子来说,却到了成熟的"秋",所以叫作麦秋至。

小满时节,除东北和青藏高原未进入夏季以外,我国绝大部分地区日平均气温都在 22℃以上,为"浦夏荷香满,田秋麦气清"的真正物候意义上的夏季。

二、小满的农事活动

《四民月令》载:"四月……蚕入簇,时雨降,可种黍、禾——谓之上时——及大、小豆、胡麻……蚕既入簇,趣缲,剖绵;具机杼,敬经络。"⑤《四民月令》中记载四月里的农事活动主要是养蚕缫丝、播种秋熟作物黍子、谷子等,但不同地区的农事活动又因气候不同而异。具体来说,可包括小麦根外追肥,遇干旱浇好抽穗、灌浆、麦黄等水,防御湿害、病虫害和干热风;双季早稻插秧、追肥、耘田、中稻移栽、秧田管理、单季晚稻秧田播种;棉花苗期管理,补苗、间苗、定苗,施苗肥,育苗移栽,棉苗栽前管理及整地移栽;油菜收获、留种;花生播种,查苗补苗,中耕锄草,追施苗肥;大豆中耕锄草,追施花荚肥;玉米中耕锄草,施拔节肥和穗肥。

(一)北方的农事活动

东北地区,立夏时刚刚进入春季,小满时北部地区也开始从事大豆等农作

① (明)郎瑛撰《七修类稿》卷三《天地类》,明刻本,第6页。
② (清)秦嘉谟撰《月令粹编》卷二三《补遗》,清嘉庆十七年秦氏琳琅仙馆刻本,第27页。
③ (明)郎瑛撰《七修类稿》卷三《天地类》,明刻本,第6页。
④ (汉)蔡邕撰,(清)蔡云辑《蔡氏月令》卷二《明堂月令上》,清光绪十四年江阴南菁书院刻,南菁书院丛书本,第43页。
⑤ (东汉)崔寔著,缪启愉辑释,万国鼎审定《四民月令辑释》,中国农业出版社1981年版,第47页。

物的播种,主要农事活动有春小麦中耕、追肥、除草、防治病虫等。黄淮地区,淮河以北的黄淮、华北冬麦区,小麦已接近成熟。同时,也是春播作物旺盛生长、夏播作物准备播种之时,自然也忙得不亦乐乎。不过,小满节气后,上述地区的小麦就进入乳熟后期,最忌高温干旱天气。若在此时出现30℃以上的日平均气温和低于30%的空气相对湿度,并伴有3米每秒以上风速的"干热风"天气,就会给小麦造成严重影响。所以,小满时应对麦田管理采取有针对性的措施,加强"干热风"灾害的预测防御,减轻"干热风"对小麦的危害。对北方的果树而言,此时正进入第一次果实膨大期,小满节令期间,气温高、蒸发量大,易导致落果或花芽分化受阻。因此,要适时补水防旱。

(二)南方的农事活动

在长江中下游地区,蚕事为民间关键的农事活动之一。在江南地区,到了小满时节,蚕茧已经结成,正等着人们煮一煮,用丝车从蚕茧里抽出蚕丝。此时,油菜籽也成熟了,人们把它割回家,再送到油车房里榨油。田里的农作物正需要大量的水分,于是人们忙着脚踏水车,引水入田,进行灌溉。同时,小满正是适宜水稻栽插的季节。江南早稻已进入分蘖后期或拔节始期,应及时烤田,控制无效分蘖,保穗增粒促高产。中稻此时要争取早栽,以利于增加养分的积累继而提高有效穗数。此时也正是苗期棉花的快速生长期,要及时定苗、移苗、补苗,以利早发健长。另外,此时沿江棉区雨水较多,加之土壤黏重、通透性差,应勤中耕松土,以促根壮苗。华南地区,小满时先后进入雨季,宜抓紧水稻追肥、耘禾,促进分蘖,主要农事活动有早稻耘田,追穗肥,中稻整地插秧,早玉米收获,冬植蔗、宿根蔗中耕施肥等。西南地区,主要农事活动有中稻插秧,玉米定苗、补苗和中耕追肥,晚玉米播种,大豆播种,油菜、小麦收获,夏收作物收、打、晒、藏等。

三、小满的风俗文化

(一)饮食风俗

苦菜是中国人最早食用的野菜之一。春风吹,苦菜长,荒滩野地是粮仓。小满前后正是吃苦菜的时节。小满还是湿性皮肤病的易发期,饮食调养以清淡的素食为主,常吃具有清利湿热作用的食物,如赤小豆、绿豆、冬瓜、黄瓜、黄花菜、水芹、黑木耳、胡萝卜、西红柿等。

(二)小满庙会

小满庙会,盛行于小麦耕作地区,一般是指旧时民众于小满节气上香拜神、因香客众多而自发形成的商贸集会,往往持续 3～5 天。在河南济源,据说小满会是在济渎庙建成之初就随着每年的水神祭祀活动自然兴起的古老庙会,已有上千年的历史。古时的济渎庙会上,有官府隆重的祭典仪式,有民间百姓自发的供奉叩拜,也有百戏、杂耍等娱乐项目,还有生意买卖、货物交易等活动。早些年,庙会上的商品以麦收工具、用品为主,赶会的人购置一些麦收期间的用品,回去就准备收麦打粮了。当地人说到小满会,就想到"叉耙扫帚牛笼嘴"这条农谚,从中可以看出这实际上是一个麦收准备会。

(三)抢水仪式

在南方,小满是早稻追肥、中稻插秧的重要时节,所以,旧时水车车水排灌为农村大事,水车于小满时启动。在我国浙江海宁一带,有以村为单位的"抢水"仪式。这天黎明,全村人集体出动,燃起火把于水车基座上吃麦糕、麦饼、麦团,然后执事者以鼓锣为号,大家敲击带来的器物以响应。鼓乐声中,由推选出的代表踏上事先装好的水车,把河水引灌入田。多达数十辆的水车一齐踏动,场面颇为壮观。在人们的欢笑声中,奔流的河水被引入田渠,不多时,河浜的水就被抽得精光。这喜庆又热闹的抢水,不再是辛苦的田间劳作,而成了有趣的娱乐活动。

(四)祭三神

三神分别为水车车神、油车车神和丝车车神。据传,水车车神为白龙,小满日,农家在水车基座上置鱼肉、香烛等祭拜之。特殊之处为祭品中有白水一杯,祭拜时,这杯清水谁也不能动,一定要泼入田中,有祝福水源涌旺之意,充分表明了农民对水利灌溉的重视程度。小满时节对农作物关系重大,因此在小满前后久旱无雨,人们便要求雨。各地都有求雨之风,古时嘉兴一带求雨,是以"龙"为对象,其仪式有请龙、晒龙(把龙王塑像抬出来暴晒)、还龙(举行龙会送其还庙)等内容,其求雨活动多是在三塔的顺济龙王庙举行。民间各地组织的求雨活动,都是企盼龙王爷能早日施雨,以解农作物的"燃眉之急"。祭油车车神和丝车车神的仪式大抵差不多,只是祭拜的地点不同。

(五)祈蚕节

小满节相传为蚕神诞辰,所以在这一天,我国以养蚕著称的江浙一带非常热闹,还会举办传统的祈蚕节。据记载,清道光七年(1827年),江南盛泽丝业公所在江苏吴江兴建了先蚕祠,祠内专门筑了戏楼,其广场可容万人观剧。小满前后三天由丝业公所出资,筵请各班登台唱大戏。三天所演的戏目都是丝业公所董事们反复斟酌点定的祥瑞戏,讨个吉利。江南一带忌在小满前后演出带有私生子和死人情节的戏,因小满相传为蚕神诞辰,"私"和"死"都是"丝"的谐音。

四、小满的谚语表达

(一)常见谚语

(1)小满小满,麦粒渐满。

小满时节,我国冬麦区小麦大多灌浆充实且临近结束,籽粒接近饱满、开始变黄。

(2)小满天天赶,芒种不容缓。

从小满时节开始,全国的小麦收割由南向北逐步展开,到芒种时节进入高峰,再没有放缓的时间了。

(3)麦黄栽稻(中稻),稻黄种麦。

小麦即将成熟时,是正值栽种中稻的时节;中稻即将成熟的时候,也是播种小麦的季节。

(4)小满有雨豌豆收,小满无雨豌豆丢。

小满时节正是豌豆的开花结荚期。豌豆不耐旱,要求土壤保持湿润而不积水,如有降雨,豌豆可获得高产丰收;反之,小满时节如果干旱不降雨,则会造成豌豆减产减收。

(5)小满不起蒜,留在地里烂。

小满时节大蒜已基本停止生长,应及时收获。若过时不收,大蒜容易霉烂。

(6)小满三鲜见。

到了小满时节,各种各样的大田作物及瓜果蔬菜等陆续成熟并收获上市,可供人们尝鲜,故有"小满三鲜见"或"小满见三新"之说。但各地所指的"三鲜"或"三新"不同,有黄瓜、樱桃和蒜薹,樱桃、黄瓜和大麦仁等。

（7）小满节气到，快把玉米套。

此条谚语适用于华北地区。小满节气前后，是玉米套种的适宜期，在具体套种时，要根据种植方式及品种的熟期因地制宜。

（8）小满不满，麦有一险。

河南济源是说小麦长到小满时，容易碰到干热风和大风雷雨等天气，使小麦遭遇减产危险。本地人说收麦的时候就怕刮风，麦子掉地上；下雨，车进不去地里没办法割麦。济源本地通常是小满会过十天后就开始收麦了。当地老人说，小麦有七条根。过完小满，小麦一天死一条根，过完七天后再让小麦干干就开始收麦了。收完麦子后整地再种上玉米，当地一般就种这两季。小满是每年农村第一个农忙季，是农民为夺取夏粮和全年农业丰收做好准备的双抢双收的关键时期。

（9）地蛋勤摘花，挖时拿车拉。

地蛋就是土豆，又叫马铃薯。初春时种下的土豆，到了小满时节，已经开出了白色、粉色的花朵，及时摘掉花蕾和花朵，可以减少营养损失，保证土豆丰收。

（10）五月立夏小满来，拔草耕田勿偷闲。

这句谚语描绘了湖南文昌这样一幅景象，在五月时，立夏和小满相继到来，这一时期，正是种植庄稼的好时机，一定要好好地处理田地，勤除草耕地，不能为了一时的懒闲而误了好时机。

（二）其他谚语

麦到小满日夜黄。

小满晴，麦穗响铃铃。

小满有雨麦头齐，夏至有雨豆儿胖。小满阴，雨水增；小满晴，雨水贫。

小满不起蒜，必定散了瓣。

麦田把水浇，快把玉米套。

小满前后，种瓜种豆。小满暖洋洋，锄麦种杂粮。过了小满十日种，十日不种一场空。

小满谷子芒种稻，夏至不种高山糜。小满芝麻芒种谷，过了夏至种大黍。

小满麦渐黄，夏至稻花香。小满后，芒种前，麦田串上粮油棉。

五月立夏接小满，小麦仍要抓田管，病害虫害干热风，及早防御不减产。

小满温和春意浓,防治蚜虫麦秆蝇,稻田追肥促分蘖,抓绒剪毛防冷风。

立夏小满五月间,小麦灌浆粒重添。防治病虫干热风,养根护叶早衰免。灌浆水分很重要,有风不浇保平安。麦套棉田防缺墒,麦垄点种半月前。麦收准备要用心,充分打好提前战。

小满大满江河满。

小满不下,黄梅偏少。

小满无雨,芒种无水。

小满不满,芒种不管。

小满不满,无水洗碗。

小满不下,犁耙高挂。

立夏鹅毛住,小满鸟来全。

立夏小满正栽秧。

秧奔小满谷奔秋。

五、诗情词韵中的小满

小满时节,越冬农作物逐渐饱满起来,即将成熟。民以食为天、以地为业,农事以物候节时而生、而存。一些诗词描绘了小满节气乡村农事繁忙的情景,举例如下。

(一)元稹的《咏廿四气诗·小满四月中》

咏廿四气诗·小满四月中

小满气全时,如何靡草衰。田家私黍稷,方伯问蚕丝。

杏麦修镰钐,锄耰竖棘篱。向来看苦菜,独秀也何为?

这是根据小满时节的气候特点创作的一首诗。小满节气正是气温上升之时,为什么靡草却纷纷枯萎了?诗人开篇点出小满的气候特征。此时,气温迅速回升,夏意渐浓,世间万物都焕发出蓬勃的生命力。但是生活在阴暗处的靡草却日益枯萎,原来是因为枝叶细长、喜阴的靡草经受不住强光照射,所以慢慢枯萎了,点出了小满时光照充足、气温升高的气候特点。颔联、颈联则描述了小满节气时重要的农事活动,农民田地里的谷类作物开始灌浆,长势喜人,丰收在即,同时小满也是春蚕收获的关键时期,农民们日夜忙碌,地方长官也十分重视蚕桑生产。同时人们也开始修整农具,准备好镰刀、铁锸一类的农具倚靠在篱笆上,可见农民们已经在为即将到来的收获季节做好了充分的准备。尾联,作者将注意力转向苦菜,说明小满时节既是充满收获希望的时节,也是充满新生的时节。

(二)欧阳修的《小满》

小　满

夜莺啼绿柳,皓月醒长空。

最爱垄头麦,迎风笑落红。

这是一首描写小满节气时的风景诗。绘出了初夏柳绿、夜晴、麦子茁壮成长的景色。小满时节,小麦迎风摇曳生姿,明月照亮万里长空,好一幅初夏时节生动鲜活的农家风情画。一个"啼"字、一个"醒"字,让全诗充满夏日的动感。而"笑"字更是运用了拟人手法,生动形象地写出麦子茁壮成长的景象。全诗字里行间充满了期待丰收的喜悦之情。

(三)王泰偕的《吴门竹枝词·小满》

吴门竹枝词·小满

调剂阴晴作好年,麦寒豆暖两周旋。

枇杷黄后杨梅紫,正是农家小满天。

这首节气诗紧紧抓住小满天气无常、水果成熟的显著特点,寥寥数笔,勾勒了一幅小满时节农家乡村生活的画面。诗歌第一、二句,"调剂阴晴作好年,麦寒豆暖两周旋",讲述了农业生产活动要根据天气阴晴进行适当地调整,才能获得丰收年,麦子需要寒雨,而大豆需要暖阳,两处都要周全照顾到,正体现了"顺天时,量地利,则用力少成功多"的农业思想。第三、四句,"枇杷黄后杨梅紫,正是农家小满天",描述了枇杷成熟变黄之后,杨梅也渐渐变成紫色,这是小满时江南典型的物候现象,因而这两句诗歌成为小满节气重要的代表名句之一。枇杷黄、杨梅紫,时令水果纷纷登场,从而呈现出一个色彩斑斓的乡村时节景观,也是一个等待丰收的时节。

六、思考题

(1)你所知道的小满习俗有哪些?

（2）请以小满为例，尝试说明二十四节气作为非物质文化遗产的文化意义和社会意义。

第三节　芒　种

芒种，是二十四节气的第九个节气，夏季的第三个节气，干支历午月的起始，于每年公历 6 月 5—7 日交节。芒种一词最早由《周礼·地官司徒·稻人》载："泽草所生，种之芒种。"意思是说，泽草丛生的地方可以种庄稼。当然，这句话中，芒种泛指长着芒刺的各种谷物。

芒种节气在农耕上有着相当重要的意义。这个时节气温显著升高、雨量充沛、空气湿度大，适宜晚稻等谷类作物种植。农事耕种以芒种为界，过此之后种植成活率就越来越低。民谚"芒种不种，再种无用"讲的就是这个道理。

徐卓《节序日考》曰："小满后十五日，斗指丙，为芒种，五月节。言有芒之谷可播种也。"此时，中国长江中下游地区将进入多雨的黄梅时节，不种就晚了。明代学者陈三谟的《岁序总考》也解释道："芒，草端也；种，稼种也；言有芒之谷此时皆可稼种，故谓之芒种，乃五月之节气也！"意思是说，芒是草顶端的针状物，种，播种的意思；芒种即是有芒的谷物这个时候都可以播种了。

"芒"，《现代汉语词典》解释："某些禾本科植物籽实的外壳上长的针状物。"常见的有芒作物有大麦、小麦、水稻等。"种"有两种读音。东汉儒学大师郑玄解释："芒种，稻麦也。"那就是名词，念"芒种 zhǒng"。但我们更多念"芒种 zhòng"，动词，播种、栽种的意思。元代吴澄的《月令七十二候集解》兼顾了名词和动词："芒种【上声】，五月节。谓有芒之种谷可稼种【去声】矣。"作为一个节气名称，"芒"是广义的，涵盖了稻和麦；"种"也是广义的，涵盖了收和栽。这样完整的意思就是：有芒的麦子快收，有芒的稻子快种。"芒种"意味着稻和麦到了最关键的时刻。古人取名字是极其慎重的，尤其是给永恒的时间取名字，"芒种"的取名，体现了古人的大局观、整体观。

芒种时节是"亦稼亦穑"，正是南方种稻与北方收麦之时。谚语说："杏子黄，麦上场，栽秧割麦两头忙。"又有"芒种后见面"一说，这里不是说咱们芒种之后见一面，而是芒种之后收完了麦子，打完了麦子，我们就可以见到新面，吃到新面了。所以到了芒种，人们终于熬过了青黄不接的时段，虽然忙，但是心里踏实。

虽说是收和种两头忙,但芒种节气的名称本义重点是种,节气名称更侧重于前瞻性地提示人们赶紧种,千万别错过天时。在稻作地区的南方,晚稻在这个时节该种了。"芒种"既是南方的水稻插秧的好时节,也是北方花生、红薯、玉米、豆类等农作物抢种的大好时机。

一、芒种的气候物候

(一)气候

芒种节气的气候特点是气温显著升高、雨量充沛、空气湿度大。这期间高温天气频发,湿度大且多闷热,无论是南方还是北方,都有出现高温天气的可能。此时,中国南方的华南地区东南季风雨带稳定,江南地区进入梅雨季节,中国北方地区尚未进入雨季。

芒种时节通常会有暴雨和大风,因为在华南地区,芒种节气属于大气环流季节性调整的前期,也就是华南由原来的西风带系统影响出现转向东风带系统影响的调整前期,这时候南方的暖湿气流比较强盛,大气层含水充沛,呈现出一种温度高、湿气重的现象,这种气流一旦与冷空气交锋就容易造成强降水;又因冷空气比较弱,这种强降水移动速度慢,持续时间长,容易造成暴雨,形成强的"龙舟水"和洪涝灾害,特别是广西桂北地区更为明显。

在此期间,除了青藏高原和黑龙江最北部的一些地区,还没有真正进入夏季以外,大部分地区的人们,一般来说都能够体验到夏天的炎热。

(二)物候

芒种节气十五天分为三候。

一候螳螂生。螳螂属肉食性昆虫,成虫与幼虫均为肉食性,以其他昆虫及小动物为食,是著名的农林业益虫。在华北、华东地区均为1年1代,长江以南少数地区1年2代,以卵在卵鞘中越冬,一般5~6月卵孵化。翌年6月初,越冬卵开始孵化,故有"仲夏螳螂生"的说法。螳螂最显眼的是两个前肢像长了锯齿的大刀和一对突出而明亮复眼,看起来威风凛凛,像昆虫界横刀立马的大将军。难怪庄子编排它"螳臂当车",别的昆虫没有这个气势。

二候鵙始鸣。"鵙"又名伯劳,是一种小型猛禽,喜阴,感阴而鸣,喜食虫类,对农业有益。伯劳在枝头鸣叫，是芒种二候的物候特征。汉乐府有"东飞伯劳西飞燕"之句，比喻情人间的离别，衍生出成语"劳燕分飞"，最是让人伤感的事情。

三候反舌无声。反舌鸟学名"乌鸫"，春天，是反舌鸟最活跃的时候，它能模仿其他鸟的鸣叫，声音宛啭，高低抑扬，曲调多彩。芒种的第三个五天，乌鸫安静下来。唐代张仲素《反舌无声赋》写道："盖时止而则止，故能鸣而不鸣。青春始分，则关关而爱语；朱夏将半，乃寂寂而无声。"反舌鸟作为芒种三候的物候特征，恰恰不在于它的善鸣，而是在于它的不鸣。

二、芒种的农事活动

"田家少闲月，五月人倍忙"，"芒种"节气在农耕上有着相当重要的意义，此时节农业生产进入"夏收、夏种、夏管"的"三夏"大忙季节。芒种的气候特征是气温显著升高、雨量充沛，这样得天独厚的气候条件，无论播种还是移栽，都是很适宜的。到了"芒种"，在农业生产上，必须抓紧时间，抢种大春作物，及时移栽水稻。如果再推迟，由于"芒种"节气气温显著升高会使得水稻营养生长期缩短，而且生长阶段又容易遭受干旱和病虫害，最终到了秋天收割的时候，产量必然不高。

北方如果遇到大风、冰雹等灾害性天气，往往会导致小麦无法及时收割、储藏，对产量造成一定影响。所以在这个时候，与节气相关的娱乐活动比较少，人们都在忙着抢收庄稼。

"芒种芒种，连收带种"，在农村，芒种前后是一段农事活动非常忙碌的时间，既涉及收获，也涉及播种。可以说这一节气既有收获的喜悦，又能播种希望。

(一)北方割麦

我国华北地区主要种植冬小麦，分布在河南、河北、山东、山西和陕西等省份，一般在9月下旬至10月上旬进行播种，到了冬季小麦越冬，等到第二年春季返青生长，芒种时节进行收割，所以冬小麦是我国北方地区主要的"夏粮"来源。从芒种开始一直到大暑，都是一年中万物生长的旺季。芒种节气的到来，意味着麦子的成熟，此时农人更加忙碌。

以前麦收都是人工使用镰刀收割，快手一人一天可以收割一亩地。目前，大部分地区推行农村农业现代化，使用大型联合收割机进行收割，有专门的技术人员操作机器,麦收快速方便,大大促进了农业增效、农民增收。

(二)南方插秧

芒种已是较晚的播种期。"春争日,夏争时",此时气温显著升高、雨量充沛,很适宜进行晚稻的移栽。芒种时节,水稻生长旺盛,需水量多,适中的降雨对农业生产十分有利。芒种是种植农作物的分界点,需要抢时插秧,过了这一节气,气温的升高会使得水稻营养生长期缩短,影响秋季收割时的产量,故有"芒种不种,再种无用"的民俗谚语。

中国古代农耕作物水分补充依托于天上降水与地上河流,农耕主要集中在降水充沛与江河水网发达的地区。直到现在,这些地区的农民仍按照节气配合温度、降水来从事农业生产。二十四节气犹如风向标一般,为中国农民耕作进行指导。

三、芒种的风俗文化

在二十四节气中,有些节气比较清闲,有些则是非常忙碌的,芒种恰巧处于最繁忙的时期。芒种至夏至这半个月,是秋熟作物播种、移栽、苗期管理和全面进入三夏大忙的高潮,所以芒种节气中娱乐、休闲的风俗文化较少,与农业生产相关的民俗相对多一些,如送花神、安苗、开犁、嫁树等。

(一)送花神

农历二月二,花朝节上迎花神。芒种已近五月间,百花开始凋残、零落,民间多在芒种日举行祭祀花神仪式,饯送花神归位,同时表达对花神的感激之情,盼望来年再次相会。此俗今已不存,但从著名小说家曹雪芹的《红楼梦》第二十七回中可窥见一斑:"(大观园中)那些女孩子们,或用花瓣柳枝编成轿马的,或用绫锦纱罗叠成干旄旌幢的,都用彩线系了。每一棵树上,每一枝花上,都系了这些物事。满园里绣带飘飘……""干旄旌幢"中"干"即盾牌;旄、旌、幢,都是古代的旗子,旄是旗杆顶端缀有牦牛尾的旗,旌与旄相似,但不同之处在于它由五彩折羽装饰,幢的形状为伞状。由此可见,大户人家芒种节为花神饯行的热闹场面。古代老百姓之间也比较流行类似的仪式。在老北京城南有"花神庙",芒种前后会举行庙会,还会举行一些酬神表演。

(二)安苗

安苗系皖南的农事习俗活动,始于明初。每到芒种时节,种完水稻,为祈求秋天有个好收成,各地都要举行安苗祭祀活动。家家户户用新麦面蒸发包,把面捏成五谷六畜、瓜果蔬菜等形状,然后用蔬菜汁染上颜色,作为祭祀供品,祈求五谷丰登、村民平安。

在安徽绩溪,流传着一首非常古老的民谣:"芒种端午前,点火夜种田。种田种得苦,图过安苗福。"表达了当地百姓对丰收的祈愿。现在,安苗节已成为安徽省非物质文化遗产。安苗节祭祀用的食物,来自当地村民手工制作的各类面点,其中以安苗包最具代表性。安苗包是村民制作的一种面点,类似水饺,按照馅料的不同,可以分为肉包、水晶包、豆腐包、豆沙包等。安苗包的褶子很有讲究,一般是 8 个或 12 个,代表不同的寓意:8 与"发"谐音,8 个褶子意味着祈祷发财;12 个褶子代表 12 个月,一般丈夫外出打工时,妻子就会在家包这种安苗包,祈祷丈夫在外平安,早日回来。安苗包除了作为祭祀的祭品,村民还会相互赠送,祈愿明年大丰收,生活行好运。

(三)打泥巴仗

贵州东南部一带的侗族青年男女,每年芒种前后都要举办打泥巴仗节。当天,新婚夫妇由要好的男女青年陪同,集体插秧,边插秧边打闹,互扔泥巴。活动结束,检查战果,身上泥巴最多的,就是最受欢迎的人。

(四)"开犁"节

"开犁"节是浙江云和梅源山区在每年芒种时节,开启的汉族传统民俗活动。芒种当天,村民们配合完成吼开山号子、犒牛、开犁、分红肉等仪式,之后村民们还会在舞台上演出花鼓戏,大家观戏娱乐,共叙乡谊。

(五)煮梅

在南方,每年五六月是梅子成熟的季节,三国时有"青梅煮酒论英雄"的典故。青梅含有多种天然优质有机酸和丰富的矿物质,具有净血、整肠、降血脂、消除疲劳、美容、调节酸碱平衡、增强人体免疫力等独特营养保健功能。但是,新鲜梅子大多味道酸涩,难以直接入口,需加工后方可食用,这种加工过程便是煮梅。

（六）吃君踏菜

在浙江宁波地区,芒种时节还有吃君踏菜的习俗。君踏菜是南方地区芒种节气前后的一种季节性蔬菜。当地人认为君踏菜具有清热解毒的功效,夏季吃君踏菜后不会出痱子。

（七）嫁树

芒种是农忙季节,在山西万荣荣河镇开始收获大、小麦,当地人称之为"农忙"。有谚语说:"麦黄农忙,秀女出房。"因此在此节气,妇女也要下地帮助度过"农忙"。而在河北盐山则是在"忙中"这天有"嫁树"的习俗,就是用刀子在枣树上划几下,寓意可以多结果实。

（八）晒虾皮

"芒种"时节,浙江温州一带的渔民忙于晒毛虾,此时的毛虾正值产卵期,体质正肥,肉质正实,营养价值更好。故当地渔民将芒种期间晒成的虾皮称为"芒种虾皮"。

（九）斗草

芒种还有一个有趣的习俗就是斗草,又叫踏百草。斗草就是各自找韧性比较好的草,然后交叉成十字用力拉扯,草不断的那一方就是胜利者。

（十）制作香囊

芒种节气的重要物候特征之一就是梅雨将至。在江南,梅雨通常在6月中旬到7月上旬之间,时长20～30天,出梅后酷暑开始。梅雨时节雨日多,雨量大,日照时间少,空气湿度大,易发霉,蚊蝇滋生快,古人防霉驱蚊的常用办法就是熏香。在古时,芒种节气到来时,佩戴香囊成了应节的风尚。

芒种时节的风俗里送花神,煮青梅应是这既收又种的忙碌节气里最闲适浪漫的部分。当花神回归天庭,落英缤纷、繁花谢幕的时节,南方迎来梅雨季节,此时盘置青梅、煮酒一杯,不失为忙碌季节中的一种生活平衡。

四、芒种的谚语表达

（一）常见谚语及解读

（1）芒种芒种,连收带种。

芒种的芒,指麦类等有芒作物的收获;种是指谷黍类、豆类等作物的播种。

这个时节进入农忙高潮,麦子成熟进入收割高峰期,接茬要忙着播种秋熟作物。有"芒种到,无老少"之说。

(2)麦在地里不要笑,收到囤里才牢靠。

有的年份在小麦成熟收获期间会遭遇连阴雨、大风、雷暴雨、冰雹等恶劣天气,导致小麦早衰、倒伏、发芽、霉变等,丰产不一定丰收,及时抢收、颗粒归仓是丰收的关键。

(3)豆子就怕急雨拍,抓紧划耧莫懈怠。

大豆播种后如遇上降雨,要及时耙耢划耧,防止压顶卡脖。类似的农事谚语还有"豆子播上大雨下,不管黑白快套耙"等。

(4)高地芝麻洼地豆,沙岗坡上种绿豆。

芝麻耐旱,适宜在高地种植;豆子喜湿,适宜在洼地种植。绿豆耐旱耐贫瘠,抗御湿寒性差,在瘠薄沙岗地块种植也能正常生长收获。

(5)芒种黍子夏至麻。

黍子适宜在芒种时节播种,麻适宜在夏至时节播种。

(二)其他谚语

芒种不种,再种无用。

端阳好插秧(晚稻),家家谷满仓。

芒种插秧谷满尖,夏至插的结半边。

芒种打火(掌灯)夜插秧,抢好火色多打粮。

栽秧割麦两头忙,芒种打火夜插秧。

芒种有雨豌豆收,夏至有雨豌豆丢。

五月栽薯(夏地瓜)盘大墩,六月栽薯一把根。

麦收前后浇棉花,十年就有九不差。

棉花灌在麦收时,十年就有九适宜。

芒种忙,麦上场。

夏季农活繁,做好收、种、管。

麦收有三怕:雹砸、雨淋、大风刮。

麦在地里不要笑,收到囤里才牢靠。

麦熟一晌,虎口夺粮。

芒种火烧天,夏至雨涟涟。

芒种火烧天,夏至水满田。

芒种现雷,带桃入伏。

割麦后,快灭茬,棉铃虫蛹回老家。

芒种栽薯重十斤,夏至栽薯光根根。

种豆不怕旱,麦后有雨赶快搞。

小满割不得,芒种割不及。

光忙麦,不管棉,麦子入囤棉攥拳。

不治蜜,光忙场,棉棵就像"屎克螂"。

管粮不管花,麦后棉"烫发"。

芒种前,忙种田;芒种后,忙种豆

芒种打雷是旱年。

芒种忙两头,忙收又忙种。

芒种雨汛高峰期,护堤排涝要注意。

芒种地里无青苗。

麦到芒种谷到秋,豆子寒露用镰钩,骑着霜降收芋头。

芒种前后麦上场,男女老少昼夜忙。

芒种南风扬,大雨满池塘。

芒种无大雨,夏至有山洪。

芒种不下雨,夏至十八河。

芒种雨涟涟,夏至火烧天。

芒种雨涟涟,夏至要旱田。

芒种皮脸火,夏至雨淋淋。

芒种忙忙栽,夏至谷怀胎。

芒种夏至天,走路要人牵。

芒种无雨空种田。

芒种笑哈哈,大水十八河。

芒种雨少八月淋。

芒种刮北风,旱情会发生。

芒种热得很,八月冷得早。

芒种晒沙滩,大水十几番。

芒种晴,大水入盒;芒种雨,无水洗脚。

芒种落雨,端午涨水。

芒种芒种,水打田垄。

芒种火烧天,夏至雨淋头。

芒种芒头脱,夏至水推秧。

芒种夏至是水节,如若无雨是旱天。

芒种夏至,水浸禾田。

芒种无雨旱六月。

芒种芒头脱,夏至水推秧。

四月芒种雨,五月无干土,六月火烧埔。

芒种夏至,芒果落蒂。

芒种怕雷公,夏至怕北风。

芒种日晴热,夏天多大水。

芒种无云不好,雨好。

芒种夏至常雨,台风迟来;芒种夏至少雨,台风早来。

芒种火烧鸡,夏至烂草鞋。

芒种不下雨,夏至十八河。

芒种西南风,夏至雨连天。

雨打芒,白打糠。

芒种笑哈哈,四十二天梅可成河。

芒种不下,犁耙高挂。

芒种无雨汛来早。

芒种雨大,夏至要淋。

五、诗情词韵中的芒种

芒种的命名和农耕的忙碌是分不开的。芒种字面的意思是"有芒的麦子快收,有芒的稻子可种"。故此节气的诗歌大多与农业有关,以几首代表作为例。

（一）白居易的《观刈麦》

观刈麦

田家少闲月，五月人倍忙。夜来南风起，小麦覆陇黄。

妇姑荷箪食，童稚携壶浆。相随饷田去，丁壮在南冈。

足蒸暑土气，背灼炎天光。力尽不知热，但惜夏日长。

复有贫妇人，抱子在其旁。右手秉遗穗，左臂悬敝筐。

听其相顾言，闻者为悲伤。家田输税尽，拾此充饥肠。

今我何功德，曾不事农桑。吏禄三百石，岁晏有余粮。

念此私自愧，尽日不能忘。

　　《观刈麦》作于唐宪宗元和二年（807年），是白居易任周至县县尉时，在芒种时节有感于当地人民劳动艰苦所写的一首诗。第一层四句，交代时间及其环境气氛，展现了麦收时节的一派丰收景象。第二层八句，通过具体的一户人家来展现这"人倍忙"的收麦情景，全家为收麦一起忙碌着，"足蒸暑土气"以下四句，正面描写收麦劳动，人们脸对着大地、背对着蓝天、下面如同笼蒸、上面如同火烤，但是他们用尽力量挥舞着镰刀，似乎完全忘记了炎热，因为这是"虎口夺粮"，时间必须抓紧呀！诗人通过不带任何夸张地、如实地描写芒种时节收割麦子的现实生活场景，真实地反映了精疲力尽的刈麦者甚至感觉不到盛夏到底有多么的炎热，只是希望夏季的白天时间再长一点，好能再多割一点麦子，生动刻画出劳动人民在芒种时节积极抢收的质朴心理、竭力苦干的勤劳精神和对劳动果实的珍惜之情，再现农耕时代芒种时节的农事活动和百姓生活。

（二）陆游的《时雨》

时　雨

时雨及芒种，四野皆插秧。家家麦饭美，处处菱歌长。

老我成惰农，永日付竹床。衰发短不栉，爱此一雨凉。

庭木集奇声，架藤发幽香。莺衣湿不去，劝我持一觞。

即今幸无事，际海皆农桑。野老固不穷，击壤歌虞唐。

　　诗人陆游《时雨》中描写的芒种时节的长江以南正好处在梅雨时节，与北方小麦成熟忙碌收割的人们不同，南方此时正是插秧的季节。第一、二句概括了芒种时节的大忙情景。芒种，正是从起起伏伏的劳动身影里开始的。第三、四句交代了芒种时节的美食。芒种的味道,已经开始在餐桌上弥漫开来,让人垂涎欲滴。有麦饭、菱角的芒种,怎不惹人欢喜。第五、六句交代了芒种时节的自己,已经衰老懈怠,很多时光只能在竹床上度过。在宋代南方,睡竹床也是一种"乘凉"的方式,在当时是农人们的消暑神器。第七、八句描写了芒种的天气。老去的诗人,并没有颓废不振,相反,当他看到院子里的花花草草和藤架,在雨中散发着幽香,精神为之一振。眼前的自然、静谧,将原本忙碌的芒种节气驱散开去。经过这样的描绘,一切雨后的生灵,仿佛都变得更加可爱。

在陆游这样懂得生活、热爱生活、歌吟生活的诗人笔下,芒种充满了诗意、烟火气、舌尖味,从而让我们更加珍惜芒种好时节。

(三)范成大的《芒种后积雨骤冷三绝(其三)》

芒种后积雨骤冷三绝(其三)

梅霖倾泻九河翻,百渎交流海面宽。

良苦吴农田下湿,年年披絮插秧寒。

《芒种后积雨骤冷三绝(其三)》描写了阴雨连绵不止、河满沟平、农夫冒着寒冷身披棉絮插秧忙碌的画面。第一、二句重点写了芒种时节的天气,梅雨季节,雨量丰沛,直下到江河满岸,大小沟渠水流交汇,水面像海一样宽。第三、四句重点写了人们如何劳作,也进一步描写了芒种节气的特点,到了这个季节,农民就比平时更忙,需要去到地里干活,抓住时机把秧苗插在地里,是丰收的基本保障。

范成大的诗很接地气,把芒种的天气和人们插秧时的情形描写得活灵活现,这些细节描写对于后人研究宋朝人的生活习性,也有一定的参考价值。

六、思考题

(1)农历书说:"斗指丙为芒种,此时可种有芒之谷,过此即失效,故名芒种也。"意思是讲,芒种节气适合种植有芒的谷类作物;其也是种植农作物时机的分界点,过此即失效。作为当代大学生你们应该如何度过自己的"芒种"季节?

(2)说一说芒种时节,你的家乡都有什么习俗。

第四章　成　熟

第一节　夏　至

夏至,二十四节气中的第十个节气,一般在公历 6 月 21 日到 6 月 22 日之间。此时太阳正运行到黄经 90°的位置上,北斗七星的斗柄则指向古人宇宙观中"午"的位置。

夏至北半球白昼最长,古代先民很敏锐地觉察到这个天文地理学特点。因此,夏至是古人最先确定的两个节气之一。

看见"夏至"这个名称,切不可望文生义,错解为"夏天来临"之意。古籍载:"夏,假也。至,极也,万物于此皆假大而至极也。"[①]又据清代陈希龄《恪遵宪度抄本》曰:"日北至,日长之至,日影短至,故曰夏至。至者,极也。"[②]两处对夏至之"至"的理解都侧重"大""极致"之意。二十四节气是一个反应四时节律和物候变化的完整系统,因此各个节气是互相联系、互相参照的。"夏满芒夏暑相连",夏至的含义也可从与小满的对比中看出。小满在农历四月中,代表"物至此而小得盈满"。到了农历五月中的夏至,万物便"皆假大而至极"了。

古人对节气的理解往往是超越天文学意义的。汉代儒家经典《礼记·月令》记载:"是月也,日长至,阴阳争,死生分。"[③]据《太平御览》卷二十三《时序部》:"至有三义,一以明阳气之至极,二以明阴气之始至,三以明日行之北至。故谓之至。"[④]从古代文献记载来看,古人对夏至的认识至少包含两个方面。其一即上文已经提到的自然属性。夏至这天,太阳几乎直射北回归线,北半球各

---

① (明)郎瑛撰《七修类稿》,上海书店出版社 2009 年版,第 30 页。
② 《二十四节气之夏至》,《吉林农业》2014 年第 11 期,第 35 页。
③ (西汉)戴圣编,崔高维校点《礼记》,辽宁教育出版社 2000 年版,第 54 页。
④ (宋)李昉辑《太平御览》卷二十三,上海商务印书馆 1935 年版。

地的白昼时间达到全年最长,且越往北白昼时间越长。以今日中国地域为例,中国最北端的漠河是夏至昼长最长之地,可达 17 小时;最南边的曾母暗沙则是昼长最短之地,为 12 个小时左右。此外,对于北回归线及其以北的地区来说,夏至也是一年中正午太阳高度最高、日影最短的一天。夏至日后伴随着太阳直射点向南移动,北半球的白昼时间将逐日减短,北回归线及以北地区的正午太阳高度也将逐日降低。其二即文化心理属性。中国先哲一直秉持物极必反的辩证态度看待世间万物。夏至阳气至极必然带来阴气萌动,阴阳之气在自然更替中寻求新的平衡。因此古人把夏至看作是阴阳盛衰的转折点。

一、夏至的气候物候

(一)气候

夏至时节,除青藏高原和东北中北部地区外,我国大部分地区已经进入了夏季。高温、潮湿和多发雷雨是各地气候的显著特征。华北平原高温日晒,长江中下游和江淮地区则处于梅雨盛期,是全年降雨最多的时段。

1. 骤来骤去的雷阵雨

夏至过后,虽然太阳直射点开始从北回归线逐渐向南移动,北半球白昼开始逐渐变短,但由于太阳辐射到地面的热量仍比地面向空中散发的多,故在其后一段时间内,气温将继续升高。由于地面受热强烈,空气对流旺盛,午后至傍晚常易形成雷阵雨。夏至后雷阵雨频发,但总是骤来疾去,降雨范围也比较小。"东边日出西边雨"用来形容夏至后的雷雨天气最合适不过了。

2. 江淮恼人的梅雨

夏至前后,来自北方的冷空气与从南方北上的暖空气汇合于江淮地区,形成一道低压槽,导致长江中下游地区高温高湿,阴雨连绵。此段时间正是江南梅子成熟期,因此也叫梅雨季节。"黄梅时节家家雨"描述的就是这种景象。

3. "立竿无影"的神奇现象

在夏至当天,太阳几乎直射北回归线,正午时分呈绝对(接近)直射状,在北回归线附近的地区会出现"立竿无影"的奇景,即直立在地面的物体没有阴影显现。生活在北回归线上及其以南附近区域的人们,如广东、广西、云南和台湾等地的部分城市,可于夏至日前后几天的中午在太阳下立根竿子,观察一下"立竿见影"如何变成"立竿无影"。

(二)物候

夏至三候:一候鹿角解,二候蝉始鸣,三候半夏生。

一候鹿角解。清代乾隆年间的《鹿角记》载:"鹿阳类也,夏至感阴生而角解。"[1]

古人认为,麋与鹿虽属同科,但二者一属阴一属阳。鹿的角朝前生,所以属阳。以阴阳理念视之,夏至是阴阳转换的节点,阳气盛极而衰,阴气始生。所以阳性的鹿角便开始脱落。

相比于牛、羊等其他动物的角,鹿角最大的特点就是每年都会周期性地脱落,然后重新生长。每年春天,雄鹿的鹿角开始萌发,新角刚开始时尚未骨化,表层还有一层皮肤,长满细密的茸毛,这时的鹿角即是名贵的中药材鹿茸了。鹿角的生长速度很快。差不多三个月,鹿角表层的皮肤和茸毛逐渐干枯,脱落干净,骨质开始变硬,鹿角就算成熟了。

鹿角是雄鹿的第二性征,是它们在求偶交配季节与其他雄鹿争夺领地、吸引母鹿的重要武器。待交配期结束,鹿角完成使命,开始脱落,到第二年春天再次萌发。

夏至鹿角解,表示一部分鹿在此时已经完成繁殖交配。鹿角的脱落重生周期和繁殖周期相联系,而繁殖周期又与自然季节同步。鹿角此特征明显,因此被记录在二十四节气七十二候中。

二候蝉始鸣。夏至后,温度持续升高,蝉鸣声不绝于耳。对我们人类来说,炎热的夏季听到聒噪的蝉声,更添烦热。然而在蝉的世界,蝉鸣是雄蝉求偶的方式。成年蝉的寿命很短,它们必须争分夺秒尽情高歌,以获得雌性的青睐,延续自己的基因。雄蝉高亢明亮的叫声,对雌蝉来说,犹如一首美妙浪漫的乐曲。雌蝉通过雄蝉的鸣叫来判断声音的主人是否健壮。成年蝉在树上完成交配之后,卵会随风落到地面,钻进地里,靠吸食泥土中的树根营养存活。蝉藏于地下,短的三年,长的多达十几年,经过四次蜕壳后,飞到树上,再完成最后一次蜕壳并发出响亮的鸣叫。

---

[1] 陈星《文物承载的科学价值——记乾隆探究鹿角脱落实录及解惑》,《生命世界》2021年第1期,第88～93页。

夏至蝉鸣,向死而生。雄蝉经历漫长的黑暗岁月,见到光明,用激昂的旋律迎接新生命的到来,最终走向死亡。蝉的一生很好地解释了《礼记·月令》中的这段话:"是月(仲夏之月)也,日长至,阴阳争,死生分。"

三候半夏生。对"半夏生"的理解不可望文生义。"半夏生"不是说此植物于夏至日才发芽萌生,而是说到了夏至时节,半夏作为药材已经成熟,可以采收上市了。

半夏在东北、华北以及长江流域诸地均有分布,常见于草坡、荒地、玉米地、田边或疏林下。夏至前后,最适宜采集此种植物的地下块茎做中药材。半夏味辛、性温,具有燥湿化痰、降逆止呕、消痞散结的功效。但是半夏地下块茎有毒,需经过炮制,降低其毒性才能入药。

二、夏至的农事活动

"进入夏至六月天,黄金季节要赶先。"夏至前后,正是早稻抽穗扬花,棉花现蕾,蔬菜水果成熟的旺季,全国各地都掀起了农忙高潮。万物向阳而生,同时高温高湿也最易发生病虫害现象。因此,夏至前后农事活动的重点以中耕除草、防旱防涝、防治病虫害为主。

(一)抢抓农时进行夏收

前一年秋季播种的冬小麦到了第二年夏至六月间,进入成熟收获季。全国各地麦浪翻滚,金穗飘香。小麦成熟后,如果没有及时收获,一旦突然遭遇雷阵雨、冰雹等就会损失惨重,甚至颗粒无收。因此,农民抓住晴好天气"龙口夺食",抢收抢晒冬小麦。对农民来说,最怕在夏至日当天有雷雨天气。民谚称:"夏至有雷,六月旱;夏至逢雨,三伏热。"无论是干旱还是伏热,都会影响农作物的收成。所以,农民都希望在夏至日当天别打雷、别下雨。

(二)中耕除草

夏至后进入三伏天,我国大部分地区日平均气温升至22℃以上,光照充足,雨水增多,农作物生长旺盛。田间各种杂草也一并疯长。但是"夏至农田草,胜似毒蛇咬"。这些野草不仅与作物争水争肥争阳光,而且是多种病菌和害虫的寄主。长得高大的野草,还会遮挡庄稼的阳光,从而导致庄稼瘦弱,甚至干枯死亡,给农业生产带来极大损失。因此,"夏至伏天到,中耕很重要,伏里锄一遍,赛过水浇园"。农事活动"中耕"指对土壤进行浅层翻倒、疏松表层土壤。抓紧时间进行中耕锄草是夏至时节极重要的田间管理措施,可为夺取秋收作物高产和丰收做准备。夏至时节,高温多雨,如果除草碰到下大雨,野草容易死而复生,相当于白忙一场。因此,除草一般选择晴空万里的一天。早上把草除掉之后,经过一天的烈日暴晒,许多野草都干枯死去,不会有机会再扎土重生。

(三)蓄水保墒

夏至降水对农作物影响很大。在我国的华南地区及东部地区,夏至以后容易出现伏旱天气。为了增强抗旱能力确保收成,在伏前蓄水保墒也是增产的一项重要措施。

(四)夏至各农业区具体的农事活动

北方地区夏至的农事活动主要包括给水稻追施拔节肥、中耕、拔草、防虫。冬麦区收获适期,需要细收细打,颗粒归仓。春小麦地区继续追施肥料、灌溉、防治病虫,保证小麦拔节抽穗,扬花灌浆,做好收获前的准备工作。具体到东北地区,要做好追肥、中耕、培土、防治螟虫和马铃薯晚疫病;大豆进行第二、三次追肥、培土。在西北地区,主要的农事活动有玉米、谷子等间苗、定苗后及时追肥;马铃薯摘蕾、拔草;白胡麻追肥、中耕除草。

南方各区域夏至的农事活动主要包括华南地区做好插秧、中耕、浇灌防倒伏工作;西南地区要追施圆秆肥、浅水灌溉,花生中耕压蔓,秧田追肥、防治三化螟;黄淮地区春播杂粮要追施攻穗肥、还要浇灌、中耕、培土,防治攒心虫、蚜虫和果灰螟。[①]

三、夏至的风俗文化

(一)夏至日祭祀

夏至以后,气温升高,经常伴随着暴雨,各种自然灾害频繁,随之而来还有毒虫出没和疫病的流行。因而,古人认为夏至是"阴阳失衡"的节气。为了驱除灾害和避毒去邪,天子必须举行祭祀活动,以祈求阴阳调和。同时,夏至正值麦收时节,农民在此时庆祝丰收、祭祀祖先,还通过各种活动祈求获得"秋报",期

---

① 陶妍洁《二十四节气中的农业生产—夏至》,《农村·农业·农民》(A版)2016年第6期。

盼秋天的大丰收。

1. 夏至祭神与祖先

《周礼·春官·冢宗人》载："以夏日至致地祇物魅,以禬国之凶荒、民之札丧。"①周代夏至祭神,祈求清除荒年、饥饿和死亡。《吕氏春秋·仲夏纪》中说:"是月也,日长至,阴阳争,死生分。""是月也,天子以雏尝黍,羞以含桃,先荐寝庙。"②"尝"是祭祀之名,"羞"是进献之意。夏至这天,要用雏鸡、新黍、樱桃祭祀祖先。

2. 夏至祭地

《史记·封禅书》说:"《周官》曰,夏日至,祭地祇。皆用乐舞,而神乃可得而礼也。"③夏至祭地,始于周代。祭地之礼,源自上古之自然崇拜。古人认为:冬至,阳气始生;夏至,阴气始生。天为阳,所以冬至祀天于南郊;地为阴,所以夏至祭地于北郊。在民间,夏至祭地活动多在土地庙、田间举行。这种祭祀仪式在南方某些地区还是重要的节气活动。浙江金华地区就在夏至日祭田公、田婆,祭祀上地神以求丰收。广东阳江还在夏至期间举办开镰节。在开镰的前一天,各家各户做好面饼和茶,准备美酒,跳禾楼舞,以祈求风调雨顺、五谷丰登。

(二)夏至赠扇

唐代段成式《酉阳杂俎·礼异》记载:"北朝妇人……夏至日,进扇及粉脂囊,皆有辞。"④辽代"夏至日谓之'朝节'。妇人进彩扇,以粉脂囊相赠遗。"⑤轻拂彩扇以驱赶炎炎暑气,佩戴香囊以消除夏日体臭,涂抹粉脂以防生痱疥。

(三)夏至赐冰休假

古代人们非常重视夏至。天气炎热,皇帝会将冰和酒赏赐给群臣消暑。据宋人庞元英的《文昌杂录》记载,宋代的节假日,夏至、先天节、中元节、下元节、降圣节、腊日各 3 天。⑥ 官员们可以回家与亲人团聚、畅饮、消暑。

---

① 吕友仁《周礼译注》,中州古籍出版社,第 353 页。
② (战国)吕不韦编《吕氏春秋》,吉林出版集团,第 58 页。
③ (西汉)司马迁《史记》,甘宏伟、江俊伟译注,长江出版集团,第 522 页。
④ (唐)段成式著,李国文评注,人民文学出版社,第 36 页。
⑤ 王湘华《〈疆村丛书〉札记》,《湘潭大学学报(哲学社会科学版)》2019 年第 1 期,第 159~161 页。
⑥ 李红雨《简论由宋至清公共休假制度》,《中央民族大学学报(哲学社会科学版)》2013 年第 4 期,第 103~108 页。

（四）夏至称重的习俗

古时候缺医少药，一旦生病就难以很快痊愈，人们对夏至称重情有独钟。称完重后，还得吃麦饭或麦粒来寄托对健康体魄和美好生活的希望。

（五）夏至淘井换水

古人还有在夏至"淘井换水"的习俗。夏至"一阴生"，阴阳更替，因此要换掉旧水，使用新水，才有利于身体保健。在汉代月令简牍中，多见夏至换水的记载。

（六）夏至饮食

夏至是极热时节，要重视饮食养生。宋代京畿一带，夏至日要吃"百家饭"。由于百家的饭难以凑齐，传说只要到姓柏的人家求饭就可以了。当时有一位名叫柏仲宣的医生，每年夏至日做饭馈送给相识的人家。明清以来，民间夏至食品是面条，俗有"冬至馄饨夏至面"之说。因夏至新麦已经登场，所以夏至吃面也有尝新尝鲜之意。这个时候气候开始炎热，适当进食凉性物品可以降火开胃，面食性温又不至于因寒凉而损害脾胃。因此，据清乾隆年间成书的《帝京岁时纪胜》说，当时北京人夏至日家家都吃冷淘面，也就是过水面。这种面条是都城的美食，各省到北京游历的人都说"京师的冷淘面爽口适宜，天下无比"。除了凉面之外，民间流行的夏至节日食品还有豌豆糕、乌饭、红枣烧鸡蛋等具有滋补作用的食品。

在南方夏至食品还有麦粽与夏至饼。《吴江县志》："夏至日，作麦粽，祭先毕，则以相饷。"不仅食"麦粽"，而且将"麦粽"作为礼物，互相馈赠。夏至日，农家还擀面为薄饼，烤熟，夹以青菜、豆荚、豆腐及腊肉等，俗谓"夏至饼"，祭祖后食用或分赠亲友。①

三、夏至的谚语表达

（一）气象类

夏至三庚数头伏。

不过夏至不热。

---

① 萧放《二十四节气与民俗》，《装饰》2015年第4期。

夏至无雨天要旱。

夏至无雨干断河。

夏至无风三伏热。

夏至无雨六月旱。

夏至雨点值千金。

夏至落雨十八落,一天要落七八砣。

夏至有了雨,好比秀才中了举。

夏至东南风,十八天后大雨淋。

夏至东南风,平地把船撑。

夏至东风摇,麦子水里捞。

吃了夏至面,一天短一线。

夏至响雷三伏冷,夏至无雨晒死人。

(二)农事类

夏至时节天最长,南坡北洼农夫忙。玉米夏谷快播种,大豆再拖光长秧。早春作物细管理,追浇勤锄把虫防。夏播作物补定苗,行间株间勤松榜。久旱不雨浇果树,一定不能浇过量。藕苇蒲芡都管好,喂鱼定时又定量。青蛙捕虫功劳大,人人保护莫损伤。

夏至不锄根边草,如同养下毒蛇咬。

进入夏至六月天,黄金季节要抢先。

夏至风从西边起,瓜菜园中受煎熬。

到了夏至节,锄头不能歇。

夏至有雨,仓里有米。

稻谷要喝夏至水。

(三)生活类

夏至食个荔,一年都无弊。

夏至馄饨免疰夏。

爱玩夏至日,爱眠冬至夜。

五、诗情词韵中的夏至

(一)元稹的《咏廿四气诗·夏至五月中》

咏廿四气诗·夏至五月中

处处闻蝉响,须知五月中。龙潜渌水穴,火助太阳宫。

过雨频飞电,行云屡带虹。蕤宾移去后,二气各西东。

元稹此诗描写夏至时节的物候和气象。农历五月中,处处可闻蝉鸣,正是夏至的物候之一。夏至烈日当空,大地犹如火烤,就连神龙都潜入深渊以避暑气。此时也是雷阵雨频发的时期,雷雨伴随闪电,频频来袭;雨霁天晴,彩虹高挂。此诗最后两句抒发感慨。"蕤宾"即五月端午,阴阳二气相会相争。此后,阴阳二气不再相互纠缠,而是各自衍生变化。

(二)韦应物的《夏至避暑北池》

夏至避暑北池

昼晷已云极,宵漏自此长。未及施政教,所忧变炎凉。

公门日多暇,是月农稍忙。高居念田里,苦热安可当。

亭午息群物,独游爱方塘。门闭阴寂寂,城高树苍苍。

绿筠尚含粉,圆荷始散芳。于焉洒烦抱,可以对华觞。

"昼晷已云极,宵漏自此长。"这是夏至日的天文特征。夏至日昼晷所测白昼时间极长,从此后,夜晚漏壶所计的时间渐渐加长。诗人所任职位每日空闲的时候居多,因而可以在炎炎夏日避暑于北池方塘。夏至日植物向阳生长,树木高大葱茏,洒下绿茵,绿竹苍翠,池中小荷散发出阵阵幽香。炎炎夏日方塘景色令人倍感愉悦清爽。在这个官员避暑、神龙潜渊的夏至酷热时节,农民却无法躲清闲。此一时期正是农忙时候,他们必须抓紧时间辛勤耕作,真不知他们怎么能抵挡住这酷热呢?此诗通过对比和反衬手法写出了农民的辛苦与不易。

(三)范成大的《夏至》

夏至

李核垂腰祝馎,粽丝系臂扶羸。

节物竞随乡俗,老翁闲伴儿嬉。

夏至祭祀是传统习俗。老人在儿孙的搀扶下,来到祭庙,祭祀祖宗。儿孙们在腰间挂着装有李核的香囊,来给老人敬酒。"祝馈"即希望老人吃饭不哽不噎,亦是对老人身体健康的一种祈祷。儿孙们手臂上缠着粽子丝线,搀扶着赢弱的老人。祭祀仪式后,老人跟儿孙们一起嬉闹游戏,其乐融融。

六、思考题

(1)在你的家乡有哪些关于夏至的谚语和习俗?

(2)通过查阅资料,读一读乾隆皇帝的夏至祭地诗歌。

第二节 小 暑

小暑,是二十四节气的第十一个节气,夏季的第五个节气,也是干支历午月的结束以及未月的起始,此时太阳到达黄经105°,一般是每年公历7月6—8日交节。《月令七十二候集解》中记载:"暑,热也,就热之中分为大小,月初为小,月中为大,今则热气犹小也。"小暑即为小热,小暑的到来,标志着中国大部分地区进入炎热季节,民间多有"小暑开始热,减衣身上轻,抓紧种蔬菜,备足过严冬"的说法。

一、小暑的气候物候

(一)气候

农历6月或者说阳历7月是全国大多数地区气温最高的一个月,在中国的二十四节气中,小暑和大暑在这个月份中纷至沓来。

小暑时节,刚刚入伏,难得一丝清爽。在"雨热同季"的季风气候中,无论降水,还是气温,都开始呈现出极端性,两种极致的叠加。到7月,有些地方逐步进入雨季,而有些地方陆续遭遇伏旱,所以便有"小暑一场,大水汪汪""小暑雨如银,大暑雨如金"的谚语。

对于长江中下游地区而言,小暑时节的气候往往是"一出一入",即出梅和入伏。

小暑节气的到来,往往意味着"出梅",出梅又称为"断梅",即初夏长江中下游梅雨天气的终止日期。在小暑时节,江淮流域梅雨即将结束,盛夏开始,气温升高,并进入伏旱期;而华北、东北地区进入多雨季节,热带气旋活动频繁,登陆我国的热带气旋开始增多。

人们常说"热在三伏","三伏"是指初伏、中伏和末伏,约在 7 月中旬到 8 月中旬这一段时间。我国历法规定,夏至后第三个庚日为入伏,其中第一个 10 天为初伏,初伏离夏至 20 天,最晚 30 天,小暑离夏至 16 天,正好赶上入伏。俗语云:"小暑过,一日热三分。"小暑节气期间正好赶上入伏,从小暑至立秋这段时间,称为"伏夏",即"三伏天",是全年气温最高的时候,民间有"小暑接大暑,热得无处躲""小暑大暑,上蒸下煮"的说法。

(二)物候

根据明代黄道周撰写的《月令明义》,小暑的物候特征有三:温风至,蟋蟀居壁,鹰乃学习。

一候温风至。温风,即暖风、热风。对于这一"候"的记载,有两种不同的说法。其一,解作"炎风"。《礼记·月令》也作"温风至"。《后汉书·张衡传》李贤注中说:"温风,炎风也。"《月令明义》记载:"《周训》曰:小暑之日,温风至。"其二,解作"凉风"。《吕氏春秋·季夏纪》《淮南子·时则训》则作"凉风始至"。《吕氏春秋·季夏纪》高诱注中说:"夏至后四十六日立秋节,故曰'凉风始至'。"这两种说法没有矛盾,因为小暑时节,占主导地位的气候仍然是酷热天气;但是从夏至以后,凉风已经逐渐兴起了。

二候蟋蟀居壁。意思是说,蟋蟀羽翼稍微长成,要躲避热气,便躲在墙壁上。唐代学者孔颖达《礼记·月令》注"疏"中说:"蟋蟀居壁者,此物生于土中,至季夏羽翼稍成,未能远飞,但居其壁。至七月则能远飞在野。"《御定月令辑要》中也说:"蟋蟀之虫,六月居壁中。至七月则在田野之中。""至十月入我床下。"古代对昆虫"蟋蟀"的生活习性,进行了仔细的观察,得出了可信的结论。

三候鹰乃学习。意思是说,小暑时节,幼鹰开始学习飞行。《大戴礼记·夏小正》中说:"六月鹰始挚。"就是说,六月鹰开始学习搏挚。《吕氏春秋·季夏纪》高诱注中记载:"秋节将至,故鹰顺杀气自习肄,为将搏鸷也。"这里说,幼鹰模仿着练习飞行,为以后的搏杀做好准备。习,《说文解字》中解释:"数飞也"。

就是多次练习飞行的意思。①

二、小暑的农事活动

古人根据二十四节气的月份选出了具有代表性的植物,小暑的代表植物是凌霄花,除了凌霄花,在小暑时节开花结果的植物还有荷花、木槿、紫穗槐、掌叶半夏、睡莲、千屈菜、麦冬、紫茉莉、大花马齿苋、蜀葵、无患子、盐肤木、慈菇、海棠、花椒等。小暑的农事特点:农田忙于追肥、防虫害、防旱涝和防雷电。

(一)田间管理

小暑节气前后,东北与西北地区开始收割冬、春小麦等农作物。除此之外,田间管理是这一时期农业生产的主要工作。由于这时气温恒高,降水量充沛,农作物生长迅速,田间的杂草也会迅速生长,所以要做好除草工作。同时,早稻处于灌浆后期,部分早熟的品种在大暑节气到来前就要成熟收获,此时需要保持田间的水分。中稻进入孕穗期,已经拔节,应根据长势追施穗肥,保证麦穗质量。单季晚稻正在分蘖,应及早施好分蘖肥。双晚秧苗要防治病虫,于栽秧前的5~7天将"送嫁肥"施足。小暑时节,棉花处于生长最为旺盛的时期,大部分地区的棉花陆续开花,此时在重施花铃肥的同时,还要及时打杈、整枝、去老叶,使植株体内的养分分配协调充足,同时增强通风和透光,改善种植区内小气候,减少蕾铃脱落。

小暑时节可谓是盛夏,南方地区平均气温达到26℃。但在华南低海拔河谷地区已经开始出现日均气温高于30℃的情况,这样的高温对杂交水稻抽穗扬花是非常不利的,所以,若已经栽插,应及时采取补救措施。而在西北地区高原北部,此时有可能会有少许霜雪,气候特征与华南初春时节相似。

(二)抗旱和防洪

"小暑雨涟涟,防汛最当先。"正常年份中,在小暑时节,我国秦岭—淮河以北地区受东南季风影响迎来雨季,雨量大且降水量集中。同时,我国其他大部分地区在小暑时节气候同样高温多雨,适量的雨水虽然对水稻等作物的生长比较有利,但有时会对大豆、棉花等旱作物产生不利影响,也可能影响各类蔬菜的

---

① 　陈广忠《二十四节气——创立与传承》,研究出版社2020年版,第136~137页。

生长。与这种天气相吻合，小暑时节易发生洪涝灾害，尤其华南西部地区，七八月的暴雨天数可占全年总数的75％。因此，小暑时节要做好防洪防汛工作，避免雨水多对农作物造成不利影响。

"小暑一声雷，倒转做黄梅"是流传于长江中下游地区的农业生产谚语，意思是在梅雨过后，如果小暑时节打雷，梅雨就又会回来。倒黄梅现象是指梅雨结束后的几天又重新出现梅雨时，天气闷热伴有雷阵雨的天气，且会维持一段时间，短则一周，长则十天半月。其实，"小暑一声雷"并不是梅雨倒回的原因，而只是一种伴随的天气现象。从气象上来讲，这是由于在个别年份，冷空气的势力较强，在不断南下的过程中冷暖空气又在长江中下游地区形成对峙，并可将雨带推移回此地区，由此形成了潮湿多雨的梅雨天气。但这种异常现象不只出现在长江中下游地带，严重时与北半球乃至全球的大气异常均有关联。同时，小暑时节也是南方沿海地区易出现台风的时候，尤其是我国台湾和福建地区，这些地区有"小暑惊东风"的说法，如果小暑时节吹起东风，则可能是台风到来的前兆，应提前做好防台风的准备。[1]

(三)预防雷暴

小暑时节，南方大部分地区也已进入雷暴多发的季节。简单来说，雷暴是一种剧烈的天气现象，是积雨云云中、云间或云地之间产生的一种放电现象。产生雷暴天气现象的主要原因是大气层结不稳定，对流层中、上部为干冷平流，下部为暖湿平流，两者相遇最易生成强雷暴。强雷暴常伴有大风、冰雹、龙卷风、暴雨和雷击等，是一种危险的天气现象。它不仅会影响行人出行，而且会干扰无线电通信，甚至还会击毁建筑物、电信线路，击伤或击毙人畜，引起火灾等，所以应及时做好雷暴的预防工作。[2]

三、小暑的风俗文化

(一)吃三宝

民间在这个时节素有吃三宝——黄鳝、蜜汁藕、绿豆芽的习俗。

俗话说："小暑黄鳝赛人参"，民间有小暑吃黄鳝的风俗，因为小暑前后一个

---

① 于森《小暑与农业生产》，《农村农业农民》2019年第7期，第59～61页。

② 白虹编著《二十四节气知识》，百花文艺出版社、天津科学技术出版社2019年版，第314页。

月产的鳝鱼最为滋补味美。夏季多是气管疾病的缓解期,而黄鳝性温味甘,具有补中益气、除湿补脾等作用,根据冬病夏补的说法,小暑时节最宜吃黄鳝。此外,黄鳝还可降低血液中胆固醇的浓度,防治动脉硬化引起的心血管疾病,对食积不消引起的腹泻也有较好的作用。

同样,小暑还有吃莲藕的习俗。在清咸丰年间,莲藕就被钦定为御膳贡品。因为藕与"偶"同音,所以人们用食藕祝愿新人婚姻美满。因为莲藕与莲花一样,出淤泥而不染,因此也被看作是清廉高洁的人格象征。藕中富含碳水化合物、钙磷铁及多种维生素,具有清热养血除烦等功效,非常适合夏天食用。

绿豆芽是小暑三宝中的第三宝。绿豆在生芽的过程中,会增加很多维生素C,而且绿豆中的部分蛋白质也能分解成氨基酸。因此,绿豆芽比绿豆的营养更丰富,小暑节气吃绿豆芽,能清肠胃、利湿热,对人体健康十分有益。

(二)黄瓜+煮鸡蛋

山东有的地方以吃生黄瓜和煮鸡蛋来治苦夏,入伏的早晨只吃鸡蛋,不吃别的食物。

(三)头伏吃饺子

民间有头伏吃饺子的习俗,因为盛夏伏日人们往往食欲不振,民间通常说苦夏,而饺子在传统习俗里正是开胃解馋的食物。入伏之时,刚好是我国小麦生产区麦收不足一个月的时候,此时,家家户户便可用新磨的面粉包饺子。

(四)食新(食辛)

《淮南子·时则训》中说:"是月(孟秋之月)农始升谷,天子尝新,先荐寝庙。"农作物开始收割了,收下的新鲜粮食,在天子品尝之前,要首先敬献给祖先的寝庙,感戴祖先的恩德。民间也有小暑"食新"习俗,在小暑过后,农民将新割的稻谷碾成米,用新米供祀五谷大神和祖先,然后人人吃新米喝新酒等。

(五)封斋

封斋一般是指湘西苗族的封斋日,指每年小暑前的辰日到小暑后的巳日。这段时期,禁食鸡、鸭、鱼、鳖、蟹等物,但仍可吃猪、牛、羊肉。

(六)吃暑羊

"吃暑羊"是沂蒙山区和苏北地区在小暑时节的传统习俗。近年来沂源县多次举行"伏羊节"。而江苏徐州人也有入伏吃羊肉的习惯,称为"吃伏羊"。在民间有"彭城伏羊一碗汤,不用神医开药方"的说法。徐州人对吃伏羊的喜爱体现在当地民谣"六月六接姑娘,新麦饼羊肉汤"中。

(七)舐牛

山东临沂地区有给牛改善饮食的习俗。伏日煮麦仁汤给牛喝,据说牛喝了身子壮、能干活、不淌汗。正如民谣所说:春牛鞭,舐牛汉(公牛),麦仁汤,舐牛饭,舐牛喝了不淌汗,熬到六月再一遍。

(八)吃芒果

小暑正值天气较干旱、气温较高的时节,而这个时候也正是芒果的成熟盛产期,由于芒果口味甘甜,利于解暑降温,便有了这样的说法。

(九)回娘家

农历六月是农闲期间,山西南部有民谚"六月六,请姑姑",溯其原因,这里盛产小麦,六月六日前后,小麦已经收打完毕,正处在一个农闲阶段,是探亲的绝佳时期。民间就有"六月六,走罢麦"的俗语。

六月六那天,出嫁的女儿回娘家,要用新产的小麦面粉,蒸一个大月形的角子馍,意喻自家又获得了丰收。丈母娘招待姑爷,要做七八样饭菜。主食有凉粉、凉面、蒸馍、烙饼等。在山西运城一带,招待姑爷以吃"胡饼"为荣,传说是张骞出使西域时带回,由于东晋大书法家王羲之被东床择婿时,裸体睡觉,口里大嚼的就是"胡饼",故相沿成俗。

(十)躲山

每年农历六月初六的躲山风俗流行于贵州贞丰等地。男女老少都穿上民族服装,带着糯米饭、鸡鸭鱼肉和水酒,到寨外山坡上"躲山"。"躲山"的人各家各户席地而坐,取出美酒和饭菜,互相邀请做客。

(十一)祭祀虫王

六月间百虫滋生,尤其是蝗虫对农业有很大的威胁。古代人们一方面积极捕蝗,如利用火烧、以网捕捉、用土掩埋、众人围扑等方法,尽力消灭蝗虫;另一方面则祭祀青苗神、刘猛将军、蝗螟太尉等虫王神。此外,山东民间在农历六月六要祭东岳大帝神,举行东岳庙会。农历六月六日也是麦王生日。

四、小暑的谚语表达

(一)常见谚语

(1)六月东风当时雨,好似亲娘叫闺女;东风急溜溜,难过五更头;东风刮得急,就要披蓑衣;雨过东风急,还得披蓑衣;东风不倒,雨下不小;风急云越急,越急越下雨。

此条谚语是指东风与降雨的关系。小暑时节如果刮东风,说明很快就要下雨。因为此时北方的冷湿气流与南方的暖湿气流相遇,两股气流势均力敌,而造成气流从东往西流动,所以刮起东风,冷暖相遇后很快就会形成云雨层,然后就会下雨。

(2)小暑一声雷,倒转做黄梅。

如果小暑节气这一天天空出现打雷现象,原来已经过去的梅雨天气会再次出现。

(3)雨打小暑头,四十五天不用牛。

假如小暑交节的当天下雨,那么接下来45天的时间里往往都会多雨,因为雨水多导致土壤含水量高,连农民用来犁田的耕牛都要停一阵子。

(4)节到小暑进伏天,天变无常雨连绵。

小暑节气一到,标志着全国基本进入全年最高温的伏天了,这段时间的天气容易变化无常,还容易有长时间的阴雨天气。

(二)其他谚语

小暑热得透,大暑凉悠悠。

小暑南风伏里旱。

小暑热过头,九月早寒流。

小暑不见日头,大暑晒开石头。

小暑有雨旱,小寒有雨冷。

小暑雨如银,大暑雨如金。

小暑种芝麻,当头一枝花。

小暑不栽薯,栽薯白受苦。

小暑起燥风,日夜好晴空。

小暑热过头,秋天冷得早。

五、诗情词韵中的小暑

(一)元稹的《咏廿四气诗·小暑六月节》

咏廿四气诗·小暑六月节

倏忽温风至,因循小暑来。竹喧先觉雨,山暗已闻雷。

户牖深青霭,阶庭长绿苔。鹰鹯新习学,蟋蟀莫相催。

小暑时节是农历的六月初四或初五,此时进入伏天。诗中写道:不经意间,小暑天便被热风吹到了人间,大雨尚未到来,竹林早已喧闹了起来,乌云刚压过山头,滚滚的雷声就传来了。阴雨连连,宅院水气缭绕,庭院的台阶长满了青苔,雏鹰开始练习飞翔,到处都能听到蟋蟀的歌吟。这是诗人笔下的小暑节气,诗中既有视觉的动感,又有听觉的震撼,把这个节气表现得淋漓尽致。

(二)刘克庄的《久雨六言四首(其四)》

久雨六言四首(其四)

平陆莽为巨浸,晴空变作漏天。

明朝是小暑节,重霪必大有年。

此诗的意思是平地变成大泽,晴天变成大雨天;明天是小暑节气,大雨来就意味着是丰收年。古诗多为五七言,六言的诗相对较少。此首诗歌用 24 个字,将小暑节气的气候特征以及民谚纳入诗内,虽简短,但用典精妙,浑然天成。

(三)晁补之的《和答曾敬之秘书见招能赋堂烹茶二首(其二)》

和答曾敬之秘书见招能赋堂烹茶二首(其二)

一碗分来百越春,玉溪小暑却宜人。

红尘它日同回首,能赋堂中偶坐身。

小暑时节天气炎热,喝茶消暑也是一大乐事。位于云南的玉溪,属中亚热带季风气候,地势较高,气温垂直变化明显,所以在小暑时节朋友相见喝茶,甚觉宜人,宜人到什么程度呢?两人在品茶中,仿佛遗忘时光,化为仙人。有挚友,有香茗,情到深处所写的闲适诗是友人留给诗人的美好回忆。

六、思考题

(1)结合所学内容制定一份"小暑"生活规划。

(2)说一说小暑时节,你们当地都有什么习俗。

第三节　大　暑

大暑是农历二十四节气中的第十二个节气,也是夏季的最后一个节气。从公历每年的 7 月 22 至 24 日,斗指未,太阳抵达黄经 120°时开始。"暑"是炎热的意思,大暑,指炎热之极。《月令七十二候集解》中说:"暑,热也,就热之中分为大小,月初为小,月中为大。""大暑,六月中。"所以说,六月初的小暑是"小热"的话,那六月中的大暑则为"大热"。

一、大暑的气候物候

(一)气候

大暑正值"三伏天"里的"中伏"前后,是一年中日照最强、气温最高的时段。因此,这一节气最主要的气候特征就是高温酷热。在这一时节,我国除青藏高原及东北北部外,大部分地区天气炎热,35℃的高温已是司空见惯。长江沿岸的三大"火炉":南京、武汉、重庆,在大暑前后也是"炉火最旺"。其实比"三大火炉"更热的地方还有很多,如安徽安庆、江西九江等。当然最热的"火炉",要属新疆吐鲁番,大暑前后,当地下午的气温常在 40℃ 以上。[①] 大暑,之所以如此炎热,是因为自入夏以来,地面从太阳光中吸收的热量多于夜间散发的热量,这些热量逐渐累积,到大暑之时,达到顶峰,所以大暑成为一年中最为炎热的时段。

除了热之外,大暑时节,东北和华北地区开始进入主雨期。以沈阳为例,大暑期间平均降水量约为 109.07 毫升,比小暑多 16.4%,比立秋多 30.1%。台风在这一时节也日趋活跃。据统计,1991—2020 年的大暑期间,登陆我国的台风

---

① 邱丙军主编《中国人的二十四节气》,化学工业出版社 2022 年版,第 122 页。

共 33 个,仅次于立秋。[①]

(二)物候

大暑节气十五天分为三候。

一候腐草为萤。《月令七十二候集解》曰:"初候,腐草为萤。曰丹良,曰丹鸟,曰夜光,曰宵烛,皆萤之别名,离明之极则幽阴至微之物亦化而为明也。《毛诗》曰熠燿宵行,另一种也,形如米虫,尾亦有火,不言化者不复原形。"意思是说,步入大暑后,腐败的草木就会变成萤火虫。这当然是古人的一种误解,但萤火虫的确是大暑时节的标志性动物之一。古人们认为大暑是至阳至明的节气,所以幽阴微小之物也因此化为明亮的小虫子(萤火虫),点缀着夏夜。

二候土润溽暑。《月令七十二候集解》曰:"溽,湿也,土之气润,故蒸郁而为湿。暑,俗称龌龊热是也。"意思是说,这个时候天气变得闷热,土地也很潮湿。东汉刘熙《释名》曰:"暑,煮也,热如煮物也。"此时火气在下,骄阳在上,熏蒸其中为湿热,人如在蒸笼之中,气极脏,也就称为"龌龊热"。

三候大雨时行。《月令七十二候集解》曰:"前候湿暑之气蒸郁,今候则大雨时行以退暑也。"意思是说,上一候天地像个大蒸笼,湿热难耐,这一候则时不时会降下大雨来,这使得暑湿减弱,天气开始向秋天过渡。

《逸周书·时训解》载:"腐草不化为萤,谷实鲜落。土润不溽暑,物不应罚。大雨不时行,国无恩泽。"意思是大暑时腐草不变为萤火虫,庄稼颗粒会提早脱落;土地潮湿而不暑热,就会刑罚不当;大雨不按时下,国家没有恩泽给百姓。我们可以理解为如果这些物候不应大暑节气出现,就会对农事、环境、社会产生诸多不利的影响。

二、大暑的农事活动

(一)抗旱防暑

大暑时节,高温酷热,水分蒸发特别快,尤其是长江中下游地区正值伏旱期,旺盛生长的作物对水分的要求更为迫切。棉花花铃期叶面积达一生中最大值,是需水的最高峰,田间土壤湿度若低于 60% 就会受旱而引起落花落铃,必须

---

① 杨玫玫、谭元元、王伟跃《我国二十四节气的气候特点浅析》,《农业灾害研究》2022 年第 12 期。

马上灌溉。大豆开花结荚也恰逢需水临界期,对缺水的反应特别敏感。黄淮平原的夏玉米一般已拔节孕穗,即将抽雄,是产量形成最关键的时期,要严防"卡脖旱"的危害,及时浇水灌溉。同时高温时养殖户们还要预防畜牧中暑以及鱼塘的水中缺氧,避免造成重大损失。

(二)防汛排涝

大暑之时,东北、华北地区的水稻、玉米、高粱已抽穗扬花。长江流域的中稻抽穗,春玉米成熟。此时,除了炎热的天气外,北方雨季已来到,南方易旱也易涝,节气内常有暴雨、洪水发生,因此防汛排涝也成为这一节气的重要农事。

(三)防治病虫害

高温多雨天气,病虫害总是爆发的高峰期,在这个时候需要做好病虫害的防治工作,比如稻区的稻纵卷叶螟、稻飞虱、稻瘟病、纹枯病等,玉米田的玉米螟、玉米黏虫、草地贪夜蛾、锈病等,因高温引发的畜牧的瘟病、疫病等,都要做好全面防治,防止或控制病虫害的集中发生,以免造成减产及收入的损失。

(四)收稻插秧

"早稻抢日,晚稻抢时",大暑时节对南方一些种植双季稻的地区来讲,既要抢收又要抢种,要在"龙口"中"夺食"。适时收获早稻,不仅可减少后期风雨造成的灾害,保证丰产丰收,而且可使双晚稻适时栽插,争取足够的生长期。此时要根据天气的变化,灵活安排,晴天多割,阴天多栽,在 7 月底以前栽完双晚,最迟不能迟过立秋,以躲避秋寒的危害。

三、大暑的风俗文化

大暑时节的风俗主要集中在三大方面:一防暑降温;二祈求祛病消灾;三休闲娱乐活动。南北方的习俗既有诸多不同,也有一些相同之处。

(一)喝暑羊

山东南部不少地区有在大暑这一天"喝暑羊"(即喝羊肉汤)的习俗。人们认为,三伏天人体内积热含湿,喝上一碗加上葱姜等调料的羊汤,出上一身大汗,可以带走五脏积热,同时排出体内毒素,有益健康。

(二)晒伏姜

伏姜源自山西、河南等地,三伏天时人们会把生姜切片或者榨汁后与红糖搅拌在一起,装入容器中蒙上纱布,于太阳下晾晒。待充分融合后食用,对老寒胃、伤风咳嗽等有奇效,并有温暖保健的功效。

(三)喝伏茶

大暑时节,浙江温州一带流行喝伏茶。相传伏茶起源于南宋时期,流行于清朝时代,一直延续至今。浙江温州一带的伏茶,通常是由金银花、夏枯草、甘草等十多味中草药煮成的茶水,在炎热的三伏天饮用,有清凉祛暑的作用。

(四)送大暑船

送大暑船是浙江台州沿海一带的民间习俗。这一习俗始于清同治年间(1862—1875年),当时台州葭芷一带常有病疫流行,尤以大暑节前后为甚。人们以为是五圣(相传五圣为张元伯、刘元达、赵公明、史文业、钟仕贵五位,均系凶神)所致,于是在葭芷江边建立五圣庙,乡人有病向五圣祈祷,许以心愿,祈求祛病消灾,事后以猪羊等供奉还愿。葭芷地处椒江口附近,沿江渔民居多,为保一方平安,遂决定在大暑节集体供奉五圣,并用渔船将供品沿江送至椒江口外,为五圣享用,以表虔诚之心。此举为送大暑船之初衷。

大暑船的大小与普通渔船中的大捕船相当,长约15米,宽3米余,船内设有神龛、香案,以备供奉。船内载有猪、羊、鸡、鱼、虾、米、酒等食品,还有水缸、缸灶、火刀、桌、椅、床、榻、枕头、棉被等一应俱全的船上生活用品,并备有刀、矛、枪、炮等自卫武器,米皆用小袋盛装,每袋一升,为千家万户所施。[①]

大暑船须在大暑节气来临之前赶制成功。大暑节前数日,于五圣庙建道场,宴请和尚做法事,还愿者纷纷将礼品送到庙内,以备大暑节装船。船须由一两名老大驾驶到椒江口处,然后老大改乘所带之小舢板回来,让大暑船趁落潮大水,渐渐远离海岸,飘向茫茫大海。驾船老大须挑选驾船技术高且享有较高威信之人,并于五圣像前跪拜三叩头之后方可上船。放船时,众求神还愿者双手捧香,于江岸向船跪拜遥祝,口念佛号送船,一时间诵声雷动,场面蔚为壮观。[②]

(五)过半年节

福建、台湾地区有过"半年节"的习俗。由于大暑是农历的六月,是全年的

---

① 白虹编著《二十四节气知识》,百花文艺出版社、天津科学技术出版社2019年版,第344～346页。
② 宋敬东编著《中华传统二十四节气知识》,天津科学技术出版社2018年版,第189页。

一半,因此叫"半年节"。农历六月初一(也有说是六月十五日)这一天,家家会用红曲、米粉做成半年圆,祀神祭祖后全家聚食,以祈求事事如意圆满。

(六)过大暑

在大暑节这天,福建莆田人有吃荔枝、羊肉和米糟的习俗,叫作"过大暑"。亲友之间常以荔枝、羊肉为互赠的礼品。浙江台州椒江人有大暑节吃姜汁调蛋的风俗,姜汁能祛除体内湿气,姜汁调蛋"补人";也有老年人喜欢吃鸡粥,谓能补阳。

(七)吃仙草

广东地区有大暑时节吃仙草的习俗。仙草又名凉粉草、仙人草,唇形科仙草属草本植物,是重要的药食两用植物资源,有神奇的消暑功效。仙草的茎叶晒干后可以做成烧仙草,广东一带叫凉粉,是一种消暑的甜品,本身也可入药。烧仙草也是台湾地区著名的小吃之一,有冷、热两种吃法。烧仙草的外观和口味类似港澳地区流行的另一种小吃龟苓膏,都具有清热解毒的功效。

(八)斗蟋蟀

大暑节气期间,是喜温农作物生长速度最快的时期,也是乡村田野蟋蟀最多的季节,我国有些地区的人们在茶余饭后有以斗蟋蟀为乐的风俗习惯。

斗蟋蟀也称斗蛐蛐、斗促织,主要发源于中国的长江流域与黄河流域中下游。山东宁津的蟋蟀最为有名,是历史上历代帝王斗蟋蟀的进贡品种。斗蟋蟀活动始于唐代,盛行于宋代,清代时益发讲究,蟋蟀要求无"四病"(仰头、卷须、练牙、踢腿),外观颜色也有尊卑之分,"白不如黑,黑不如赤,赤不如黄",体形雄而矫健。蟋蟀相斗,要挑重量与大小差不多的,用蒸熟后特制的日草或马尾鬃引斗,让它们互吹较量,几经交锋,败的退却,胜的张翅长鸣。旧时城镇、集市,多有斗蟋蟀的赌场,今已被废除,但民间仍保留此项娱乐活动。这项活动自兴起,经历了宋元、明清,又从民国发展至今,前后经历了八九百年的漫长岁月,始终受到人们的广泛喜爱,长兴不衰。[①]

(九)赏荷花

大暑所在的农历六月也称"荷月",此月民间多有赏荷的习俗。天津、江苏、

---

① 白虹编著《二十四节气知识》,百花文艺出版社、天津科学技术出版社 2019 年版,第 342 页。

浙江等地以六月二十四为"荷花生日"，到那一天人们多结伴游湖赏荷。在江苏南京、苏州，当日观赏荷花，若遇雨而归，常蓬头赤足，故有"赤足荷花荡"的戏称。浙江嘉兴在"荷花生日"当天作赏花会，乘游舫畅游南湖。在四川盐源，人们多沿袭古俗以莲子相互馈赠。其他地方如河北雄县、河南罗山，则在六月初六起赏荷，仲秋后方结束。荷花常以其"出淤泥而不染，濯清涟而不妖"的高尚品质自古以来被广为称颂。因此在荷月赏莲，不仅可以赏心，还可以陶冶情操、颐养性情。①

四、大暑的谚语表达

（一）常见谚语

（1）人在屋里热得躁，稻在田里哈哈笑。

水稻喜高温多湿环境，夏季三伏炎热天气有利于水稻的生长发育。类似的谚语还有"铺上热得不能躺，田里只见庄稼长"等。

（2）六月天连阴，遍地出黄金。

农历六月正是夏玉米、水稻、大豆等秋熟作物快速生长和结实的时候，需要大量的水分，如果雨水丰沛，秋熟作物就会长得茂盛，容易获得高产。

（3）瓜怕刮，烟怕淹，豆子就怕大水漫。

丝瓜、南瓜、苦瓜等架蔓瓜果怕大风；烟怕渍涝；豆子以湿润为宜，要防止大水漫灌，否则会造成花荚脱落和土壤板结。

（4）旱收芝麻涝收豆，不旱不涝收绿豆。

芝麻是耐旱作物，赤小豆既耐旱又耐涝。雨水过多对芝麻生长不利，而赤小豆仍能良好生长。绿豆耐旱、耐贫瘠，在地力瘠薄的地块也能生长，也有一定收成。

（5）三遍豆子粒儿圆，八遍谷子米汤甜。

种植豆子要划锄三遍，种植谷子要划锄八遍。此谚语说明农作物要多次中耕，疏松土壤，加强通风透气，提高地温，去除杂草，促进农作物根系向下深扎和上部旺盛生长。

① 邱丙军主编《中国人的二十四节气》，化学工业出版社 2022 年版，第 124～125 页。

（6）大暑开黄花，四十五日捉白花。

"捉"又作"拾"或"摘"，"捉花"是采收棉絮的俗称。此谚语是说，棉花在大暑时开黄花，立秋时结桃，白露时桃绽吐絮。从大暑到白露相隔 45 天。

（二）其他谚语

大暑到，暑气冒。

大暑大暑，不熟也熟。

大暑前后，晒死泥鳅。

大暑天，三天不下干一砖。

大暑热不透，大热在秋后。

大暑不热，地要开裂。

大暑不热，冬天不冷。

大暑不暑，五谷不鼓。

大暑无酷热，五谷多不结。

大暑逢中伏，作物长得速。

大暑不暑无米煮。

大暑展秋风，秋后热到狂。

禾到大暑日夜黄。

大暑大雨，百日见霜。

大暑大雨行。

大暑东风早，雨水落到饱。

大暑过热，九月早寒。

三伏大暑热，冬必多雨雪。

大暑不浇苗，到老无好稻。

大暑不浇苗，小麦无好收。

大暑不耕苗，到老无好稻。

大暑不割禾，一天少一箩。

大暑插秧大丰收，秋后插秧要减收。

大暑后插秧，立冬谷满仓。

大暑深锄草。

早稻不见大暑脸。

六月大暑吃仙草,活如神仙不会老。

大暑热,田头歇;大暑凉,水满塘。

大暑对大雪,小暑对小雪。

大暑蛾子立秋蚕。

大暑后立秋前,最好插完田。

大暑开头雨,立秋抗旱苦。

大暑来,种芥菜。

大暑种蔬菜,生活巧安排。

大暑老鸭胜补药。

大暑雷打呖呖声,秋后风台暴雨增。

大暑到立秋,积粪到田头。

大暑到立秋,割草沤肥正时候。

大暑雷响有秋旱,小暑雷响定烂冬。

大暑莲蓬水中扬。

大暑凉,早插秧。

大暑漏水,漏水烂冬。

大暑没雨不丰收。

大暑闷热当天雨。

大暑苗不死,三兜一斤米。

大暑莫种豆,小暑莫栽秧。

大暑下雨灾害多。

大暑落雨秋后热。

大暑南风点火烧。

大暑南风干破天,车得水车叫皇天。

大暑闹雷有秋旱。

大暑无雨初秋旱。

大暑前,小暑后,两暑之间种绿豆。

大暑前,小暑后,两暑中间种菜豆。

大暑前,小暑后,两暑中间种黄豆。

大暑前后，两天晴来三天沤。

大暑前后，衣裳湿透。

大暑前后锄，赛如大粪浇。

大暑前三天没禾收，大暑后三天割不赢。

大暑热，小暑冷，白露秋分见青霜。

大暑热不透，大热在秋后。

大暑热不透，大雨留秋后。

大暑热处外，处暑热处内。

大暑热厝外，处暑热厝内。

大暑热得慌，四个月无霜。

大暑热得怪，要凉单等立秋来。

大暑无汗，收成减半。

大暑炎热好丰年。

小暑大暑不热，小寒大寒不冷。

大暑小暑，淹死老鼠。

小暑吃黍，大暑吃谷。

小暑怕东风，大暑怕红霞。

小暑大暑，有米不愿回家煮。

五、诗情词韵中的大暑

(一)曹植的《大暑赋》

大暑赋

炎帝掌节，祝融司方；羲和按辔，南雀舞衡。[映扶桑之高炽，燎九日之重光。大暑赫其遂蒸，玄服革而尚黄。]蛇折鳞于灵窟，龙解角于皓苍。遂乃温风赫(戏)(曦)，草木垂干。山(折)[坼]海沸，沙融砾烂；飞鱼跃渚，潜鼋浮岸。鸟张翼而近栖，兽交游而云散。于时黎庶徙倚，棋布叶分。机女绝综，农夫释耘。背暑者不群而齐迹，向阴者不会而成群。于是大人迁居宅幽。绥神育灵。云屋重构，闲房肃清。寒泉涌流，玄木奋荣。积素冰于幽馆，气飞结而为霜。奏白雪于琴瑟，朔风感而增凉。

《大暑赋》据说写于汉献帝建安二十一年(216 年),曹植以眼前暑伏灼热感发出赋题,同时撰赋。第一部分从开头到"玄服革而尚黄",讲暑热的由来。作者将上古神话中与炎热有关的神祇罗列在一起,运用神话传说,渲染炎热之酷烈。第二部分从"蛇折鳞"到"兽交游而云散",讲自然界中动物的情态。为了承上启下,从神话中有灵气的龙蛇写起,到普通的鸟兽,各具姿态,无一雷同。其间运用夸张的手法写出了自然界草木沙石的融化焦烂,增强了艺术渲染效果。以上写的是大暑的原因以及对自然界的影响。第三部分是从"于时"到"不会而成群",写百姓在大暑中的行为,以"避暑"为中心,运用棋子和叶子的比喻,和不约而同的举止,写人们寻求凉爽的迫切心情。第四部分是从"于是大人"到最后,写"大人"是如何避暑的,也是全文的重心所在。首先作者认为"安神""养灵"可以助凉,这是"心静自然凉"的另一个说法,而后对一个物质上的清凉世界展开了不遗余力地描绘,列举了泉水、树木、冰块、白雪歌等物的清冷意象。[①] 全文以暑热为线索展开,描写了大暑所引起的人及物的变常行为,寻求避热之处及解热的办法,反映了人与自然的关系。

(二)元稹的《咏廿四气诗·大暑六月中》

咏廿四气诗·大暑六月中

大暑三秋近,林钟九夏移。桂轮开子夜,萤火照空时。

苽菓邀儒客,菰蒲长墨池。绛纱浑卷上,经史待风吹。

《咏廿四气诗·大暑六月中》是唐代诗人元稹二十四节气诗中的一首。在首联中,诗人点明了大暑节气的时序特点。大暑是夏季的最后一个节气,过了大暑,秋天就要来了。"三秋"是孟秋、仲秋、季秋的统称。"林钟"是古代乐律名。古乐分为十二律,古人将其与十二个月份相对应,"林钟"对应"农历六月",所以六月也叫"林钟"之月。"九夏"指夏季九十天。从六月大暑开始,夏季慢慢走向尾声,向秋季靠近,所以诗人说"林钟九夏移"。在颔联中,诗人通过"萤火"展现了大暑时节的物候特点。"桂轮"指月亮,一轮明月开启子夜时光,无数萤火虫凭空翻飞照亮夜空。在颈联和尾联中,诗人主要描述了白天如何度过大暑节气。"苽菓邀儒客,菰蒲长墨池。"这一时节,菰蒲长满了诗人读书讲学之地的

---

① 白虹编著《二十四节气知识》,百花文艺出版社、天津科学技术出版社 2019 年版,第 355 页。

池塘,一片生机勃勃的样子,诗人准备了菰米邀请朋友们前来做客避暑。"绛纱浑卷上,经史待风吹。"诗人借"经史"之名,表达了在酷暑天气对凉风的期盼。"绛纱"即红纱,另有一种解读,"绛纱"代指讲学之地。据《后汉书》记载,汉代著名的经学家马融讲学的时候"常坐高堂,施绛纱帐",所以后来以"绛纱"代指讲学之地。"浑卷绛纱""风吹经史"表明诗人在暑热时节暂时丢开书本,不再讲学,静待凉风的到来。面对二十四节气中最热的大暑,不同的人或许会有不同的方法和心态。在这首诗中,诗人以一种欣赏的心态、闲适的心境来面对这一年之中最热的节气,这些或许能给我们以启发。

(三)闻一多的《大暑》

大　暑

今天是大暑节,我要回家了。

今天的日历他劝我回家了。

他说家乡的大暑节,

是斑鸠唤雨的时候。

大暑到了,湖上飘满紫鸡头。

大暑正是我回家的时候。

我要回家了,今天是大暑;

我们园里的丝瓜爬上了树,

几多银丝的小葫芦,

吊在藤须上巍巍颤,

初结实的黄瓜儿小得像橄榄……

呵! 今年不回家,更待哪一年?

今天是大暑,我要回家了!

燕儿坐在桁梁上头讲话了;

斜头赤脚的村家女,

门前叫道卖莲蓬;

青蛙闹在画堂西,闹在画堂东……

今天不回家辜负了稻香风。

今天是大暑,我要回家去!

家乡的黄昏里尽是盐老鼠，

月下乘凉听打稻，

卧看星斗坐吹箫；

鹭鸶偷着踏上海船来睡觉，

我也要回家了，我要回家了！

《大暑》作于1924年夏天。闻一多当时正在美国，时值家乡的大暑，思乡之情愈加浓烈，于是写下了这首《大暑》。全诗分为四节，每一节都围绕着大暑节气的物候特点进行了描绘，构成了四幅大暑的"风物图"。第一幅，"斑鸠唤雨"和"湖上的紫鸡头"构成的远景图。寥寥两笔，有动有静，有斑鸠在叫，有鸡头米丰收的景象，全诗的风韵意趣跃然纸上。第二幅，家中小园的近景图。丝瓜在爬，葫芦在颤，黄瓜初结实……轻微的动感赋予景物以浓郁的生活情趣，它们吸引着"我"回来看望，"今年不回家，更待哪一年?"第三幅，声声入耳的家门口的风景图。燕儿在桁梁上讲话，青蛙在画堂闹，赤脚的村家女在门前叫卖莲蓬……各种声音占据了整个画面，这些都是乡音，呼唤着"我"回来。第四幅，故乡平淡祥和的夜生活图。黄昏开始出没的盐老鼠(即蝙蝠，民间误认为它们是偷吃盐而变成的，故名)，星夜里的鹭鸶，凉风里的箫声……这些物象蕴含着东方文化的审美情趣，召唤着"我"的回归。"盐老鼠"之类土话的使用，更让相思含泪。诗中的每一个景物都是平常的，但正因为其平常，才更能唤起游子心底的回忆与思念。"今天是大暑"，"我要回家"，在诗中被反复咏唱，表达了作者浓烈的思乡之情。虽然身处异乡，但时令的感受却清晰地流淌在作者的血液里，历久弥新。而这可能正是我们不断提及节气的意义所在，除了天气、养生等实际作用，更多的是一份难得的乡愁、一种审美的享受。

六、思考题

(1)俗话说"心静自然凉"，炎炎大暑，没有电风扇、空调的古人们是否全凭"心静"来避暑? 你知道古人有哪些避暑方法吗?

(2)大暑时节你们当地都有什么习俗? 这些习俗到现在有哪些传承和变革?

第三篇　秋　收

第五章　收　割

第一节　立　秋

　　立秋是秋季开始的节气,每年公历 8 月 7 日或 8 日,太阳到达黄经 135°时开始。立秋是秋季 6 个节气的起点。《月令七十二候集解》说:"立秋,七月节,立字解见春。秋,揫也,物于此而揫敛也。"立秋以后,秋后下一次雨凉快一次,因而有"一场秋雨一场寒"的说法。东汉崔寔《四民月令》云:"朝立秋,暮飕飕;夜立秋,热到头。"在古代人的心目中,立秋是夏秋之交的重要时刻,所以不可忽视。为了表达对这一节气的重视,在古代,有很多庆祝立秋的习俗。在周代,这天周天子亲自率领三公六卿诸侯大夫到西郊迎秋,并举行祭祀少皞、蓐收的仪式。汉代承袭了周代的这一习俗,如《后汉书·祭祀志中》记载:"立秋之日,迎秋于西郊,祭白帝蓐收。车旗服饰皆白。歌《西皓》、八佾舞《育命》之舞……"至唐代,每逢立秋日,也祭祀五帝。到了宋代,有男女都戴楸叶和以秋水吞食小赤豆七粒的风俗。至清代,主要的习俗是"悬秤称人",称一称夏天是胖了还是瘦了。民国以来,在农村中,在立秋这天的白天或夜晚,有预卜天气凉热之俗,还有以西瓜、四季豆尝新、祭祖的风俗,又有在立秋前一日,陈冰瓜、蒸茄脯、煎香薷饮等风俗。从这些风俗习惯中,我们能看出立秋节气在中国老百姓心中的重要性。

一、立秋的气候物候

(一)气候

　　当立秋到来时,我国很多地方仍然处在炎热的夏季之中。立秋后虽然一时暑气难消,还有"秋老虎"的余威,但总的趋势是天气逐渐凉爽。气温的早晚温差逐渐明显,往往是白天很热,而夜晚却比较凉爽。当然,由于全国各地气候不同,秋季真正开始的时间也不一致。

一般年份里,黑龙江和新疆北部地区基本在8月中旬入秋,首都北京9月初开始秋风送爽,秦淮一带的秋天从9月中旬开始,至10月初秋天的信息传至浙江丽水、江西南昌、湖南衡阳一线,一直到了11月上中旬,秋风才吹到雷州半岛,而当秋的脚步到达"天涯海角"的海南三亚时就已快到新年了。

(二)物候

在古代,古人将立秋物候分为三候,一候凉风至,二候白露生,三候寒蝉鸣。"立秋之日,凉风至。又五日,白露降。又五日,寒蝉鸣。"

一候凉风至。凉风至,是指"西方凄清之风曰凉风,温变而凉气始肃也"。也就是说,此时的风已经不是暑天的热风了,天气也开始呈现转凉的趋势了。这时开始刮偏北风,偏南风逐渐减少,凉风开始到来。《史记·律书》中说:"凉风居西南维。"就是说,来自西南方的是凉风。这时处于冬、夏季交替的时节,往往出现秋高气爽的天气。唐代天文学家李淳风《观象玩占》中有"八节风",其中说:"西南坤风,名曰凉风,主立秋四十五日。"

二候白露降。白露降,是指"大雨之后,清凉风来,而天气下降茫茫而白者,尚未凝珠,故曰白露降,示秋金之白色也"。通俗点儿说,就是早晨大地上开始有雾气了。立秋之时,昼夜温差较大,水蒸气夜里凝结,形成露珠,开始降落。唐代大诗人李白《玉阶怨》中写道:"玉阶生白露,夜久侵罗袜。却下水晶帘,玲珑望秋月。"意思是说,玉砌的台阶上滋生了白露,露水浸湿了罗袜。可知水汽之重。

三候寒蝉鸣。寒蝉鸣,是指"秋天感阴而鸣的寒蝉也开始鸣叫"。寒蝉开始鸣叫,说明天气真的开始变冷了。寒蝉,众多蝉类中的一种,又称寒螀、寒蜩。《尔雅·释虫》郭璞注中说:"寒螀也,似蝉而小,青赤。"它比一般的蝉要小,青红色,有黄绿斑点、翅膀透明,寒蝉感觉到了寒气,鼓翼而鸣叫。《吕氏春秋·孟秋纪》高诱注中记载:"寒蝉得寒气鼓翼而鸣,时候应也。"宋代著名词人柳永《雨霖铃·寒蝉凄切》中写道:"寒蝉凄切,对长亭晚,骤雨初歇。"第一句的意思是,秋寒中的蝉儿,叫声凄厉而急迫。寒蝉之于秋天,就犹如布谷鸟之于夏天,都是一种信号。

每一候为 5 天,立秋 15 天,逐渐变凉。变凉是气候趋势,根据立秋三候的描述,或许处在气候偏冷周期时,就有这种情况。

二、立秋的农事活动

立秋是秋天的第一个节气,标志着孟秋时节的正式开始。立秋前后,我国大部分地区气温仍然较高,此时各种农作物仍处在生长旺盛期,因此立秋也是农事活动的关键时期。立秋时节的农事活动是收割稻谷、稻草、高粱等农作物,还要整治耕地,为种植冬小麦、冬长的蔬菜做准备。

(一)农业生产

立秋下起雨来,天气逐渐转冷。中部地区的早稻开始收割,秋稻开始移栽和进行田间管理。要抓紧抢收抢晒早稻,尽量缩短农耗期;抓紧抢插(抛栽)双季晚稻,尽量在立秋以前完成晚稻插秧(抛栽)任务,及早转入田间管理,采取以水调温、叶面喷肥等措施防止高温危害,争取晚稻生产主动。

立秋时节棉花开始结铃(棉桃),进入保伏桃、抓秋桃的重要时期,也是不修棉的打顶的最佳时机,“棉花立了秋,高矮一齐揪”。要及时打顶、整枝、去老叶、抹赘芽等,减少烂铃、落铃,促进棉花正常成熟吐絮。如果有长势较差的棉田,需要补施一次速效肥。

茶园秋耕要尽快跟上,农谚有“一七挖金,八挖银”,秋挖可以消灭杂草、疏松土壤、提高保水蓄水的能力,若再同时施肥,可使秋梢长得更壮。

立秋时节也是多种作物病虫集中危害的时期,如水稻三化螟、稻纵卷叶螟、稻飞虱、棉铃虫和玉米螟等,要加强预测预报和防治。北方的冬小麦播种也即将开始,应及早做好整地、施肥等准备工作。

(二)蔬菜种植

进入立秋时节,由于持续高温,日照强烈,伏秋连旱,间有暴雨,菜田管理要求特别严格,要特别加强蔬菜的抗旱、防涝、追肥、中耕除草、保花保果及防治病虫害等工作。

番茄前期适当控制肥水。坐果后及时追肥,注意防治早疫病、绵腐病、蚜虫和棉铃虫等。早春连作栽培的晚熟辣椒,应注意加强肥水的管理,保持土壤湿润,注意烟青虫的防治。秋辣椒、秋延后辣椒,重点加强病毒病、疫病等的防治,搞好苗期遮阴,看苗追肥、浇灌,不能缺水。茄子、再生茄子要加强肥水管理,保持湿润,加强黄萎病、绵腐病、褐纹病等的防治。地爬冬瓜,采用渗沟灌水抗旱,但不能漫灌,保持地表微湿。瓜面盖草防晒,瓜底垫草防腐烂和虫伤。菜瓜高温干旱时浇水,采取浇"暗水"的办法。雨后要及时清沟排渍,特别是暴雨后,最好用井水或深河水浇地,以免雨过天晴瓜叶萎蔫而影响生长发育。追肥、浇水和雨后特别是暴雨后,要及时中耕。注意及时防治病虫害。夏大白菜、早秋大白菜特别注意软腐病、斜纹夜蛾等病虫害的发生;栽植后活棵前,应早晚浇水抗旱保苗;莲座期前后,经常浇水保持土壤湿润;包心开始,注意浇水抗旱。

三、立秋的风俗文化

立秋一般预示着炎热的夏天即将过去,秋天即将来临。在立秋这一天,主要有以下节气风俗。

(一)秋忙会

秋忙会一般在农历七八月份举行,是为了迎接秋忙而做准备的经营贸易大会。有与庙会活动结合起来举办的,也有单一为了秋忙而举办的贸易大会。其目的是交流生产工具、变卖牲口、交换粮食以及其他生活用品等。其规模和夏忙会一样,设有骡马市、粮食市、农具生产市、布匹、京广杂货市等。现今把这类集会,都叫作"经济贸易交流大会"。过会期间还有戏剧、跑马、耍猴等文艺节目助兴。

(二)秋桃

在浙江杭州一带有立秋日食秋桃的习俗。每到立秋日,人人都要吃秋桃,每人一个,桃子吃完要把桃核留藏起来。等到除夕,不为人知地把桃核丢进火炉中烧成灰烬,人们认为这样就可以免除一年的瘟疫。

(三)贴秋膘

民间流行在立秋这天以悬秤称人,将体重与立夏时对比来检验胖瘦,体重减轻叫"苦夏"。因为人到夏天,本就没有什么胃口,饭食清淡简单,两三个月下来,体重大都要减少一点。那时人们对健康的评判,往往只以胖瘦做标准,瘦了当然需要"补"。等秋风一起,胃口大开时,就要吃点好的,增加一点营养,补偿夏天的损失,补的办法就是"贴秋膘":在立秋这天吃各种各样的肉,炖肉、烤肉、红烧肉等,"以肉贴膘"。"贴秋膘"在北京、河北一带民间较为流行。这一天,普通百姓家吃炖肉,讲究一点的人家吃白切肉、红焖肉,以及肉馅饺子、炖鸡、炖鸭、红烧鱼等。

(四)咬秋

"咬秋"寓意炎炎盛夏难耐,忽逢立秋,将其咬住不放。北京的习俗是立秋那天早上吃甜瓜,晚上吃西瓜。江苏各地立秋时吃西瓜"咬秋",认为可不生秋痱子。在江苏无锡、浙江湖州,立秋日吃西瓜、喝烧酒,认为可免疟疾。天津讲究在立秋这天吃西瓜或香瓜,据说可免腹泻。清代张焘的《津门杂记》中记载:"立秋之时食瓜,曰咬秋,可免腹泻。"清代天津人在立秋前一天把瓜、蒸茄、香糯汤等放在院子里晾一晚,到立秋当天吃下,为的是清除暑气、避免痢疾。咬秋这个习俗到上海变成了向亲友邻舍相互馈赠西瓜。平日吃的都是自种的瓜,这天须吃亲友送来的瓜,除调换口味外,主要是通过互相品尝发现良种,交流并改进栽种技术。

(五)秋 社

秋社,是古代庆祝秋季丰收、感谢土地赐予的恩德、民间祭祀土地神的习俗,规定在立秋后第五个戊日举行。此时收获已毕,官府与民间皆于此日祭神答谢。唐韩偓《不见》诗曰:"此身愿作君家燕,秋社归时也不归。"宋时秋社有食糕、饮酒、妇女归宁之俗。宋代孟元老撰写的《东京梦华录》卷八《秋社》中记载:"八月秋社,各以社糕、社酒相赍送。贵戚、宫院以猪羊肉、腰子、妳房、肚肺、鸭饼、瓜姜之属,切作棋子、片样,滋味调和,铺于饭上,谓之'社饭',请客供养。"百姓喜迎丰收,要互相赠送"社糕""社酒",要烹饪非常丰盛的"社饭",招待客人。宋代吴自牧所写的《梦粱录》卷四《八月》中说:"秋社日,朝廷及州县差官祭社稷于坛,盖春祈而秋报也。"在秋社之时,朝廷和各级官府,也要举行祭祀活动,报答大地的无私赐予。在一些地方,至今仍流传有"做社""敬社神""煮社粥"的说法。

(六)戴楸叶

立秋日戴楸叶的习俗由来已久。南宋孟元老《东京梦华录》卷八《立秋》形容立秋这天,北宋首都汴京人戴楸叶的情形说:"立秋日,满街卖楸叶,妇女儿童辈,皆剪成花样戴之。"南宋周密《武林旧事》卷三也说:"立秋日,都人戴楸叶,饮秋水、赤小豆。"吴自牧的《梦粱录》卷四说:"立秋日,太史局委官吏于禁廷内,以梧桐树植于殿下,俟交秋时,太史官穿秉奏曰'秋来'。其时梧叶应声飞落一二片,以寓报秋意。都城内外,侵晨满街叫卖楸叶,妇人女子及儿童辈争买之,剪如花样,插于鬓边,以应时序。"可见南宋在立秋这天戴楸叶的情景,与北宋相同。楸是大戟科落叶乔木,最高可达三丈,干茎直耸可爱,叶大,呈圆形或广卵形,叶嫩时为红色,叶老后只有叶柄是红的。据唐代陈藏器《本草拾遗》说,唐朝时立秋这天,长安城里开始售卖楸叶,供妇女儿童剪花插戴,可见这个风俗的古老。近代,各地也有立秋戴楸叶的习俗。河南郑县男女立秋日都戴楸叶。山东地区这天必有一两片楸叶凋落,表示秋天到了。胶东和鲁西南地区的妇女儿童采集来楸叶或桐叶,剪成各种花样,或插于鬓角,或佩于胸前。

四、立秋的谚语表达

(一)常见谚语

(1)立秋三场雨,秕稻变成米。

立秋前后我国大部分地区气温仍然较高,各种农作物生长旺盛,中稻开花结实,单季晚稻圆秆,大豆结荚,玉米抽雄吐丝,棉花结铃,甘薯薯块迅速膨大,对水分要求都很迫切,此期受旱会给农作物最终收成造成难以补救的损失。

(2)立秋晴一日,农夫不用力。

立秋日对农民朋友显得尤为重要,如果立秋日天气晴朗,必定可以风调雨顺地过日子,农事不会有旱涝之忧,可以坐等丰收。

(3)秋前北风秋后雨,秋后北风干河底。

立秋前刮起北风,立秋后必会下雨,如果立秋后刮北风,则本年冬天可能会发生干旱。

(4)七月秋样样收,六月秋样样丢。

农历七月立秋,五谷可望丰收,如果立秋日在农历六月,则五谷不熟还必致歉收。

(5)雷打秋,冬半收。

这是说立秋日如果听到雷声,冬季时农作物就会歉收。

(二)其他谚语

立秋不立秋,六月二十头。

立了秋,挂锄钩。

立了秋,把扇丢。

立秋三天,寸草结籽。

立秋三天,遍地红。

立秋荞麦白露花,寒露荞麦收到家。

立秋一场雨,夏衣高捆起。

立秋栽葱,白露栽蒜。

立秋胡桃白露梨,寒露柿子红了皮。

立秋后三场雨,夏布衣裳高搁起。

立秋下雨人欢乐,处暑下雨万人愁。

立秋处暑有阵头,三秋天气多雨水。

立秋无雨秋干热,立秋有雨秋落落。

立秋无雨是空秋,万物历来一半收。

立秋十天遍地黄。

立秋十八天,寸草皆结顶。

立秋拿住手,还收三五斗。

立秋棉管好,整枝不可少。

立秋种芝麻,老死不开花。

六月秋,提前冷;七月秋,推迟冷。

六月秋,及早收;七月秋,慢慢收。

立秋在六月,初雾来得早,影响秋季收成;立秋在七月,初霜来得晚,秋季收成好。

六月立秋,早收晚丢;七月立秋,早晚都收。

七月立秋,早迟都收;六月立秋,早收迟丢。

立秋有雨倒春寒。

秋日落雨秋飕飕。

打霜立秋,干断河沟。

立秋雾,地枯枯。

立秋节日雾,长河做大路。

秋来伏,热得哭。

立秋晴,八月雨;立秋雨,八月旱。

立秋晴天秋天旱。

立秋晴，秋雨少。

立秋无雨人发愁，庄稼顶多一半收。

立秋无雨一半收，处暑有雨也难留。

立秋无雨对天求，田中万物尽歉收。

立秋无雨水，白露雨来淋。

立秋不落，寒露不冷。

五、诗情词韵中的立秋

除前面的民间风俗、谚语中常常会涉及立秋节气外，古人诗词中也有不少与立秋有关的作品，比较有代表性的有以下几首。

（一）刘翰的《立秋》

立　秋

乳鸦啼散玉屏空，一枕新凉一扇风。

睡起秋声无觅处，满阶梧叶月明中。

这首诗描写了诗人在夏秋季节交替时细致入微的感受，写了立秋一到，大自然和人们的生活发生的变化。"乳鸦啼散玉屏空"写傍晚时景色的变化。起初小乌鸦还待在树枝上或屋檐上叫着，天黑了，乌鸦归巢了，就再也听不到乌鸦的叫声了。傍晚时玉屏上的字画还能看得比较清楚，天黑了，玉屏上的字画就看不见了，显得空空的了。当然，听不到乌鸦叫，看不见玉屏上的字画，于是屋内也就显得安静空旷了。"一枕新凉一扇风"写诗人躺在床上用扇子扇风时的感受，夏天扇风，觉得不是很凉快，因为空气的温度比较高。立秋扇风，觉得分外凉爽，因为秋天到来了，空气的温度也低了些。"新凉"中的"新"字写出了这种变化。"睡起秋声无觅处"写夜里秋风由劲吹到停止的过程。起初还听到秋风吹动草木发出呜呜的声音，起床后一点声音都听不到了。"满阶梧桐月明中"写在明亮的月色中，见到台阶上落满了梧桐叶。因为秋高气爽，所以秋天的月亮特别明亮。本诗展现了立秋时节的气候物候。

(二)施闰章的《舟中立秋》

舟中立秋

垂老畏闻秋,年光逐水流。

阴云沉岸草,急雨乱滩舟。

时事诗书拙,军储岭海愁。

涛饥今有岁,倚棹望西畴。

此诗记立秋日舟中所见所感。连年的饥荒,垂老的身世,眼前荒凉的江景,融于一体,寄托了诗人无限的感伤,真实地透露了清初社会的黑暗。秋天是草木凋零的季节,相对于人生来说,又象征着壮盛之期的逝去、垂老之年的到来。此诗开篇以"垂老"映对"秋"节,引出年光逝去的幽幽慨叹,正表现着许多士人步入衰秋时共有的苦涩之情,而且诗人又是在孤舟客宦之中。如果遇上的是"秋风兮嬝嬝"的晴和之日,则船行江河之间,鸥飞白帆之上,虽说也难免会感到"水阔孤帆影,秋归万叶声"的清寥,毕竟还有青峰黛峦可眺、麦气豆香可赏。现在却是"阴云"沉沉、"急雨"敲篷,诗人所见的,便只有岸草的瑟瑟偃伏和滩舟的颠荡乱雨之景了。"阴云沈岸草,急雨乱滩舟"二句,即从眼前实景落笔,勾勒了一幅令人犯愁的动态画面。

(三)纳兰性德的《木兰花慢·立秋夜雨送梁汾南行》

木兰花慢·立秋夜雨送梁汾南行

盼银河迢递,惊入夜,转清商。乍西园蝴蝶,轻翻麝粉,暗惹蜂黄。炎凉。等闲瞥眼,甚丝丝、点点搅柔肠。应是登临送客,别离滋味重尝。

疑将。水墨画疏窗,孤影淡潇湘。倩一叶高梧,半条残烛、做尽商量。荷裳。被风暗剪,问今宵、谁与盖鸳鸯。从此羁愁万叠,梦回分付啼螀。

本首词的上阕,"盼银河迢递,惊入夜,转清商"一个"盼"字,写出了容若与友人的期待。只可恨"天有不测风云","惊入夜,转清商",一场突如其来的秋雨随风而至。"乍西园蝴蝶,轻翻麝粉,暗惹蜂黄"这个气候真是变化无常,明明之前还是晴朗温暖,一瞬间就变得风雨交加、阵阵凉寒。这雨淅淅沥沥的,连绵不绝下个不停。"应是登临送客,别离滋味重尝"是送友远行,再一次尝到了离别的滋味,再一次忍受相思之苦。一个"重"字更是尽显无奈与怨恨。到了下阕,"水墨画疏窗,孤影淡潇湘"意境空淡疏缈。潇湘和下片开头"疑将"连在一起看,秋夜雨洒落在疏窗上,那雨痕仿佛是屏风上画出的潇湘夜雨图。"倩一叶高梧,半条残烛,做尽商量",这句子纳兰说得婉转,窗外夜雨梧桐、屋内泣泪残烛,怎不让人伤神。"荷裳一被风暗剪,问今宵谁与盖鸳鸯",已至秋天,荷塘自然也是一片萧索。全篇都围绕着"立秋"和"夜雨"展开,集中展示立秋时节之景,从景物着手,用景物烘托,营造离别的氛围,悲凉凄切之情更为细密深透。

六、思考题

(1)总结立秋时期,天气和动植物会有什么变化。

(2)说说你们家乡在立秋时节都有什么习俗。

第二节　处　暑

处暑,是二十四节气之第十四个节气,也是秋季的第二个节气,于每年公历8月22—24日交气。处,《说文解字》解释"止也",有人解释为"出",虽然读音近似,但是不准确。暑,热的意思,尤其是湿热。《月令七十二候集解》说:"暑气至此而止矣。"形象一点说,就是老天爷这个工程师把热气断供了。处暑时,北斗七星的斗柄是指向西南方向(戊位),太阳到达黄经150°时,处暑当天,太阳直射点已经由"夏至"那天的北纬23°26′,向南移动到北纬11°28′。此时,如果夜晚观北斗七星,会发现弯弯的斗柄还是指向西南方向。处暑的到来同时也意味着进入干支历申月的下半月。

二十四节气有"三暑",即小暑节气、大暑节气、处暑节气,按顺序分别为初暑、中暑、末暑。时至处暑,已到了高温酷热天气"三暑"之"末暑","三暑"中间还夹一个"立秋"节气,立秋之后才是处暑,立秋起至秋分前这时段称为"长夏",酷暑时间比较长,暑热长对于农作物长势和产量有利。

时令到了处暑,气温进入了显著变化阶段,逐日下降,已不再暑气逼人。但总的来看,处暑期间的气候特点是白天热,早晚凉,昼夜温差大,降水少,空气湿度低。在这样的环境下,人容易出现口鼻干燥、咽干唇焦的燥症。因而衣服不要加太多,忌捂,但也不能过凉。所以,此时节要注意防燥,饮食起居均要调剂周到。

处暑节气可以用"一出一入"来理解。"一出"是出伏,"一入"是入秋。对于苦于酷暑的人们来说,立秋节气给人以希望,给人以精神的寄托,但是"秋老虎"依然咄咄逼人,一点儿也不让人好受。直到处暑节气,才真正送来了第一份完整的清凉。宋代词人辛弃疾有名句"却道天凉好个秋",虽然意思是说人到中年才知道愁苦,但凉毕竟是让人舒适的、愉悦的。秋高气爽,从处暑才真正开始。如果秋天是大自然的一场华丽的演出,那么处暑才真正揭开了这场大戏的序幕,人们所期盼的真正的、无比美好的秋天到来了。

一、处暑的气候物候

(一)气候

处暑过后,气温逐渐下降,日夜温差逐渐增大,但白天气温仍较高,气候特点是闷热。产生这一现象的原因,一是太阳的直射点继续南移,太阳辐射减弱;二是副热带高压跨越式地向南撤退,蒙古冷高压开始跃跃欲试,小露锋芒,暑意渐消。

处暑节气后雷暴活动不及炎夏那般活跃,全国各地的暴雨总趋势是减弱的。处暑节气期间是华南雨量分布由西多东少向东多西少转换的前期。西南和华西地区,由于处在副热带高压边缘,加之山地的作用,雷暴的活动也比较多。进入9月,中国大部开始进入少雨期,而华西地区秋雨偏多,它是中国西部地区秋季的一种特殊的天气现象。在冷高压的控制下,形成下沉的、干燥的冷空气,中国北方的东北、华北、西北等地区雨季结束。

从处暑节气的名字上就能反映出来,这是一个反映温度变化的节气。《月令七十二候集解》:"处暑,七月中。处,止也,暑气至此而止矣。"也就是说从这一天开始,炎热的夏天即将过去,天气要渐渐凉快起来了。当然,这个凉快起来,实际上主要是针对我国北方地区和西南高海拔地区。

在处暑前后,一方面太阳的直射点开始南退,另一方面副热带高压也开始南退,同时来自蒙古高原的冷高压开始影响我国北方。所以在东汉的《四民月令》中,有"处暑中,向秋节,浣故制新"的说法,也就是说过了处暑就到了秋天,需要准备换季的衣服了。

但实际上,因为副热带高压的南移,处暑前后我国江南和东南沿海地区还要再经历一段时间的炎热天气,这也就是俗称的"秋老虎"了。每年秋老虎的时间长短不一,总体来说持续半个月到两个月不等。形成秋老虎的原因是控制中国的西太平洋副热带高压秋季逐步南移,但绝不肯轻易让出主导权、轻易退到西太平洋的海上,转向北方,在副热带高压控制下晴朗少云,日照强烈,气温回升。所以有"土俗以处暑后,天气犹暄,约再历十八日而转凉"的说法。所以在江南一带,也有"处暑十八盆"的俗谚,也就是说处暑之后,每天都还要洗一个澡才行。而到了两广地区,"秋老虎"持续的时间更长,当地人甚至戏称"处暑八十盆",这一天要洗好几个澡。处暑之后,在我国北方会有一段秋高气爽的时节,天高云淡温度适宜,正是出行的好时节。或约三五好友,或与家人同行,到野外迎秋赏景,看云卷云舒,正是惬意的时候。而且处暑之后,随着暑气的消散,天上的云朵也不像夏天大暑之时浓云成块,疏散自如的云朵也格外好看。所以民间也有"七月八月看巧云"的说法。在古代,即便是皇帝都会在这一时期与百官一起出行游乐。

(二)物候

一年分八节,处暑是立秋节之后的第一气,距离白露有 15 天。秋天在五行(金、木、水、火、土)中属金,金气肃杀,处暑三候,都跟肃杀联系在一起。

一候鹰乃祭鸟。"草枯鹰眼疾,雪尽马蹄轻""鹰击长空,鱼翔浅底,万类霜天竞自由",写鹰的诗词都充满了力量。鹰感受到大自然的肃杀之气,开始大规模地捕捉飞鸟补充能量。鹰在捕杀之后把猎物整整齐齐放在前面,仿佛先要祭祀一番。古人认为鹰是"义禽",据说鹰不捕杀正在哺育幼鸟的鸟儿。所谓"义",是把人类的伦理观投射到大自然身上。鹰处在食物链顶端,不能无差别地捕杀一切,才有源源不断的食物,这是大自然的选择。

二候天地始肃。阴气上升,天地开始肃杀起来。古代有一个刑罚制度叫"秋后问斩",就跟这个有关。古人认为人要顺应自然而不能悖逆自然,春夏是万物生长的季节,不能杀戮,只能奖赏;秋冬有肃杀之气,所以要把犯人关到秋天之后才处决。因为不是"斩立决",所以给了很多人以申诉乃至翻案的机会。

三候禾乃登。禾是农作物的统称,"登"是成熟的意思,成语"五谷丰登"是农耕民族最大的祝福,过年时人家写春联,总喜欢用"人寿年丰""五谷丰登"这些做横批。"十里西畴熟稻香,槿花篱落竹丝长""笑歌声里轻雷动,一夜连枷响到明"……这是南宋诗人范成大写秋收的诗,与我国皖西南小山村旧景十分相似。

二、处暑的农事活动

处暑在二十四节气中，不像二分二至那么有名。但对于农事来说，处暑实际上是非常重要的一个节点。正如处暑三候的第三候所说："禾乃登"，处暑是水稻成熟的时候，忙活了一季甚至一年，就是为了秋天的收获。

(一)抢收抢晒

高原地区处暑至秋分会出现连续阴雨水天气，对农牧业生产不利。可是少数年份也有如杜诗所写"三伏适已过，骄阳化为霖"的景况，秋绵雨会提前到来。所以要特别注意天气预报，做好充分准备，抓住每个晴好天气，不失时机地搞好抢收抢晒。

我国南方大部分地区在这时正是收获中稻的大忙时节。在一般年辰的处暑节气内，华南日照仍然比较充足，除了华南西部以外，雨日不多，有利于中稻割晒和棉花吐絮。处暑时节，中国大部分地区林果和农作物陆续进入成熟期，农民加紧采摘，抢抓农时，进行水稻施肥、除草等田间管理。"处暑谷渐黄，大风要提防。"处暑以后，气温日夜差别增大，由于夜寒昼暖，作物白天吸收的养分到晚上储存，因而庄稼成熟很快。所以在处暑前后，我国南方大部分地区都处在收割中稻的农忙时节。水稻收割之后还要日晒，所以对天气的要求很高，抢收抢晒的时候，如果有个晴好的天气，那是再好不过的了。此外，一些夏秋作物也即将成熟，所以有"处暑满地黄，家家修廪仓""处暑禾田连夜变""处暑三日无青谷""处暑三朝稻有孕"之类说法。此外，在一些地区，处暑前后正是采摘头茬棉花的时候，所以也有"处暑好晴天，家家摘新棉"的说法。

(二)蓄水保墒

处暑是华南雨量分布由西多东少向东多西少转换的前期。这时华南中部的雨量常是一年里的次高点，比大暑或白露时为多。因此，为了保证冬春农田用水，必须认真抓好这段时间的蓄水。

而在我国北方，由于处暑以后，降雨开始明显减少，所以这个时候蓄水保墒就显得特别重要了。而由于降水的减少，有些地方可能会形成夏秋连旱，所以农田的防火工作也要重视起来。

三、处暑的风俗文化

处暑的民俗活动很多，如吃鸭子、放河灯、开渔节、煎药茶、拜土地公等。传统习俗有祭祖、迎秋、煲凉茶、泼水降温，起居养生上预防秋燥、滋阴润燥。

（一）祭祖迎秋

处暑节气前后的民俗多与祭祖及迎秋有关。《易经》曰："反复其道，七日来复，天行也。"七是阳数、天数，天地之间的阳气绝灭之后，经过七天可以复生，这是天地运行之道、阴阳消长循环之理。民间选择在七月十四（二七）祭祖，与"七"这个复生数有关。

处暑节气前后民间会有庆祝的民俗活动，俗称作"七月半"或"中元节"。"七月半"是民间初秋庆贺丰收、酬谢大地的节日，有若干农作物成熟，民间按例要祀祖，用新稻米等祭供，向祖先报告秋成。"中元节"（潮人盂兰胜会）又称"盂兰节""中元节""鬼节""麻谷节"或"七月半"（即农历七月十五日），是流行于我国香港的传统节日，国家级非物质文化遗产之一。旅居香港的潮汕人思乡念祖之心深切，一年一度历时一个月的中元节，举办盂兰胜会，至今已有一百多年的历史，是整个香港较隆重、较大规模的民俗活动。中元节（潮人盂兰胜会）每年从农历七月初一起举行，直至七月底止。盂兰胜会的主要活动是祭祀祖先，包括烧街衣、盂兰节忌讳、盂兰节神功戏、大士王、平安米、福物竞投等内容。七月十五的主题以祭祖祀先、超度亡灵为主，其主要习俗有秋尝荐新、放焰火、放河灯、普度等活动。中元节（潮人盂兰胜会）活动继承了潮汕地区中元节的"施孤"，以祈求异地生存平安、吉祥，并追荐祖先、悼念远离家乡到异地谋生、为繁荣香港而献身的同胞，后来逐渐成为潮人联结乡情梓谊、互相祝贺一年来所取得成就、交流事业成功经验的难得机会。

（二）放河灯

河灯也叫"荷花灯"，一般是在底座上放灯盏或蜡烛，中元夜放在江河湖海之中，任其漂流，悼念逝者，祈保平安。萧红《呼兰河传》中的一段文字是这种习俗的最好注脚："七月十五是个鬼节；死了的冤魂怨鬼，不得托生，缠绵在地狱里非常苦，想托生，又找不着路。这一天若是有个死鬼托着一盏河灯，就得托生。"

(三)吃鸭子

"七月半鸭,八月半芋",古人认为农历七月中旬的鸭子最为肥美营养,老鸭味甘性凉,因此民间有处暑吃鸭子的传统,做法也五花八门,有白切鸭、柠檬鸭、子姜鸭、烤鸭、荷叶鸭、核桃鸭等。北京至今还保留着这一传统,一般处暑这天,北京人都会到店里去买处暑百合鸭等。而江苏地区,做好鸭子菜要端一碗送给邻居,正所谓"处暑送鸭,无病各家"。

(四)开渔节

处暑以后海域水温依然偏高,鱼群还是会停留在海域周围,鱼虾贝类发育成熟。因此,从这一时间开始,人们往往可以享受种类繁多的海鲜。对于沿海渔民来说此时是渔业收获的时期,中国沿海地区常会在此节气举行多种形式的活动,欢送渔民出海,期盼渔业丰收。每年处暑期间,在浙江省沿海都要举行一年一度的隆重的开渔节,在东海休渔结束的那一天,会举行盛大的开渔仪式,欢送渔民开船出海,如 1998 年浙江象山举办了第一届中国开渔节后,每年都会举办一次。开渔节不仅有庄严肃穆的祭海仪式,还有各种文化、旅游、经贸活动,吸引了无数海内外客商、游客前往,使他们不仅领略到当地丰富的渔文化,也品尝了鲜美的海产品。

(五)拜土地爷

处暑节气正值农作物收成时刻,农家纷纷举行各种仪式来拜谢土地爷。有的杀牲口到土地庙祭拜,有的把旗幡插到田间表示感恩,还有的这一天从田里干活回家不洗脚,恐将到手的丰收洗掉。七月十五,民间还盛行祭祀土地和庄稼,将供品撒进田地;烧纸以后,再用剪成碎条的五色纸,缠绕在农作物的穗子上,传说可以避免冰雹袭击,获得大丰收,一些地方同时还要到后土庙进行祭祀。

四、处暑的谚语表达

(一)部分省份谚语

处暑节气,部分省份因地理位置不同,导致气候特色也不同,故而产生了有当地特色农事活动的谚语。

山东:处暑风凉,收割打场。边收边耕,耙糖保墒。晚秋管理,措施加强。秋菜定苗,锄草防荒。各种害虫,综合预防。浇水追肥,保证苗旺。

湖北：处暑有落雨，中稻粒粒米。立秋无雨一半收，处暑有雨也难留。立秋无雨对天求，田中万物尽歉收。立秋下雨人欢乐，处暑下雨万人愁。

河南：立秋过后处暑连，打草沤肥好时间，拔除大草放秋垄，小麦割完地早翻。

吉林：立秋处暑在八月，拔草放垄晒水田。

江苏：立秋收早稻，处暑雨似金。

上海：立秋过后处暑来，深耕整地种秋菜。晚稻出穗勤浇水，籽粒饱满人心快。

浙江：立秋处暑耕作忙，多种蔬菜和杂粮。晚秋追肥勤灌溉，害虫风害要早防。

安徽：立秋种白菜，处暑摘棉花。

湖南：立秋处暑天渐凉，玉米中稻都收光。

福建：八月立秋处暑快，边种蔬菜边管粮，防害治虫田管理，水稻防倒要烤田。

云南：立秋处暑八月天，棉花整枝烟短剪，白薯翻蔓秋荞播，拔草捉虫保丰产。

(二)其他谚语

除各地方特色谚语以外，关于处暑还有很多谚语，这些谚语大多也都是关于农业生产的。

处暑天还暑，好似秋老虎。

处暑天不暑，炎热在中午。

热熟谷，粒实鼓。

处暑雨，粒粒皆是米(稻)。

处暑早的雨，谷仓里的米。

处暑若还天不雨，纵然结子难保米。

处暑三日稻(晚稻)有孕，寒露到来稻入囤。

处暑高粱遍地红。

处暑高粱遍拿镰。

处暑高粱白露谷。

处暑三日割黄谷。

处暑十日忙割谷。

黍子返青增一石，谷子返青大减产。

黍子返青压塌场,谷子返青一把糠。

收秋一马虎,鸟雀撑破肚。

处暑收黍,白露收谷。

处暑见新花。

处暑开花不见花(絮)。

处暑花,捡到家;白露花,不归家;白露花,温高霜晚才收花。

处暑长薯。

处暑就把白菜移,十年准有九不离。

处暑移白菜,猛锄蹲苗晒。

处暑栽,白露上,再晚跟不上。

处暑栽白菜,有利没有害。

处暑栽,白露追,秋分放大水。

处暑拔麻摘老瓜。

处暑见红枣,秋分打净了。

处暑鱼速长,管理要加强,饵料要增加,疾病早预防。

五、诗情词韵中的处暑

诗词中的处暑同样也有很多,我们摘取几首如下。

(一)张嵲的《七月二十四日山中已寒二十九日处暑》

七月二十四日山中已寒二十九日处暑

尘世未徂暑,山中今授衣。

露蝉声渐咽,秋日景初微。

四海犹多垒,余生久息机。

漂流空老大,万事与心违。

人间处暑节气还未到来,山中人却已新加了秋衣。露气中的蝉声渐显悲切,初秋的阳光已开始衰微。任凭各地仍然战乱频繁,我这残生早已没了生机。漂泊经年,徒然老矣,世间万事总是不如我心意。此诗大约是作者老年所作,诗里带着南宋因山河分裂、国家不统一造成的文人悲切意味。正是无奈人已空老去(一如那秋蝉即将消失),徒有冰心在玉壶。

（二）仇远的《处暑后风雨》

处暑后风雨

疾风驱急雨，残暑扫除空。

因识炎凉态，都来顷刻中。

纸窗嫌有隙，纨扇笑无功。

儿读秋声赋，令人忆醉翁。

劲风伴着阵雨，将残存的暑气一扫而空，人们瞬间就感觉到天气变得凉爽起来。天气转凉，连窗纸上的空隙因为进凉气也遭到嫌弃，可笑的是即便丝绸做的扇子也不再有什么用处。儿童在读秋风赋，令人回忆起醉翁来。这首诗首句扣题，以"疾"形容风，用"急"形容雨，表明风、雨之速，又用一个"驱"字将风雨联系起来，将风雨之急速描写得形象生动。处暑已过，但是暑气残留，在"秋老虎"的威力之下，天气依旧炎热难耐，可是这一场疾风快雨，一下子便将暑气吹散。

六、思考题

同学们可以结合以上的阅读想一想：在处暑时节怎样保持身体健康？

第三节　白　露

作为"二十四节气"中第十五个节气的白露，在 9 月 8 日前后到来，此时太阳到达黄经 165°。春生夏长，秋收冬藏，寒来暑往，在经历了夏季炎热的洗礼后，我们迎来了气候凉爽宜人的白露节气。

"白露"中的白，为露水的颜色，《礼记注疏》中记载："谓之白露者，阴气渐重，露浓色白。"又《月令七十二候集解》称："八月节，阴气渐重，露凝而白也。"秋在五行中属金，金色白，因此白也是秋天的颜色。而白露中的"露"是白露节气过后特有的自然现象。白露以后，天气转凉，太阳下山后，气温骤降，夜晚空气中的水汽凝结，附着在花草树木上，形成细小的露珠，这就是露。白露因此得名。这个时节丹桂飘香，因此白露也被称为"桂露"。

白露节气，因诞生于秋天，在诗词歌赋中的情感输出与自然相关联，如悲秋传统，士不遇、游子思妇的主题，以及边塞、送别、赠答等种种题材。文学中对于农事的关注，是文人生命意识与自然观的体现。无论是象征白露物候的鸿雁、玄鸟、群鸟，还是与白露相关的诗词情韵，以及白露节气下的风俗文化，都别有一番浪漫情怀。

一、白露的气候物候

（一）气候

白露时节，天高云淡，秋高气爽。"白露秋分夜，一夜冷一夜。"表明白露节气过后，天气逐渐转凉。在全球气压带和风带随着季节移动时，这个时节夏季风慢慢减弱，冬季风逐渐加强。随着太阳直射点南移，日照时间也逐渐变短，白天的日照强度减弱，傍晚多数为晴朗无云，地面散热速度快，因此白露节气也是全年中昼夜温差较大的时间段。

（二）物候

《逸周书·时训解》曰："白露之日，鸿雁来。又五日，玄鸟归。又五日，群鸟不养羞，臣下骄慢。"即白露节气的物候分为三候。

一候鸿雁来。指的是白露节气后五天，鸿雁南飞。雁作为传统婚礼"六礼"中"纳采"中的工具，是男女传情达意的媒介。大雁具有忠贞的美好品德，因此在元好问《摸鱼儿·雁丘词》中称"问世间，情是何物，直教生死相许"来赞颂大雁的爱情。鸿雁传书也成为传情达意之词。

二候玄鸟归。指的是再过五天，燕子等其他候鸟也开始回归。玄鸟即燕子。《诗经·商颂·玄鸟》中有"天命玄鸟，降而生商"，指的是简狄误吞玄鸟卵怀孕而生殷商的始祖契的故事。燕子春分来，秋分去，北飞为归。

三候群鸟养羞。再过五天，群鸟开始储藏食物以备过冬。《礼记》注"羞者，所羹之食。""羞"通"馐"，指的是鸟类的食物。养羞即小鸟在白露节气感受到寒冷的气息，所以开始准备囤积过冬的粮食。

除物候中的鸿雁、燕子与群鸟外，《风土记》中还记载了八月时节降下白露时出现的白鹤，称其"性儆，至八月，白露降……即高鸣相儆。"白鹤生性警惕，八月白露至时高鸣相警示。

在与白露相关的"三候"中，鸿雁、玄鸟以及燕子皆为禽类，《逸周书·时训解》曰:"鸿雁不来,远人背叛。玄鸟不归,室家离散。群鸟不羞,臣下骄慢。"鸿雁对应远人,鸿雁不来,远人有叛逆之心;玄鸟对应家室,玄鸟不归,家室离散;群鸟对应官吏,群鸟不储藏食物,而官吏骄横无礼;即将物候与灾异联系在一起。而远人、家室与群臣,则作为三类与天子治理国家相关的群体,带有明显的政治教化意味。《诗经·小雅·鸿雁》称"鸿雁于飞,肃肃其羽。之子于征,劬劳于野。"《毛诗序》称此诗主旨为"美宣王也。万民离散,不安其居,而能劳来还定安集之,至于矜寡,无不得其所焉。"朱熹《诗集传》称"流民以鸿雁哀鸣自比而作此歌也";即对宣王妥善处置流民的夸赞。《礼记·月令》:"是月(仲春之月)也,玄鸟至。至之日,以大牢祠于高禖。"高禖即为婚姻神。《毛诗序》称"后稷之母(姜嫄)配高辛氏帝(帝喾)焉……古者必立郊禖焉,玄鸟至之日,以大牢祠于郊禖,天子亲往,后妃率九嫔御,乃礼天子所御,带以弓韣,授以弓矢于郊禖之前。"因此鸿雁来象征远人来服;玄鸟归象征家庭和睦。统治者受命于天,天降灾异实际是对于统治者皇权失序的惩罚措施。统治者不断进行求祷祭祀与惩戒之事,《淮南子·时则训》中称孟秋之际,"求不孝不悌、戮暴傲悍而罚之,以助损气"。天子采取一定的惩罚措施,以实践天人感应、君权神授的思想。而五行与节气时令及国家层面政治教化的联系,则是谶纬、祥瑞与灾异思想占据重要地位的现实映照。

二、白露的农事活动

白露节气是收获的季节,也是播种的季节。

(一)播种

北方开始播种冬小麦,这是黄河中下游地区一年中最重要的农事活动之一。正所谓"白露节,快种麦"。贾思勰《齐民要术》收录崔寔《四民月令》称:"凡种大小麦,得白露节,可种薄田;秋分,种中田;后十日,种美田。唯穬麦,早晚无常。正月,可种春麦、豆,尽二月止。"即北方黄河流域下游地区种大小麦,到白露节,可以种薄地;到秋分可以种中等地;秋分过后十天,可以种肥地。无论是南方还是北方,小麦都开始在白露节气播种,华北地区有"白露种高山,秋分种平川"的说法,湖北的农谚则是"白露种高山,寒露种平川"。

南方的义乌地区则是在白露前后播种荞麦。有农谚称"白露前会成熟,白露后勿生肉",在白露节气前种下,生长期短的荞麦在霜雪到来之前即能成熟。如果在白露以后播种荞麦,即开花结籽时天气变冷,就不能成熟。

(二)收获

白露时节是收获的季节,东北地区开始收获大豆、谷子、水稻和高粱,西北、华北地区的玉米、白薯正在成熟,"白露割谷子,霜降摘柿子。白露谷,寒露豆,花生收在秋分后。"谷类作物在白露收割完毕。"白露种葱,寒露种蒜。白露秋分头,棉花才好收。"棉花也进入了采摘阶段。种葱、摘枣、打核桃、摘花椒等,也要赶在这个时候。农谚称"白露白迷迷,秋分稻秀齐""白露白茫茫,稻谷满田黄"。意味着白露这天如果有大雾天气,则收成较好。而在我国南方,到了白露时节,也可以发现农业劳动者在稻田里忙碌收获的身影。

白露时节要防旱、防火、防霜冻。"春旱不算旱,秋旱减一半。"北方部分地区秋季降水少,如果出现大旱,除对农作物的收成有影响外,还会影响秋季播种作物的生长与来年的成熟。《齐民要术·栽树篇》称:"凡五果,花成时遭霜,则无子。常预于园中,往往贮恶草、生粪。天雨新晴,北风寒切,是夜必霜。此时放火作煴,少得烟气,则免于霜矣。"详细记载了用烟熏防霜冻的方法,霜冻易对作物产生严重影响,因此要注意防霜冻。

此外,云南剑川白族民歌《十二月调》里这样唱道:"七月谷抽穗,八月谷低头",反映了在白露节气之前的时间段里,该地区水稻从抽穗到成熟的生长情况。

三、白露的风俗文化

(一)秋社

秋社作为白露节气的民俗之一,举办的时间大概是在立秋后的第五个戊日,一般在白露、秋分前后,秋社时古人祭祀先祖神灵,庆祝丰收。《东京梦华录·秋社》记载:"八月秋社,各以社糕、社酒相赍送。贵戚、宫院以猪羊肉、腰子、奶房、肚肺、鸭饼、瓜姜之属,切作棋子片样,滋味调和,铺于板上,谓之'社饭',请客供养。"

白露后的中秋节,在孟元老《东京梦华录》中这样说道:"中秋节前,诸店皆卖新酒,重新结络门面彩楼、花头画竿、醉仙锦旆。"中秋节前,宋人于酒肆沽新酒,家家争相畅饮,又有时令河鲜瓜果,如蟹、石榴、梨、枣、栗、葡萄、橘,在此时上市。无论是贵族或平民,皆于中秋节这天,或结饰台榭,或酒楼玩月,通宵达旦地嬉戏玩闹,丝竹绕耳,人声鼎沸。

(二)祭禹王

白露时节太湖人祭祀禹王。禹王即大禹,传说中的大禹疏通三江、通流入海,平定太湖水患,对当地百姓具有重要的意义,成为祭祀与供奉香火的"水路菩萨"。传说中太湖里本有一条兴风作浪的鳌鱼,后大禹将其制服,锁于太湖中央的平台山上。渔民们在这里建起禹王庙,希望禹王镇住鳌鱼,保佑太湖风平浪静、百姓丰收。

(三)斗蟋蟀

在江南,百姓在白露时节还有斗蟋蟀的娱乐活动。而山东宁阳则会举办蟋蟀比武大赛,成为山东省的传统民俗文化之一。斗蟋蟀起初盛行于宋时王公子弟间,至明清时期在民间流行起来。《清嘉录·秋兴》称:"白露前后,驯养蟋蟀,以为赌斗之乐,谓之'秋兴',俗名'斗赚绩'。"

(四)饮白露茶

白露时节有饮茶的习惯。唐陆羽《茶经》卷下记载:"《永嘉图经》,永嘉县东三百里有白茶山。"宋代"白茶",成为茶品中的"第一"。宋徽宗《大观茶论》中说:"白茶自为一种,与常茶不同……崖石之间,偶然生出,非人力所可致。"北宋宋子安的《东溪试茶录》记载:"白叶茶民间大重,出于近岁。""芽叶如纸,民间以为茶瑞。"这里记载的是福建建安出产的白茶,极为珍贵。

(五)酿白露酒

白露时节有酿白露酒的习俗,旧时苏浙地区的人们,每到白露时节,便家家酿酒,以招待客人。白露酒香味浓郁,酒味甘醇,具有独特的风味。最为著名的白露酒,是湖南郴州的"程酒"。《水经·耒水注》中记载:"县(汝城县)有渌水,出县东侯公山西北,流而南屈注于耒,谓之程乡溪,郡置酒馆酝于山下,名曰'程酒',献同鄅也。"《湖南风物志》中记载:"程乡水在今兴宁县,其源自程乡来也。此水造酒,自名'程酒',与醽酒别。"《梁书·刘杳传》记载,南朝梁文学家任昉与友刘杳闲谈,"昉又曰:'酒有千日醉,当是虚言。'杳云:'桂阳程乡有千里酒,饮之至家而醉,亦其例也。'"千日醉即是对白露酒的赞誉。

(六)吃龙眼

白露时节天气干燥,龙眼有益气补脾、养血安神、润肤美容等多种功效,还有助于治疗贫血、失眠、神经衰弱等很多种疾病,所以民间有"白露节必吃龙眼"的说法。

(七)食核桃

白露时节是核桃成熟的时期。《艺文类聚》卷八七《果部下》中的胡桃即是核桃。核桃为外域来物,张华《博物志》称"张骞使西域还,得大蒜、安石榴、胡桃、蒲桃、胡葱、苜蓿、胡荽、黄蓝——可作燕支也"。晋代宫廷便大量种植核桃,《晋宫阁名》中称华林苑有胡桃84株。胡桃作为贡物上奉朝堂,晋钮滔母《答吴国书》中称,"胡桃本生西羌,外刚朴,内柔甘,质似古贤,欲以奉贡。"除作为宫廷的御用之物外,《神农本草经》中记载久食核桃可以轻身益气、延年益寿。明代李时珍著《本草纲目》中记载,核桃仁有"补气养血,润燥化痰,益命门,利三焦,温肺润肠,治虚寒喘嗽,腰脚重疼,心腹疝痛,血痢肠风"等功效。天气逐渐转凉,人们需要适当地进行食补,核桃补气养血、健胃润肺,恰好是白露时节的进补佳品。

三、白露的谚语表达

(一)常见谚语

(1)立秋不入秋,天凉白露后。

立秋不入秋,意思是立秋之后并不会出现真正的秋高气爽,还是会非常炎热。白露节气过后,天气才明显降温,夜晚会感受到明显的凉意。

(2)白露有雨会烂冬;白露有雨霜降早,秋分有雨收成好。

白露这天下雨预示着农作物的收成并不理想。白露节气下雨,后期雨水增多,不利于农作物的收割和晾晒。白露之前,下雨能很好满足田间农作物的需求,白露之后,多种春播作物进入收获期,在此期间遇到下雨,会影响收成与晾晒。

(3)白露白迷迷,秋分稻秀齐。

天气晴好下的白露节气,预示着农作物的收获与富足。白露前后有露水出现,意味着气候湿润,适合稻谷的生长,到秋分谷物就有好的收成。

(4)白露晴,打谷不用晒谷坪。

如果白露节气天气晴朗,那么稻谷都不用晾晒了。说明白露节气天气好坏对农作物收成的重要性。

(5)白露节气勿露身。

玉露生凉,"白露秋风夜,一夜冷一夜。"都在表明白露节气过后,昼夜温差大,天气逐渐转凉,因此提醒人们添衣保暖,此外还有"白露身不露"的说法,提醒百姓白露时节要预防感冒,多添衣物。

(二)其他谚语

白露割谷子,霜降摘柿子。白露谷,寒露豆,花生收在秋分后。

白露种葱,寒露种蒜。白露秋分头,棉花才好收。

白露满街白(棉花)。

白露看花,秋分看谷。

白露白茫茫,稻谷满田黄。

白露雨为苦雨,稻禾霑之则白飒,蔬菜霑之则味苦。

白露三朝露,好稻满大路。白露天晴稻像山,白露雨来苦一路。

白露前是雨,白露后是鬼。

白露下了雨,农夫无干谷。

白露天气晴,谷米白如银。

白露点坡,秋分种川,寒露种滩(小麦)。

白露荞麦,寒露油菜。

白露秋分菜,寒露霜降麦。

白露下南瓜,立冬卧白菜。

过了白露节,夜寒日里热。

白露不露,长衣长裤。

露里走,霜里逃,感冒咳嗽自家熬。

白露水,寒露风,打了斜禾打大冬。

白露不抽穗,寒露不低头。

白露谷,寒露豆,过了霜降收芋头。

杂粮种白露,一升收一斗。

白露两旁看早麦,秋分前后无生田。

白露白茫茫,无被不上床。

一场秋风一场凉,一场白露一场霜。

白露秋风夜,一夜凉一夜。

喝了白露水,蚊子闭了嘴。

过了白露节,夜寒日里热。

过了白露节,早寒夜冷中时热。

白露在仲秋,早晚凉悠悠。

白露白茫茫,寒露添衣裳。

白露身不露,着凉易泻肚。

白露有雨霜冻早,秋分有雨收成好。

白露干一干,寒露宽一宽。

白露下一阵,旱到来年五月尽。

白露有雨,寒露有风。

白露无雨,百日无霜。

白露晴,寒露阴。

白露刮北风,越刮越干旱。

五、诗情词韵中的白露

玉阶生白露,孟秋之际的白露节气,伴着萧瑟的秋风与渐黄的枝叶,与白露相关的诗词,或是思字浸透纸背,或是与节俗密切联系,或是思念友人、亲朋;七夕前后,捣衣声声、寒蝉鸣切,文人往往捕捉这经典的意象,构成白露时节独有的情境与氛围。

(一)杜甫的《月夜忆舍弟》

月夜忆舍弟

戍鼓断人行,边秋一雁声。

露从今夜白,月是故乡明。

有弟皆分散,无家问死生。

寄书长不达,况乃未休兵。

　　抒写相思之情最为经典的,即杜甫这首《月夜忆舍弟》。讲述因战乱而离散的兄弟二人,漂泊无依,诗人见白露生起,见月光摇曳,以经典的月与清冷的白露勾起对弟弟无限的思念。

　　唐肃宗乾元二年(759年)的秋日,战乱之下的杜甫久未收到弟弟的音讯,焦虑不已,于是作此诗。诗题《月夜忆舍弟》,却未直接写月夜与舍弟,而是写月夜下的景物、季节与环境。戍鼓声声,路无行人,秋季的边塞有大雁飞过,一片凄凉萧条的景象。颈联中点明时节,白露节气已至,一轮明月映照于天上,以“月”的意象勾起作者无限的思念之情。而后两联,则是从写景转为抒情,点明诗题,在月夜下诗人忆舍弟的缘由,也是作者对“月是故乡明”的阐释。在皎皎明月下,故乡所指向的亲人——舍弟却不在身边,书信中断,战乱未止。景色衬托诗人情感,增添了其内心的孤独凄凉与对战乱下自身境遇的烦忧。

　　此外,叙写相思的诗中往往以秋与白露来衬托诗人的情感。如李白《秋思二首(其一)》“天秋木叶下,月冷莎鸡悲。坐愁群芳歇,白露凋华滋”以木叶萧萧,月光清冷,莎鸡悲鸣,白露沾染衬托凄冷氛围下的相思之情。如“相思黄叶落,白露点青苔。”与此相似的还有孟郊《出门行二首(其一)》“秋风白露沾人衣”;王勃《秋夜长》“秋夜长,殊未央,月明白露澄清光,层城绮阁遥相望。”而张九龄则直接在诗题中标明秋字,感怀是张九龄所要在这首诗中呈现的,诗曰:“庭芜生白露,岁候感遒心。策蹇惭渐远,巢枝思故林。”张九龄所感怀的,是萧瑟秋风,荒草丛生的庭院与渐生的白露。可见,时节崇替总能引起文人的无限遐想与所思的愁绪。

(二)元稹的《咏廿四气诗·白露八月节》

咏廿四气诗·白露八月节

露沾蔬草白,天气转青高。

叶下和秋吹,惊看两鬓毛。

养羞因野鸟,为客讶蓬蒿。

火急收田种,晨昏莫辞劳。

　　此诗借景抒情,融情于景,白露时节,暑气消退,玉阶生凉,秋意渐浓,诗人见白露打湿庄稼,天高云淡,在瑟瑟秋风的衬托下,诗人讶异于两鬓渐生的白发,发觉时光消逝,秋天悄然而临。“养羞因野鸟”源自白露节气的三候之一:

群鸟养羞，众鸟储藏粮食以备过冬。"为客讶蓬蒿"，客居的旅人诧异蓬蒿的生长，似杜审言"独有宦游人，偏惊物候新"句，敏感地捕捉到周围因季节变换而引起的万物变化。白露时节，除游宦的旅人，还有关注收成的农家，晨昏不停歇地忙于收获。元稹在此诗中着重描绘了白露节气下的典型群体，即旅人与农家。

在刘长卿的《睢阳赠李司仓》中，客也因白露渐生惆怅，白露成为渲染氛围的常用意象。诗称"白露变时候，蛩声暮啾啾。飘飘洛阳客，惆怅梁园秋。"以白露和蛩声阵阵渲染氛围，飘飘何所似，如蓬草一般的旅人，即诗人的朋友，居无定所，只能在萧瑟之秋满怀惆怅。陈子昂作《与东方左史虬修竹篇》，赞东方虬有建安风骨，其中将春与秋对举，称"春风正淡荡，白露已清泠"，以春风与白露两种春秋时节经典的物征来表明时间的飞逝。而《送著作佐郎崔融等从梁王东征》"金天方肃杀，白露始专征"与《秋日遇荆州府崔兵曹使宴》"古树苍烟断，虚庭白露寒"句，则点明季节。又如赠答韦虚己，"北海朱旓落，东归白露生"（《还至张掖古城，闻东军告捷，赠韦五虚己》），以及《同宋参军之问梦赵六赠卢陈二子之作》"丹丘恨不及，白露已苍苍。"等诗，入夜不寐，披衣彷徨，白露的出现衬托孤冷凄清的氛围与诗人的心境。

(三)章甫的《白露·岁旱今如此》《白露·烈日照平野》

白露·岁旱今如此

岁旱今如此，天高岂不闻。

家家望秋谷，日日有闲云。

圣主焦劳甚，群公献纳勤。

老农愁欲死，祈祷漫纷纭。

白露·烈日照平野

烈日照平野，狂风吹槁苗。

皇天无一雨，白露只明朝。

世路多艰险，人心恐动摇。

愁来唯有酒，聊以永今宵。

在《白露·岁旱今如此》中，诗人关注的是收获时节的白露前后，却因旱灾而致使百姓颗粒无收，以至百姓、群臣乃至当朝天子，皆担忧今岁收成。首联即指明白露时节的大旱,这灾害足以上达朝堂,以"岂"字表现大旱的严重性。颔联笔锋一转,称与这丰收联系最为紧密的农民的心理状态,通过"望"字来表现百姓的焦急心理,望眼欲穿却丰收无望。而此联的两句形成强烈的对比,百姓迫切焦虑与流云的悠闲自适,一急一缓,一下一上,百姓渴求的是甘霖,而云东飘西逝,却久久无法带来下雨的讯息。在诗作中,不仅百姓焦急,天子也是如此,群臣公卿纷纷建言献策。在这群人中,诗人以"愁欲死"来表达老农的无能为力与无可奈何,只能将希望寄托于祈祷祭祀上。诗人对白露节气下的自然灾害进行了关注,从侧面反映了农业生产文明下,天象灾害对农耕的严重影响。

在《白露·烈日照平野》中,诗人在陈述白露无雨、烈日照野之下的枯槁禾苗之外,寄托了人生际遇。世路艰险、人心险恶,诗人愁从中起,唯有借酒来舒解郁郁之情。

六、思考题

(1)说一说白露时节,你们家乡都有什么习俗。

(2)《风土记》中称白鹤"性俶,至八月,白露降,即高鸣相俶"。古人将品性高洁的人称之为"鹤鸣之士",而饮露也成为高尚德行的象征,如"朝饮木兰之坠露兮,夕餐秋菊之落英。"谈一谈对你的启示。

第六章 收 获

第一节 秋 分

秋分是农历二十四节气中的第十六个节气。时间一般为公历的 9 月 22 日、23 日或 24 日。秋分的含义在我国的古籍中有多种解释,汉董仲舒的《春秋繁露·阴阳出入上下》曰:"至于中秋之月,阳在正西,阴在正东,谓之秋分。秋分者,阴阳相半也,故昼夜均而寒暑平。"按农历来讲,"立秋"是秋季的开始,到"霜降"为秋季终止,而"秋分"正好是从立秋到霜降 90 天的一半。秋分时,全球昼夜等长。

秋分之"分"为"半"的意思。"秋分"的意思有二:一是太阳在这一天到达黄经 180°,直射地球赤道,因此这一天的 24 小时昼夜均分,各 12 小时;全球无极昼极夜现象。二是按我国古代以立春、立夏、立秋、立冬为四季开始的季节划分法,秋分日居秋季 90 天之中,平分了秋季。

另《月令七十二候集解》云:"二月中,分者半也,此当九十日之半,故谓之分。秋同义。""分"示昼夜平分之意,同春分一样,此日阳光直射地球赤道,昼夜相等。秋分过后,太阳直射点继续由赤道向南半球推移,北半球各地开始昼短夜长,即一天之内白昼开始短于黑夜;南半球相反。故秋分也称降分。而在南北极,秋分这一天,太阳整日都在地平线上。此后,随着太阳直射点的继续南移,北极附近开始为期 6 个月的极夜,范围逐渐扩大再缩小;南极附近开始为期 6 个月的极昼,范围逐渐扩大再缩小。

一、秋分气候物候

(一)气候

秋分时节,我国大部分地区已经进入凉爽的秋季,南下的冷空气与逐渐衰减的暖湿空气相遇,产生一次次的降水,气温也一次次地下降,正如人们常说的"一场秋雨一场寒"。由于秋分后太阳直射的位置移至南半球,北半球得到的太阳辐射越来越少,地面散失的热量较多,气温降低的速度明显加快,正如农谚所说:"白露秋分夜,一夜冷一夜"。

由于我国地域辽阔,所以出现南北两重天的气候情景。秋分之后,长江流域及其以北的广大地区,均先后进入秋季,日平均气温也都降到了 22℃以下。大部分地区雨季刚刚结束,凉风习习,碧空万里,风和丽日,秋高气爽,丹桂飘香,蟹肥菊黄。但对于我国西北、东北部分地区,由于受大陆冷高压控制,降温早的年份,秋分见霜不足为奇。谚语说:"八月雁门开,雁儿脚下带霜来"。初霜的到来标志着农作物生长季的结束,农业生产开始进入秋收大忙时期。不过不是所有的植物都耐不住风寒,傲立秋风中的菊花和枫叶就组成了一幅"黄花金兽眼、红叶火龙鳞"的优美画卷。同时,我国少数地方如新疆、青海、四川、西藏、内蒙古、黑龙江等地已经步入初冬,我国最北端的漠河、呼玛以及内蒙古北端的海拉尔、四川西部的甘孜、松潘等地有时会出现雪花纷飞的情景。然而在华南的广东、广西和海南等地,日平均气温还在 22℃以上,人们还在吹空调、吃西瓜,依旧没有走出漫长的夏季,但夏天潮湿闷热的天气不多了,遇到较强冷空气南下,还会有少数雷暴天气发生。

由于冷暖空气的对峙,在 9 月份和 10 月份,在华西地区(渭水和汉水流域、四川、贵州大部、云南东部、湖南西部、湖北西部)往往发生连绵的秋雨,有的甚至长达十几天、几十天。特别是在四川盆地,几乎年年都有,并且常常是夜雨。著名唐朝诗人李商隐"巴山夜雨涨秋池"的诗句,就是对这种情况的生动描述。秋分过后,我国大部分地区,包括江南、华南地区(热带气旋带来暴雨除外)的降雨日数和雨量进入降水减少的时段,河湖的水位开始下降,有些季节性河湖甚至会逐渐干涸。在此期间,还有可能出现个别的热带气旋,但影响位置偏南,大多影响华南沿海,这时的台风除了大风灾害外,带来的雨水往往对当地的土壤保墒有利,因为 10 月以后这些地区将先后转入干季。

另外,大雾天气开始增多,主要是辐射雾。辐射雾是由于地面辐射冷却作用,使贴近地面空气层中的水汽达到饱和,凝结后而形成的雾。它常出现在有微风而晴朗少云的夜间或清晨。辐射雾往往范围较大,跨越数省,不仅容易造成城市交通拥堵,而且影响高速公路、跨省国道、航空、铁路的正常运营和安全。

(二)物候

秋分节气分为三候,表现出物候现象的自然转换。

一候雷始收声。"雷,二月阳中发声,八月阴中收声,入地则万物随入也。"古人认为雷是因为阳气盛而发声,秋分后阴气开始旺盛,所以不再打雷了。而秋分就是能够很好地对此做出区分的时节,因为秋分后天气变凉,阴气盛,所以打雷的现象也会减弱。由此,人们认为雷声既是酷暑结束的标志,也是寒秋开始的征兆,从一候开始,天气会慢慢开始变得阴凉起来。

二候蛰虫坏户。《礼记》注:"坏,益其蛰穴之户,使通明处稍小,至寒甚,乃墐塞之也。"其中的"坏"字是细土的意思。"坏"者"细土"也;"户"者"房"也。意思是说,到了秋分,天气开始变冷,一些蛰居的小虫开始藏入穴中,并且用细土将洞口封起来以防寒气侵入。此时此刻,一些冬眠的动物也开始慢慢进入自己的生物状态。这句话从侧面表明了动物储存事物的习性及时间,代表着二候一到,人们也应该要顺应气候变化及时补充存粮,为过冬做好充足的准备。

三候水始涸。"水本气之所为,春夏气至,故长,秋冬气返,故涸也。""涸"者"干枯"也。此话道出了三候时期水量减少的现象,而这多半是因雨量减少所导致的,而雨量之所以会下降,同干燥的天气有分不开的关系。在此期间,水汽蒸发快,自然而然会使得河流湖泊里的水量也跟着变少,湖泊、河流因来水少而干枯或干裂,有些沼泽之地甚至还会出现干涸的模样。

二、秋分的农事活动

秋分,是美好宜人的时节,也是生产上重要的节气。在我国的华北地区有农谚说"白露早,寒露迟,秋分种麦正当时","秋分天气白云来,处处好歌好稻栽"则反映出江南地区播种水稻的时间。此外,劳动人民对秋分节气的禁忌也总结成谚语,如"秋分只怕雷电闪,多来米价贵如何"。

(一)"三秋"大忙贵在一个"早"字

秋分之后降温快,使得秋收、秋耕、秋种的"三秋"大忙显得格外紧张。秋分时节的干旱少雨或连绵阴雨是影响"三秋"正常进行的主要不利因素,特别是连阴雨会使即将到手的作物倒伏、霉烂或发芽,造成严重损失。及时抢收秋收作物,也可免受早霜冻和连阴雨的危害,适时早播冬作物,争取充分利用入冬前的热量资源,培育壮苗安全越冬。南方的双季晚稻正抽穗扬花,是提高产量的重要时期,早来低温阴雨形成的"秋分寒"天气,对双晚稻开花结实的危害比较严重,谚语有"秋分不露头,割了喂老牛"的说法,因此必须认真做好预报和防御工作。中部地区的早稻开始收割,秋稻开始移栽和进行田间管理。要抓紧抢收抢晒早稻,尽量缩短农耗期;抓紧抢插(抛栽)双季晚稻,尽量在立秋以前完成晚稻插秧(抛栽)任务,及早转入田间管理,采取以水调温、叶面喷肥等措施防止高温危害,争取晚稻生产主动。新棉也要分期采摘,坚持"四分四快",就是分收、分晒、分藏、分售和快收、快晒、快拣、快售,以提高品质。

(二)其他农事活动

华北地区已开始播种冬麦,长江流域及南部广大地区正忙着晚稻的收割,抢晴耕翻土地,准备油菜播种。油菜精做苗床,9月底前抢播育苗,已播油菜加强苗床管理。三麦、蚕豆播前做好种子精选和处理,并做好发芽试验。茼蒿、菠菜、大蒜、秋马铃薯、洋葱、青菜、蒲芹、黄芽菜等播种定植。在田蔬菜加强田间管理,以延长采收供应期。采收菱角、荷藕和茭白。家畜秋季配种,继续加工贮藏青粗饲料。家禽秋孵。开展畜禽秋季防疫。加强成鱼饲养管理,防治鱼病,增投精料,促进成鱼快长,分期捕捞上市。

三、秋分的风俗文化

(一)祭月

据史书记载,早在周朝,古代帝王就有春分祭日、夏至祭地、秋分祭月、冬至祭天的习俗。其祭祀的场所称为日坛、地坛、月坛、天坛,分设在东南西北四个方向。北京的月坛就是明清皇帝祭月的地方。《大戴礼记》载:"三代之礼,天子春朝日,秋夕月。朝日之朝,夕月之夕。"这里的夕月之夕,指的正是夜晚祭祀月亮。这种风俗不仅为宫廷及上层贵族所奉行,随着社会的发展,也逐渐影响到民间。我国各地至今遗存着许多"拜月坛""拜月亭""望月楼"的古迹。现在的中秋节则是由传统的"祭月节"而来。据考证,最初"祭月节"是定在"秋分"这一天,不过由于这一天在农历八月里的日子每年不同,不一定都有圆月,而祭月无月则是大煞风景的,所以后来就将"祭月节"由"秋分"调至中秋。

民间的祭月习俗因地区不同仪式各异。北京的"月坛"就是明嘉靖年间为皇家祭月修造的。《北京岁华记》记载北京祭月的习俗说："中秋夜,人家各置月宫符象,符上兔如人立;陈瓜果于庭;饼面绘月宫蟾兔;男女素拜烧香,旦而焚之。"北京祭月还有一个特别的风俗,就是"惟供月时,男子多不叩拜",此即民谚所说"男不拜月"。杭州祭月风俗略同于北京,但谓祭月为"斋月宫","每户瓶兰、香烛、望空顶礼,小儿女膜拜月下,嬉戏灯前,谓之'斋月宫'。"在广东祭月时,会祭拜一位木雕的凤冠霞帔月亮神像。在南方部分地区,还有以芋头作供品的习俗。

(二)竖蛋

在古老的传说中,秋分这天最容易把鸡蛋立起来。秋分为何能竖起鸡蛋?秋分竖蛋主要有以下两点原理:其一,秋分这一天,南北半球昼夜平分,呈 $66.5°$ 倾斜的地球地轴与地球绕太阳公转的轨道平面处于一种力的相对平衡状态,同时地球的磁场也相对平衡,因此鸡蛋的站立性最好。其二,秋分正值秋季的中间,不冷不热,人心舒畅,思维敏捷,动作利索,也易于竖蛋成功。"竖蛋"游戏玩法简单易行且富有趣味:选择一个光滑匀称、刚诞下四五天的新鲜鸡蛋,轻手轻脚地在桌子上把它竖起来。秋分成了竖蛋游戏的最佳时光,故有"秋分到,蛋儿俏"的说法。

(三)吃秋菜

在岭南地区的开平苍城镇的谢姓,有个不成文的习俗,叫"秋分吃秋菜"。"秋菜"是一种野苋菜,乡人称之为"秋碧蒿"。逢秋分那天,全村人都去采摘秋菜。采回的秋菜一般在家里与鱼片"滚汤",名曰"秋汤"。有顺口溜道"秋汤灌脏,洗涤肝肠。阖家老少,平安健康。"一年自秋,人们期望的是家宅安宁,家人身壮力健,无病无痛,一切都顺顺利利。人们希望通过这些习俗祈求能给家里带来安宁,为家人带来康健。

(四)送秋牛

秋分到来时会出现挨家送秋牛图的。其图是把二开红纸或黄纸印上全年农历节气,还要印上农夫耕田图样,名曰"秋牛图"。送图者都是些民间善言唱者,主要说些秋耕和不违农时的吉祥话,每到一家更是即景生情,见啥说啥,说得主人乐而给钱为止。言词虽随口而出,却句句有韵动听,俗称"说秋",说秋人便叫"秋官"。

(五)粘雀子嘴

秋分这一天农民都按习俗休息,每家都要吃汤圆,而且还要把不用包心的汤圆煮好,用细竹叉扦着置于室外田边地坎,名曰粘雀子嘴,免得雀子来破坏庄稼。希望用汤圆将麻雀的嘴粘住。这当然只是农民的美好想象和愿望,不过这也说明了一个道理,那就是汤圆的黏性比较大,不易消化,不宜多食。

(六)放风筝

秋分期间还是孩子们放风筝的好时候。尤其是秋分当天,甚至大人们也参与。风筝又称风琴、纸鹞、鹞子、纸鸢,起源于中国,是一种古代汉族劳动人民发明的通信工具。第一个风筝是鲁班用竹子做的,后来只有皇宫里才有纸鸢,闽南语称风吹。晚唐,人们在纸鸢上加竹笛,纸鸢飞上天以后被风一吹,发出"呜呜"的声响,好像筝的弹奏声,于是人们把"纸鸢"改称"风筝"。

(七)吃芋饼

老北京还有秋分吃芋饼的习惯,因为芋头这种高热量食品温软易消化,适宜秋天食用。芋艿的营养价值很高,块茎中的淀粉含量达 70%,既可当粮食,又可做蔬菜,是老幼皆宜的滋补品,秋补素食一宝。

四、秋分的谚语表达

(一)常见谚语

(1)秋不凉,粒不黄。

在秋分的时候,是水稻见黄壳的时候,也是灌浆的关键时期,需要昼夜温差大,好给谷粒灌浆。

(2)秋分稻见黄,大风要提防。

秋分时大风会使谷物倒伏而造成减产,如果大风伴降雨,更容易使谷物发生霉变。

(3)淤种秋分,沙种寒;淤地种好麦,来年豆更强;秋分种泥不种水,种水种不归。

秋分时节可以下点雨,这样土中有墒利于播种,但是最怕连阴,一遇连阴种子都收不回来。但是秋分晴天也不好,所谓"秋分日晴,万物不生"。

(4)白露早,寒露迟,秋分种麦正当时。

种植越冬的小麦,如果在白露节气的时候就有点太早了,如果推迟到寒露节气,就有点晚了,只有在秋分节气的时候刚刚好,不早也不晚。

(5)秋分种高山,寒露种平川,迎霜种的夹河滩。

在不同的地理环境中,气候环境也是有区别的,因此播种小麦也要因地制宜。如果是在高山上种小麦,一般可以提前到秋分节气的时候,因为高山上冬季来得相对早一些。如果是在平川地区种植小麦,可以适量推迟到寒露节气前后。但是如果在河滩边种植小麦,就可以再晚一些,哪怕推迟到霜降节气再种也可以。

(6)春分无雨莫耕田,秋分无雨莫种园。

春分的时候没有下雨不适合耕田,秋分时节没有下雨就不要种植。

(7)秋分不露头,割了喂老牛。

这是在南方地区流传很广的一句谚语,在过去南方种植水稻都是双季的,即早稻和晚稻。在秋分的时候正是南方的双季晚稻抽穗扬花的关键时刻,而早来的低温阴雨很容易形成"秋分寒"天气,这也是晚稻开花结实的主要威胁。如果在秋分的时候还没有抽穗扬花,那注定当年的水稻产量也不高,很难有收成,所以就有了"割了喂老牛"的说法。

(8)秋分有雨天不干。

这是在湖南地区流传的一句俗语,意思是说在秋分当天如果下雨,那接下来的一段时间都会以阴雨天气为主。不过,广大农民还是希望在秋分的时候能下点雨,在江苏地区有着"秋分有雨来年丰"的说法。如果不下雨的话,那来年的收成不好,因为有"秋分天晴必久旱"的说法。

(二)其他谚语

勿过急,勿过迟,秋分种麦正适宜。

适时种麦年年收,种得晚了碰年头。

秋分麦粒圆溜溜,寒露麦粒一道沟。

淤土秋分前十天不早,沙土秋分后十天不晚。

秋忙秋忙,绣女也要出闺房。

白白迷迷,秋分稻秀齐。

晚稻蒂子松，经不起一阵风。

梨行却了梨，柿子红了皮。

秋分生田，处暑动刀镰。

秋分收花生，晚了落果叶落空。

稻黄一月，麦黄一夜。

夏忙半个月，秋忙四十天。

秋分阴天带小雨，高低田地尽收起。

秋分天晴必久旱，秋分小雨来年丰。

秋分天空云朵朵，处处欢歌好晚禾。

白露秋分菜，秋分寒露麦。

春分日有雨，秋分日大水。

八月十五雨一场，正月十五雪花扬。

秋分秋分，昼夜平分。

秋分无生田，不熟也得割。

秋分不起葱，霜降必定空。

白露看花，秋分看谷。

秋分种小葱，盖肥在立冬。

"三秋"大忙，贵在"早"字。

秋分西北风，冬天多雨雪。

早晨冷，午后热，要想下雨等半月。

五、诗情词韵中的秋分

古代文人墨客多喜欢寄情于秋天，寄情在暑气逐渐消散、丰收在即的喜悦；寄情于秋天的传统佳节，期盼与家人团聚的美好愿景；寄情于天高气爽、登高远望、抒发情怀的畅快，又感伤于秋高气爽的萧瑟、入夜渐凉的单薄、草木摇落的悲秋情怀。"天渐凉，日光夜色两均长"，秋分是传统观念中秋天的开始。故此节气的诗歌大多是诗人借此节气抒发情怀，以几首代表作为例。

(一)杜甫的《晚晴》

晚 晴

返照斜初彻,浮云薄未归。江虹明远饮,峡雨落馀飞。

鬼雁终高去,熊黑觉自肥。秋分客尚在,竹露夕微微。

这首诗写于秋分当日。此时作者客居异乡,看到日暮雨歇,大雁南归,顿感悲凉,愁丝满怀,写下这首五言律诗。首联描写的雨后初晴的美景,夕阳的余晖斜斜地照射而来,几片薄薄的云还停留在天空,久久不愿离去。颔联描绘了雨后初晴,一道彩虹在江上架起,仿佛一条巨龙在江上饮水,峡谷中的雨滴随风纷纷飘落。颈联写的是秋分时,秋意渐浓,大雁在高空中渐渐飞远,终究飞向温暖的南方,熊和黑都觉得自己愈发肥重了。尾联抒发的是诗人的情怀,今日是秋分了,而我这个异乡客依然在四处飘零,夕阳又下坠了一些,竹子上的雨露在夕阳下泛着微弱的光。

这首诗的前两联描写了雨后初晴天空中的唯美画面,秋雨散去,余晖斜照,白云飘荡,不愿归去;诗人以浮云自比,形容自己像浮云一样,漂泊不定;江上虹和峡中雨,一静一动的场景转换显现出诗人内心的茫然无绪。后两联写大雁南飞,熊黑自肥,秋分时节,动物都做好越冬准备,而诗人仍漂泊于此地;尾联十分含蓄,尽显沉郁悲凉。整首诗沉郁悲凉,情感真挚,让人强烈感受到了诗人自身客居异乡的悲凉心境。

(二)陆游的《秋分后顿凄冷有感》

秋分后顿凄冷有感

今年秋气早,木落不待黄。

蟋蟀当在宇,遽已近我床。

况我老当逝,且复小彷徉。

岂无一樽酒,亦有书在傍。

饮酒读古书,慨然想黄唐。

耄矣狂未除,谁能药膏肓。

宋代诗人陆游的这首诗道出了秋分时节的特征。这首诗创作于作者晚年,用的是仿古的方式,不受平仄格律的束缚,表达更流畅,情感更自然。第一句,今年的秋分是独一无二的,寒冷来得早,树叶还没变黄就开始落了,让人感受到秋分的寒意。第二句,秋分时节,蛐蛐本该在屋檐下,却因为寒冷来得早,已经靠近我的床了。第三句,年华易逝我也正在老去,姑且让它在这里小小的再徘徊一番吧。寒冷的秋风驱赶着床下的蟋蟀,吹进了诗人的心里。既然剩下的时间不多了,不如坦然面对剩下的时间。第四句,酒和书可谓是诗人一生最爱。在酒和书的陪伴下,诗人过着惬意的生活。第五句,拿起一杯酒,再打开一本身旁的书,一边饮酒一般读古书,想到黄帝尧帝圣明时期感慨不禁万千。最后一句,诗人虽然年岁已经大了,但狂傲的本性还没有消失,还是那么随性,谁能治好我这个无可救药的缺点呢?诗人奔放的性情使诗歌充满了昂扬的斗志。在秋分寒冷的日子里,诗人可以再次用他的疯狂与秋风和疾病作斗争。

(一)钱月龄的《秋分日同友人山行》

秋分日同友人山行

羁愁暂摆作山行,秋日平分气转清。

溪影照人风已息,稻香沾袖雨初晴。

古今在眼青山色,岁序惊心白雁声。

更喜同游俱物表,搴芝坐石看云生。

这是明代诗人钱月龄的一首秋分诗。诗人有感秋分时节之美,遂放下一切烦恼,与友人尽情踏秋,拥抱自然,物我两忘,让心情由愁转喜,收获满满。首联是说,暂时摆脱旅人的愁思,和友人一起作了一次山行;秋天的日子至此被平分,天气渐渐转为清凉。颔联写秋分是一个充满希望的季节,一望无际的金色稻田,像一幅水墨画在眼前徐徐展开,都是从近处写秋分之景。颈联通过听觉写"秋分之远景",古往今来,青山不变,绿水长流,变化的是人事,雁阵惊寒,年华老去,岂能不惊,这就隐隐呼应了开头"羁愁"之深意。尾联是说,更喜欢与友人同游,一起超然物外;采摘香草,坐在石上,看云卷云舒,这是通过视觉写"秋分之心情"。纵览全诗,一幅迷人的秋分山行图呈现在世人面前,让人陶醉不已!

六、思考题

(1)秋分的含义是什么?

(2)秋分你的家乡有哪些风俗?

(3)你知道哪些关于秋分的谚语?

第二节 寒 露

"寒露寒露,遍地冷露。"寒露是二十四节气中第十七个节气,也是秋季的第五个节气。每年的 10 月 8 日或 9 日,当太阳到达黄经 195°,昭告着寒露的到来。此时气温比白露时更低,地面上的露水更冷,快要凝结成霜。"寒露如玉、夜凉似水,寒生露凝",寒露因此得名。

如果说,白露节气标志着天气由炎热向凉爽过渡,那么,寒露节气则标志着天气由凉爽向寒冷过渡。寒露是一年中第一个带"寒"的节气,过后,北方多地很快便进入深秋,草木由绿转黄,大约在 10 月 23 日到 24 日,寒露节气结束,此时距离真正意义上的冬天,可以说只剩下"一线"之隔了。

一、寒露的气候物候

寒露时节,弥散在空气中的水汽会凝结成水滴,大一点的水滴落在树叶上会形成晶莹剔透的露,小一点的水滴落在树叶上则会形成薄薄的一层霜,于是便有了地面上的露水更冷的地象表现。而且这种冷很有可能已经形成了"冻露",树叶上有了露滴,同时伴随着少量的霜的形成,即"霜露并见"。

古代通常用"露"来表达天气转凉之意。《月令七十二候集解》中说:"九月节,露气寒冷,将凝结也。"就是说寒露时节,温度已经达到了冰点上下,几乎要凝结成冰霜了。《素问·六元正纪大论》中记载:"五之气,惨令已行,寒露下,霜乃早降……"《通纬·孝经援神契》中则说:"秋分后十五日,斗指辛,为寒露。言露冷寒而将欲凝结也。"由于寒露比白露温度更低,季节也从中秋向深秋转变,所以旧时有"吃了寒露饭,单衣汉少见"的俗话。

(一)气候

寒露节气几乎贯穿整个 10 月,这个时候太阳的直射点已经偏移到南半球。北半球的阳光照射明显减弱,地面吸收的热量大大降低,加之冷空气不断增强,秋天的气息已经非常浓郁地充斥在祖国的山河大地之上了。尤其是北方,从凉爽到寒冷的过程短暂而迅速。华北的北京,在迷人的秋景之中已经能见到凝结在草木上的初霜了。东北和西北地区已经提前进入冬季,部分地区甚至能看到银装素裹的雪景。即便是在广东地区,也有"寒露过三朝,过水要寻桥"的俗语,这个时候的气温与水温,已经不允许人们赤脚蹚水了。

气温降得快、更干燥。气温降得快是寒露节气最大的一个特点,较强的冷空气带来秋风、秋雨后,温度下降8℃～10℃已较常见。不过,风雨天气大多维持时间不长(华西地区除外),受冷高压的控制,昼暖夜凉,白天往往秋高气爽,气温也变得更加干燥。寒露是深秋的节令,此时大雁南飞,菊花渐黄,相比一个月之前的"白露",此时气温更低,露水更多,且带寒意。

平均气温分布差异大。10月份,我国平均气温分布的地域差别明显。在华南,平均温度大多数地区在22℃以上,海南更高,在25℃以上,还没有走出夏季;江淮、江南各地一般为15℃～20℃,东北南部、华北、黄淮为8℃～16℃,而此时西北的部分地区、东北中北部的平均温度已经到了8℃以下,青海省部分高原地区平均温度甚至在0℃以下了。

冷空气频繁南下。从气候学可以知道,寒露以后,北方冷空气已有一定势力,入侵频率和强度都会加大,我国大部分地区在冷高压控制之下,雨季结束。天气常是昼暖夜凉,晴空万里,一派深秋景象。在正常年份,此时10℃的等温线,已南移到秦岭淮河一线,长城以北则普遍降到0℃以下,首都北京大部分年份此时可见初霜。

降水稀少、雷暴几乎消失。寒露是一年中凉爽向寒冷的转折节气。随着寒露的到来,我国大部分地区转凉、转寒,雨水渐少,东北和西北地区进入或即将进入冬季。除全年飞雪的青藏高原外,东北和新疆北部地区一般已经开始飘雪了。我国大陆上绝大部分地区雷暴已消失,只有云南、四川和贵州局部地区尚可听到雷声。华北10月份降水量一般只有9月降水量的一半或更少,西北地区则只有几毫米到20多毫米。干旱少雨往往给冬小麦的适时播种带来困难,成为旱地小麦争取高产的主要限制因素之一。

(二)物候

古代把"露"作为天气转凉变冷的表征。仲秋白露节气"露凝而白",季秋寒露节气已是"露气寒冷,将凝结为霜"了。这时,我国南方大部分地区气温继续下降。西北高原除了少数河谷低地以外,候(5 天)平均气温普遍低于 10℃,用气候学划分四季的标准衡量,已是冬季了,千里霜铺,万里雪飘,与华南秋色迥然不同。

寒露时节有三候:"一候鸿雁来宾"——寒露时节,北方的天气开始变得寒冷,候鸟已经迁徙到南方准备过冬;"二候雀入大水为蛤"——雀鸟都销声匿迹,海边却出现了与雀鸟的颜色条纹相似的蛤蜊;"三候菊有黄华"——寒露后期菊花开始绽放,吐露出丝丝金黄。

一候鸿雁来宾。鸿雁来宾是说进入寒露的前五天,但见天空中的鸿雁成群结队南迁,它们时而排成"一"字形,时而排成"人"字形,成为天空这张大纸上一抹靓丽的工笔淡彩。鸿雁大概是二十四节气中出现最多的物候了,中国古人对大雁寄托了许多情思,无论是李白的"雁引愁心去,山衔好月来",还是杜甫的"雁尽书难寄,愁多梦不成",都足以说明古人对大雁的重视。寒露时节,恰恰是最后一批大雁大举南迁,大雁南来为宾,古人细心留意,随时准备尽宾客之礼。

二候雀入大水为蛤。雀入大水为蛤是说寒露五天之后,天气进入深秋,寒气开始逼人,雀鸟们都躲藏起来,而海边出现了很多蛤蜊,贝壳的条纹及颜色与雀鸟相似,所以古人以为蛤蜊是雀鸟变成的。雀鸟变成蛤蜊当然是无稽之谈,但是其中却隐含了古人对天地的认识,他们认为此时节天地阴气重了,飞物自然应该变为潜物,如果雀鸟依然十分活跃,则说明季节错乱,将会有灾祸降临。

三候菊有黄华。菊有黄华是说寒露的最后五天,行将谢幕时,漫山遍野的菊花仿佛约好似的,一夜之间凌寒怒放,给肃杀凄凉的深秋涂抹上了一丝勃然生机。深秋的代表植物还有枫树,火红的枫叶在蓝天白云的映衬下,仿佛是生命之火在燃烧。天地万物皆是负阴而抱阳,草木皆在阳气渐盛的时候发芽抽枝、结蕾开花,独独只有菊花,在阴气渐重的时候开放,此时阴盛阳衰,如果菊花不开花,说明阴气还不够,就连土地也不能耕种。

二、寒露的农事活动

每逢寒露节气,田间地头的人们就会唱起《农事歌》:"寒露时节天渐寒,农夫天天不停闲。小麦播种尚红火,晚稻收割抢时间。留种地瓜怕冻害,大豆收割寒露天。黄烟花生也该收,晴朗天气忙摘棉。贪青晚熟棉花地,药剂催熟莫急慢。大棚黄瓜搞嫁接,保温保湿是关键。紫红山楂摘下来,鲜红石榴酸又甜。

果品卸完就管树,施肥喷药把地翻。采集树种好时机,乡土种源是重点。畜禽喂养讲技术,怀孕母畜细心管。越冬鱼种须育肥,起捕成鱼采藕茨。"

我国农民运用二十四节气指导田间管理和推算作物发育也有丰富的经验。如20世纪50年代全国农业劳动模范陈永康的单季稻"三黄三黑"经验,就是掌握"小暑发棵,大暑发粗,立秋长穗"进行施肥管理。上海一带描述水稻播种、移栽和收获,有"立夏播种,芒种插秧""白露白迷迷,秋分稻莠齐,寒露无青稻,霜降一齐倒"的谚语。湖北对于晚稻有"寒露不低头,割回喂老牛"的谚语,意思是说,晚稻如果播晚了,到寒露还未抽穗,就不会有什么收成,还不如割去喂牛。根据研究,在江汉平原地区,寒露时期,日均温度降到20℃以下,水稻空秕粒增多,这是完全符合科学道理的。

（一）大田农事活动

"九月寒露天渐寒,整理土地莫消闲"。秋收过后,除播种小麦、采摘棉花、刨红薯外,还有翻地的农活要忙。除麦地、棉花地外,其他农田多闲置下来。此时温度在0℃以上,土地没有冻结,易于用犁翻地,利用冬闲养地。同时,翻地也可将埋于地下的越冬虫及虫卵晾到地表上,利用寒露以后温度昼夜温差大、夜间温度低的特点,将害虫及其虫卵冻死,减少来年庄稼的病虫害,正所谓"寒露到立冬,翻地冻死虫"。

小麦。对于黄淮海地区来说,寒露是播种小麦的高峰期,"白露早,霜降迟,寒露种麦正当时",这句农谚就说明了寒露是播种小麦的最佳适宜期。除了小麦外,寒露期间也是大蒜播种的高峰期,近年来,随着种植大蒜收益的增加,大蒜的种植面积也有所增长。

棉花、红薯。寒露农事习俗说"寒露不摘棉,霜打莫怨天",北方产棉地区寒露时节进入最后的棉花采摘时期。只要不下雨,即可下地抓紧采摘棉花,以防棉花遭霜打造成质量降低、减产等情况。此外,红薯对霜冻也十分敏感,易因受冻出现薯块"硬心"现象,导致红薯减产,所以也应在寒露期间收获完毕。

水稻。单季晚稻行将成熟,开始收割。双季晚稻则正处于灌浆期,需要间歇性灌水,以保持田间湿润。这一时期作物最怕"寒露风"的到来,江南一带有"人怕老来穷,禾怕寒露风"的说法。其实"寒露风"是寒露节出现的一种低温、干燥、风劲较强的冷空气,会使水稻灌浆受阻,空粒、黑粒增多,甚至出现"包颈穗"现象,降低结实率,或使稻株生长发育不良,导致水稻减产。人们可于"寒露风"来临前,采用施农家肥强壮株秆、加强田间灌溉、保持田间较高温度等方法,使水稻免受"寒露风"侵害。当然,抗风的灌水深度因时因地而异。若白天无阳光、风大,灌水可深些;若白天有阳光,灌水就浅些,仅保持湿润即可。风过后,须立即排水,避免沤黑禾根、造成株秆变软,降低抗风能力。

(二)蔬菜农事操作

寒露后天气凉爽,秋高气爽,有利于秋季蔬菜生长,是冬春棚菜地力培育和育苗的有利时期。南方地区,进入寒露才算进入真正的秋季。此时适合种植油菜、土豆、莴笋、香菜、生菜、蚕豆等耐寒作物。对于北方区域来说,如果在大棚种植,可以种植反季节蔬菜,价格高,收益多。

一方面要加强田间管理。叶菜类、瓜类和茄瓜类,应加强田间管理、灌水、防旱,追施肥料,促进生长,喷施无公害农药防治病虫害,及时采收,供应市场。另一方面要培育地力。利用晴好天气,翻种棚菜田园,暴晒、风化土壤,施用有机肥,喷施土壤消毒剂,杀菌灭虫,提高肥力。新菜园区,可增添钢管大棚和竹棚,逐渐扩大蔬菜保护地种植面积。对大棚的更新和维修。老菜区已使用数年的竹棚,如严重损坏务必进行重新更新,以提高冬春菜棚防冻保温功能。此外,也要做好购种、种子处理、消毒、浸种催芽工作。

(三)果树农事操作

苹果。需要做好秋收基肥,同时这个时期是晚熟品种的成熟期,这个时候要注意及时采收。在果实采收后也要做好储藏工作。10月下旬前,要对幼龄果园提前灌冻水,水量要充足。种植户也要做好大青叶蝉的防治。

柑橘。做好采收和采后施肥、病虫害防治等工作。需要做好早熟品种的采收和采后施肥。柑橘中晚品种要及时施好采前肥,也要做好对幼枝树梢和结果树梢的管理。要注意防治红蜘蛛、锈壁虱、粉虱等害虫,山地果园做好吸果夜蛾的防治,并注意溃疡病和炭疽病的防治。

杨梅。因时制宜开展杨梅园深松土壤改良。深松作业深层30~40厘米,融合土壤改良,将草坪、野草压盖土中。注意预防大蓑蛾与病虫害。留意强台风损害,台风过后应立即开展短截,扶直植物,尽早修复株型。做好新发展杨梅园的整体规划基础设施,园地宜挑选交通方便,土质浓厚富饶,土壤层微呈酸性或中性化的阴坡或半阴坡(东北地区坡)栽种。丘陵地形山坡地应开筑 3～4 米宽的梯地,斜坡山坡地可选用挖鱼鳞坑的方式种植,但均应挖穴施足底肥。

梨。以持续保持较大叶面积指数和最好光合作用效率为核心,做好根外施肥,重施采后过冬底肥,提升病虫害防治工作。避免枯叶过早而引起二次盛开,危害第二年花量和生产量。制定冬天剪修计划方案和来年生产计划。

(四)畜牧管理

寒露天气由凉转冷,畜禽容易发病,畜禽生产必须及时做好管理工作。首先,必须及时做好猪、牛、羊、兔的疫病预防接种,防止畜禽流感发生,及时进行预防。寒露时节是山羊放牧的最好季节,做到早放牧、迟归栏,为越冬提供良好的膘情。养牛、养羊、养兔专业户要及时种好黑麦草,为牛、羊、兔越冬及明春提供足够青绿饲料。天气转凉,养牛户要及时做好配种工作,确保发情的母牛满怀。饲养长毛兔农户要抓紧做好秋季配种工作,多配种、多繁育长毛兔,提高养兔效益。对于饲养蛋鸡、蛋鸭专业户要增加人工光照,可提高产蛋量。十月份为蛋鸡换毛季节,产蛋量明显减少。为加快换毛,可在换毛初期减少食量持续一个星期左右,使其营养不足,促进掉毛;后半个月,加强营养,促之尽快进入产蛋高峰期。

(五)寒露对农事活动的影响

寒露时节特有的秋绵雨、寒露风和高原雪灾,会使农民一年的辛勤耕作功亏一篑,因此在晴朗的天气抢收抢种、防灾减害成为农事活动的主要内容。

第一,影响生产。华北等地区 10 月的雨量比 9 月的雨量要少一半,而西北地区 10 月就只有不到 20 毫米的雨量了。但是在渭水和汉水流域以及四川、贵州大部分地区,还有云南东部、湖南西部、湖北西部等,往往会出现秋季多雨的情况,有时候降水连连,总的雨量甚至会多于春季,仅次于夏季。在如此长的时间内阳光无法照耀大地,又兼以湿气极重,即将成熟并需要收割的秋季作物往往会因此而倒伏、霉烂、减产,造成严重损失。绵雨甚频,朝朝暮暮,影响"三秋"生产,寒露也因此成为我国南方大部分地区的一种灾害性天气。

第二,影响播种。伴随着绵雨的气候特征是:湿度大,云量多,日照少,阴天多,雾天亦自此显著增加。秋绵雨严重与否,直接影响"三秋"的进度与质量。为此,一方面,要利用天气预报,抢晴天收获和播种;另一方面,也要因地制宜,采取深沟高厢等各种有效的耕作措施,减轻湿害,提高播种质量。

第三,危害畜牧业。在高原地区,寒露前后是雪害最严重的季节之一,积雪阻塞交通,危害畜牧业生产,应该注意预防。

第四,刮风引起减产。寒露时节,对于农作物来说最忌刮风。寒露刮风,地里的庄稼会遭殃。根据其天气特点,分为以下两种类型:一种是干冷型寒露风,以晴冷、干燥为特点,影响晚稻正常抽穗、扬花、灌浆,形成空壳粒,降低结实率,甚至出现"包颈穗"等现象,稻谷产量会大幅度下降;另一种是湿冷型寒露风,以低温阴雨、少日照为特点,影响晚稻抽穗、开花、灌浆,形成空秕粒。民间有谚语"寒露有霜,晚谷受伤",即下霜会冻伤晚秋即将收割的稻谷。总之,寒露时节刮风和霜冻都会造成稻谷减产,要做相应的防御措施。

三、寒露的风俗文化

寒露常与农历九月初九的重阳节相邻,这一天除了登高望远、插茱萸外,还有赏菊饮酒的习俗。《西京杂记》中记载:"菊花舒时,并采茎叶,杂黍米酿之,至来年九月九日始熟,就饮焉。故谓之菊花酒。"孟浩然诗中写道:"待到重阳日,还来就菊花",与友人把盏对菊、共话重阳,酒香菊花融为一体。人们还会以重阳日的晴雨来预测一冬的天气。"重阳无雨一冬晴",但人们还是希望重阳能够下雨,因为古有谚语云:"重阳雨,米成脯""重阳湿漉漉,穰稻钱千束"。

(一)登高

重阳节登高这一习俗由来已久。由于重阳节在寒露节气前后,寒露节气宜人的气候又十分适合登山,慢慢地重阳节登高的习俗也演变成了寒露节气的习俗。登高又有"步步高升""高寿"等寓意。

"风急天高猿啸哀,渚清沙白鸟飞回。无边落木萧萧下,不尽长江滚滚来。"如果说白露时节天气转凉,开始出现露水,那么到了寒露,则露水增多,且气温更低。此时我国有些地区会出现霜冻,北方已呈深秋景象,白云红叶,偶见早霜,南方也秋意渐浓,蝉噤荷残。北京人登高习俗更盛,景山公园、八大处、香山等都是登高的好地方,重九登高节,更会吸引众多的游人。

(二)秋钓

寒露时节,全国大部分地区进入秋季,钓鱼爱好者也迎来了一年当中钓鱼的大好时光,在江南,寒露前后也有"秋钓边"的习俗,许多有经验的老钓手在这段时间几乎天天出钓,每次都渔获满载而归。主要原因:一方面是由于在寒露前后,气温持续下降,阳光难以晒透深水区域,而向阳的浅水区域,经阳光照射水温相对较高,鱼儿都有趋温性;另一方面,因为晚秋多风,不断将岸上的草屑、草籽和昆虫等食物吹落水中,水岸附近的区域就成了食物丰富的饵料区,鱼儿为越冬做最后的准备,纷纷从较深的地方游向浅水岸边。所以向阳岸边就成了垂钓者首选的下钩之处,这也就是所说的"秋钓边"。

谚语中"秋钓尖""秋钓南"和"秋钓草"讲的就是寒露时节钓鱼的技巧,而且非常实用。"秋钓尖"说的是桦尖这种更靠近鱼道的位置作钓,上鱼率会明显提升。"秋钓南"指的是要钓南岸,那边的水域食物更加丰富,温度更加合适,聚鱼比较多。"秋钓草"是说,只要有草的地方就很可能有鱼,而且大鱼会比较多,因为这里的食物丰富,白天氧气充足,所以鱼儿也会喜欢在此聚集。

(三)观红叶

寒露时节赏红叶是秋季出游的重头戏。寒露过后的连续降温催红了枫叶,漫山红叶如霞似锦、如诗如画。漫步在通幽曲径上望山坡,便会看到一簇簇、一片片红叶色彩斑斓的美景。

满山遍野的红叶是秋天最为壮丽的自然景观。在中国诗歌中有两首诗是写红叶的杰作,一首是唐代杜牧的《山行》:"远上寒山石径斜,白云生处有人家。停车坐爱枫林晚,霜叶红于二月花。"第二首是宋代杨万里的《秋山》:"乌臼平生老染工,错将铁皂作猩红。小枫一夜偷天酒,却倩孤松掩醉容。"

(四)赏菊花,吃螃蟹

在菊花竞相开放的重阳节,观赏菊花成了节日的一项重要内容,传说赏菊的习俗起源于晋代诗人陶渊明。重阳节的代表性食品是重阳糕,因为"糕"与"高"同音,所以在重阳节登高时吃糕象征步步高升,古人在登高的时候还会插茱萸以寄相思,并畅饮菊花酒,菊花酒就是用菊花作为原料酿制而成的酒。

"菊花与汝作生日,螃蟹唤我入醉乡。"每年寒露时节,肥美的大闸蟹堪称最令人垂涎的季节性美食,而菊花也是当时正开的花儿。中国人自古就有秋来赏菊和饮菊花酒的习俗,菊花的色彩丰富,单色的就有红、黄、白、墨、紫、绿、橙、粉、棕、雪青,复色的色彩变化也更加丰富。

秋已深,菊亦开,蟹正肥,于是,持螯赏菊,饮酒作乐,成了别的季节所没有的一种人生优雅享受。

四、寒露的谚语表达

"水是庄稼血,没有了不得",水对农业有着至关重要的意义。农业水资源由降水和地表水构成,河川湖泊径流属于地表水,雨雪霜露则是降水。寒露等有关降水节气的谚语,不仅体现了古时农民的智慧,而且也为农民做好耕作准备提供了科学指导,对预告农业丰歉起着至关重要的作用。

(一)常见谚语

(1)寒露时节人人忙,种麦摘花打豆场。

黄河中下游地区,寒露时节的早晨遍地是寒冷的露水,也是农业大忙季节,农民忙着播种小麦、摘拾棉花、打晒豆子,收获各种成熟的农作物。

(2)棉怕八月连阴雨,稻怕寒露一朝霜。

农历八月正是棉花吐絮采收的时节,最怕阴雨连绵;寒露节气正值晚稻灌浆期,如果此时遇到降霜,就会抑制晚稻受粉灌浆,将严重影响产量。

(3)寒露不摘烟,霜打甭怨天。

寒露时节,及时采摘收获烟叶,可免遭降霜危害,收获的烟叶成色好、质量高。

(4)寒露不刨葱,必定心里空。

到了寒露时节,大葱要及时收获,否则会造成大葱空心。类似的农事谚语还有"九月不刨十月空"。

(5)零星时间莫白过,有空就把饲草割。

养殖户可利用农忙间歇的零星时间割晒青草,确保牲畜过冬的饲草充足。类似的农事谚语还有"劳动间隙把草割,不愁攒个大草垛"。

(二)其他谚语

吃了重阳糕,单衫打成包。

秋分早,霜降迟,寒露种麦正当时。

要得苗儿壮,寒露到霜降。

白露谷,寒露豆。

寒露收豆,花生收在秋分后。

寒露到,割晚稻;霜降到,割糯稻。

棉怕八月连阴雨,稻怕寒露一朝霜。

寒露前,六七天,催熟剂,快喷棉。

寒露不摘烟,霜打甭怨天。

寒露不刨葱,必定心里空。

寒露收山检,霜降刨地瓜。

寒露柿红皮,摘下去赶集。

时到寒露天,捕成鱼,采藕芡。

寒露节到天气凉,相同鱼种要并塘。

大雁不过九月九,小燕不过三月三。

秋分早,霜降迟,寒露种麦正当时。

棉怕八月连阴雨,稻怕寒露一朝霜。

(三)各地区关于寒露节气的谚语

1. 河北地区

寒露晴天,来年春雨多。

晴天寒露冬雪少,春雨多。

寒露阴雨秋霜晚。

寒露雨风,清明晴风。

雾天寒露雪前赶。

2. 湖南、贵州地区

寒露无雨,百日无霜。

寒露若逢下雨天,正二月里雨涟涟。

寒露前后有雷,来年多雨。

寒露起黑云,岭雨时间长。

寒露有霜,晚稻受伤。

寒露落雨烂谷子。

3. 广西、广东、福建地区

寒露多雨,芒种少雨。

寒露多雨水,春季无大水;寒露少雨水,春季多大水。

寒露有雨冬雨少,寒露无雨冬雨多。

寒露有雨沤霜降。

寒露过三朝,过水要寻桥。

寒露若逢天下雨,正月二月雨水多。

五、诗情词韵中的寒露

寒露悄然至,几度秋意浓。露寒而凝,月露清冷,落叶随风,菊花满堂,梧叶飘黄,柿子枝头红,蟹黄味道长。清晨,露珠挂在路边的草丛上,园子里的冬瓜结出白色的薄霜;夜晚,一弯残月如一枚银钩,撩起晚秋的珠帘。渐浓的秋凉里,大雁南飞,千里铺霜,层林尽染,红叶漫漫,古往今来的诗人们借助诗意将藏在无穷无尽的深秋里的美,逐一展现在世人面前,带领我们开启一场诗意之旅!

(一)元稹的《咏廿四气诗·寒露九月节》

咏廿四气诗·寒露九月节

寒露惊秋晚,朝看菊渐黄。千家风扫叶,万里雁随阳。

化蛤悲群鸟,收田畏早霜。因知松柏志,冬夏色苍苍。

这是唐代大诗人元稹咏寒露的一首诗。这首寒露诗以其大气磅礴、悲壮雄浑的气势,描写了寒露时节景物的独特之美,给人以很高的艺术享受。寒露来临,菊花次第变黄,惊讶地发现时光已走到了晚秋。千家万户前,风儿好像扫着落叶,晴空万里上,大雁好像随着太阳南飞。这首诗诗风纯正、内容质朴、对仗工稳,气象万千,写三候很齐整。同时,也可看出寒露秋风里的肃杀之气,落叶纷飞,大雁南飞,大自然处于一片萧瑟之中。整首诗将一幅阔大壮丽的秋景图呈现出来,是元稹二十四节气诗中的上乘之作。

(二)白居易的《池上》

池 上

袅袅凉风动,凄凄寒露零。兰衰花始白,荷破叶犹青。

独立栖沙鹤,双飞照水萤。若为寥落境,仍值酒初醒。

唐代诗人白居易的《池上》写于唐文宗太和九年(835 年)的秋天,描写了寒露时节池塘之上呈现出的一派萧索景象,颇具"留得枯荷听雨声"的残缺意境之美。秋日池上,寒露节气悄悄降临,露水凝结,带来了些许寒意。袅袅的凉风吹动,凄冷的寒露凝结,万物凋零,一派萧索,只觉梦醒秋凉,惹动了诗人的心绪。虽然兰叶渐渐衰败,但是兰花却依旧洁白,还在完成生命的绽放;虽然莲蓬残破不堪,但是荷叶却依旧青青。悠闲的野鹤独自站立在沙洲边徘徊,萤火虫在水上比翼双飞照亮夜空。作者从植物和动物的不同角度描写了寒露节气的静谧与优美,朝夕之间晓风残月,岁月静好,只觉梦醒秋凉。如果说这就是寥落冷清的秋景,那正是酒醉初醒的景象。整首诗一方面写秋风的肃杀,一方面又透露出诗人乐观的一面。只要秋天还没有完全离去,就依然值得去深爱、去品味、去珍惜。仔细从这些寥落之景中寻觅,依然可以找出那些动人的风景、值得留恋的瞬间,依然澎湃着的残缺之美。

六、思考题

春生夏长,秋收冬藏。一次又一次的花开花落,一年又一年的春华秋实,每一个节气里我们都会有不同的收获。每逢寒露时节,考研的莘莘学子都已经进入报名冲刺阶段。请各位同学结合自己对寒露节气的理解,谈谈自己大学学习生活的规划或收获。

第三节　霜　降

霜降,是二十四节气的第十八个节气,也是秋季的最后一个节气,于每年公历 10 月 23—24 日交节。霜降节气是秋季到冬季的过渡,表示秋季即将结束,冬季就要到来。

关于霜降的来源,古书中有多种解释,《月令七十二候集解》曰:"九月中,气肃而凝,露结为霜矣",指天气逐渐变冷,露水凝结成霜。东汉王充《论衡》曰:"云雾,雨之征也,夏则为露,冬则为霜,温则为雨,寒则为雪,雨露冻凝者,皆由地发,非从天降。"无论是露还是霜,"皆由地发,非从天降",为何称之为霜降呢?其实"霜降"这个名字只是一种比喻。"霜降"节气与"降霜"无关,并不是进入霜降节气就会"降霜"。"霜"也不是从天上降下来的,而是温度骤然下降,贴近地面的空气受地面辐射冷却的影响而降温到霜点以下,地面的水汽由于温差变化遇到寒冷空气在地面或者植物上直接凝结形成细微的白色冰晶,有的还会成为六角形的霜花。

　　秋日的阳光依旧和煦,但进入夜晚,地表热量就会迅速散失,可能骤然降到0℃以下,空气中积聚的水汽便在冰冷的地面或物体上直接凝华成了冰针或冰花。越是晴朗无风的秋夜,越是降温幅度大,也就越容易结霜,所谓"风大夜无露,阴天夜无霜"就是这个道理。人们还会利用这一规律来预测天气,有"今夜霜露重,明早太阳红"的说法。可见"霜降"表示天气逐渐变冷,露水凝结,大地产生初霜。由于"霜"是天冷、昼夜温差变化大的表现,故以"霜降"命名这个表示"气温骤降、昼夜温差大"的节气。

一、霜降的气候物候

(一)气候

　　霜降节气是反映气温变化的节气,天气渐寒始于霜降,意味着即将进入冬天。霜降节气的特点是早晚天气较冷、中午则比较热,昼夜温差大,秋燥明显。霜降时节,冷空气南下,天气越来越冷,昼夜温差变大,尤其在江南、华南地区,气温的起伏愈发明显;而西北、东北的部分地区早已呈现出一派"寒风落叶"的初冬景象。所以就全国平均而言,霜降是一年之中昼夜温差最大的时节。

　　我国地域宽广、幅员辽阔,自南向北各地气候有很大不同,"霜降始霜"反映的是黄河流域的气候特征。霜降节气前后,东北北部、内蒙古东部和西北大部分地区平均气温已在0℃以下,土壤冻结,冬作物停止生长,进入越冬期。纬度偏南的南方地区,平均气温多在16℃左右,离初霜日期还有2～3个节气。在华南南部河谷地带,则要到隆冬时节,才能见霜。即使在纬度相同的地方,由于海拔高度和地形不同,贴地层空气的温度和湿度也有差异,初霜期和有霜日数更是不一样。在夏季,青藏高原上的一些地区也有霜雪,年霜日都在200天以上,是我国霜日最多的地方。西藏东部、青海南部、祁连山区、川西高原、滇西北、天山、阿尔泰山区、北疆西部山区、东北及内蒙古东部等地年霜日都超过100天;淮河、汉水以南、青藏高原东坡以东的广大地区均在50天以下;北纬25度以南和四川盆地只有10天左右;福州以南及两广沿海平均年霜日不到1天;西双版纳、海南和台湾南部及南海诸岛没有霜。

　　霜降节气,一般从10月下旬持续至11月上旬,由于干冷空气逐渐一统天下,暖湿空气已被边缘化,带有夏季和初秋特征的许多天气退出,天气相对更为简单。就北方而言,冷空气过后,依旧是天高云淡,给人印象较深的也就是一次次的降温了。除去东北、西北等一些偏北或是海拔高的地方已是万物凋零、雪花飞舞外,偏南的大部分地区正是"霜叶红于二月花"的秋色。

(二)物候

霜降节气十五天分为三候,《逸周书·时训解》记载:"霜降之日,豺乃祭兽。又五日,草木黄落。又五日,蛰虫咸俯。"

一候豺乃祭兽。《月令七十二候集解》曰:"初候,豺祭兽。祭兽,以兽而祭天,报本也。方铺而祭,秋金之义。"《汉语大词典》中对"祭兽"也有类似解释,"豺杀兽陈之若祭。"

在霜降时节,猎物众多,于是豺便去捕杀猎物,将捕获的猎物,先陈列后再食用,看起来就像是将捕杀到的猎物用于祭祀天地一样。于是古人便想象豺是在先行祭天,以感念上苍赐予其丰盛的食物,如同人间新谷的收获,用以祭天,以示回报,并以祈祷来年风调雨顺。

二候草木黄落。《月令七十二候集解》曰:"二候,草木黄落。色黄而摇落也。"进入霜降第二候时,在寒风的吹拂与霜冻的捶打之下,草和树叶枯萎并逐渐掉落,颜色泛黄,随着寒风的摇动从枝头飘落。

霜降过后,气候进一步变冷,气温下降快,夜间温度低,露水会结成冰花,低温致使树叶与草木枯黄,次日在阳光的照射下,逐渐褪去绿色,披上金装。自此之后,落叶树木的叶片纷纷飘落,秋风扫落叶成了常见景象。

三候蛰虫咸俯。《月令七十二候集解》曰:"三候,蛰虫咸俯。咸,皆也;俯,垂头也。此时寒气肃凛,虫皆垂头而不食矣。"意为到了霜降第三候时,寒气越来越重,蛰伏的昆虫都垂头揾翼,蛰伏起来,不再外出觅食,进入冬眠时间。《吕氏春秋·季秋纪》则形象地描述了冬眠之虫的状态:"蛰虫咸俯在穴,皆墐其户也。"此时,蛰伏越冬的昆虫都已经缩在洞穴中,并用泥土紧紧地将洞穴塞紧,闭穴锁户,进入不吃不喝的冬眠状态。此时的大自然,是一种寂静之美,蜂蝶不见踪迹,蛰虫无声,都在为经历漫长的冬天做准备。

古人按照时间的推进,从初候豺乃祭兽、二候草木黄落、三候蛰虫咸俯,从动物到植物再到昆虫,将霜降三候明确地进行记录总结,指导生产生活,沿用千年。

二、霜降的农事活动

霜是近地面空气中的水汽在地面或植物上直接凝华而成的冰晶,色白且结构疏松,遍布在草木土石上,俗称打霜。结霜作为一种物候现象,是气候热量条件的重要表征,对于农业生产具有独特的指示意义。初霜的来临往往意味着气候条件不再适合喜温作物生长,即使耐寒的葱,也不能再长了,因为"霜降不起葱,越长越要空"。但我国幅员辽阔,各地的初霜日其实有很大差异,如东北地区在秋分即可见霜,而华南北部要到隆冬时节才初霜降临,华南南部和云南南部则终年无霜。因此在霜降时节,各地的农事活动重点也有所不同。

(一)北方"秋收"扫尾

我国北方大部分地区已步入秋收扫尾阶段,华北地区大白菜即将收获,北方农田,除过冬作物外,部分田地将处于冬闲时段。此时,如对已经收获了大豆、棉花、红薯等秋作物的北方农田进行深度耕翻,则有利于减少还原性有害物质的积累。同时,土壤耕翻要结合全层施用有机肥料,以补充土壤养分,提高土壤肥力。

(二)南方"三秋"忙

在南方,却是"三秋(秋收、秋种、秋耕)"的大忙季节,收割单季杂交稻、晚稻,种早茬麦,栽早茬油菜,摘棉花,拔除棉秸,耕翻整地。长江中下游及以南的地区此时正值冬小麦播种的黄金季节。晚稻成熟后应抓紧收获,以防雀害和落粒。"满地秸秆拔个尽,来年少生虫和病",收获以后的庄稼地,都要及时把秸秆、根茬收回来,因为那里潜藏着许多越冬虫卵和病菌。

(三)霜降防冻害

无论耕种还是收获,霜降前后都要特别注意预防冻害。俗话讲"霜降杀百草",霜降过后,植物渐渐失去生机,大地一片萧索。严霜打过的植物,一点儿生机也没有。身边的草木,有些可能在一夜之间就变得枯萎凋零,俗称"被霜打了"。这是由于植株体内的液体,因霜冻结成冰晶,蛋白质沉淀,细胞内的水分外渗,使原生质严重脱水而变质。霜和霜冻虽形影相连,但危害庄稼的是"冻"不是"霜"。有人曾经做过试验:把植物的两片叶子,分别放在同样低温的箱里,其中一片叶子盖满了霜,另一片叶子没有盖霜,结果无霜的叶子受害极重,而盖霜的叶子只有轻微的霜害痕迹。这是因为,一来水汽在结成"白霜"的过程中会释放热量,1克0℃的水蒸气在凝华时放出的热量约2.8千焦,这些热量会使重霜变成轻霜、轻霜变成露水,从而减轻对植物的冻害。二来"白霜"形成后覆盖在植物表面还能够起到一定的保温作用,使植物周围降温不那么剧烈,宛如一层轻柔的薄被。

三、霜降的风俗文化

霜降来临后,季节已近寒冬,各地形成了一些不同的风俗。

(一)霜降节

对于我国大多数地区来讲,霜降只是一个节气。但对于壮族而言,霜降还是一个节日,被称为"霜降节",是壮族人民世代相承的节日庆典活动,在每年农历九月,即壮语里称的"旦那"(晚稻收割结束)之后的霜降期间。劳作了一年的壮族乡民们,用新糯米做成"糍那""迎霜粽",招待亲朋好友。人们也趁农闲的机会交朋结友、走亲串戚、对歌看戏,同时在节庆期间卖农产品、购买生产生活用具,为第二年的春耕做准备。该节庆主要流行于广西壮族自治区的天等、大新、德保、靖西、那坡等县市,尤其以天等县的壮族霜降节最为典型。2014年,天等县"壮族霜降节"入选国家级第四批非遗项目名录;2016年,"壮族霜降节"列入联合国教科文组织人类非物质文化遗产代表作名录。

(二)赏菊

在气象学上,一般把秋季出现的第一次霜叫作"早霜"或"菊花霜",因为此时菊花盛开,正值赏菊的好时节。古有"霜打菊花开"之说,所以登高山、赏菊花,也就成了霜降这一节气的雅事。南朝梁代吴均的《续齐谐记》有记载,"霜降之时,唯此草盛茂",因此菊被古人视为"候时之草",成为生命力的象征,被认为是"延寿客"、不老草。霜降时节正是秋菊盛开的时候,在我国很多地区,会在这个节气进行菊花会,赏菊饮酒,也表现出了对菊花的喜欢。

(三)吃柿子

在霜降这个节气,很多地方也会有吃柿子的习俗。柿子一般是在霜降前后完全成熟,这时候的柿子皮薄、肉鲜、味美,营养价值高,不仅可以御寒保暖,还能补筋骨。福建泉州老人对于霜降吃柿子的说法是:霜降吃丁柿,不会流鼻涕。民间认为霜降吃柿子,冬天就不会感冒、流鼻涕。有些地方对于这个习俗的解释是,霜降这天要吃柿子,不然整个冬天嘴唇都会裂开。

(四)登高

我国古代有霜降时节登高远眺的习俗。此时天高云淡,枫叶尽染,登高远眺,赏心悦目,对身心都是一种极大的愉悦和放松。登高既可锻炼肺的功能,同时登至高处极目远眺,令人心旷神怡,可舒缓心情,阴霾、悲秋的情绪可一扫而光。

(五)拔萝卜

在山东地区,有句农谚"处暑高粱,白露谷,霜降到了拔萝卜",所以山东人霜降的时候爱吃萝卜。农谚有"霜降萝卜"一说,是指霜降以后早晚温差大,露地萝卜不及时收获将出现冻皮等情况,影响萝卜品质和收成。

(六)吃牛肉

霜降时节,古时不少地方都有吃牛肉的习俗。如广西玉林,这里的居民习惯在霜降这天,早餐吃牛肉炒粉,午餐或晚餐吃牛肉炒萝卜,或是牛腩煲之类的食物,来补充能量,祈求在冬天里身体暖和强健。

(七)吃鸭子

闽南民间在霜降这一天,要吃补品,也就是北方常说的"贴秋膘"。闽南有一句谚语,叫作"一年补通通,不如补霜降"。

(八)送芋鬼

广东高明一带,霜降前有"送芋鬼"的习俗。霜降时节,人们会用瓦片堆砌成河内塔,在塔里面放入干柴点燃,火烧得越旺越好,直至瓦片烧红,再将河内塔推倒,用烧红的瓦片热芋头,这在当地称为"打芋煲",最后把瓦片丢到村外,这就是"送芋鬼"。百姓们以这种朴素的方式,利用大火辟凶祈祥,表现了从古至今流传下来的纯朴的趋吉避凶的观念。

(九)扫墓祭祖

《清通礼》云:"岁,寒食及霜降节,拜扫圹茔,届期素服诣墓,具酒馔及芟剪草木之器,周胝封树,剪除荆草,故称扫墓。"中华民族自古就有礼敬祖先、慎终追远的礼俗观念,霜降这天扫墓祭祖的习俗,正是后辈子孙以示孝敬、不忘根本的体现。如今,霜降扫墓的风俗已少见。但霜降时节的十月初一"寒衣节",在民间仍较为盛行。

四、霜降的谚语表达

古人通过观察霜降节气气候物候等方面的变化,总结出许多关于霜降节气时天气、农事等方面的变化规律。

(一)常见谚语

(1)一朝有霜晴不久,三朝有霜天晴久。

一天早晨有霜,天气晴的时间不长;而如果三个早晨有霜,晴天时间就会维持得比较长。"一朝有霜晴不久",说明冷空气势力不是很强,温度不是很低,且容易移走,因此只能形成一日的霜。冷空气(弱高压)移走之后,本地转受低气压控制,天气就会转坏。相反如果连续几个晚上都有霜出现,说明冷高压势力较强,范围大,移动慢、比较稳定,一般能维持几天甚至一周的时间,"三朝有霜天晴久"就是这个意思。

(2)霜重见晴天,霜打红日晒。

有霜的时候,一般都是晴好的天气。受到北方冷高压控制下的地方,多下沉气流,所以夜间天清月朗,碧空无云,到了第二天就天气晴好了。

(3)霜降配种清明乳,赶生下时草上来。

母羊一般是秋冬发情,羊羔出生时天气暖和,青草鲜嫩,母羊营养好,乳水足,有利于羊羔的生长。

(4)秋雨透地,霜降来迟。

如果秋天降雨量大,霜就会来得比往年晚一些。预示着后期气温相对较高,暖和的气候有利于作物高产,农业收成就比较好。类似的农事谚语还有"夏雨淋透,霜期退后"。

(5)风大夜无露,阴天夜无霜。

风大不利于空气冷却和水汽的聚集,有大风的夜晚就不会有露水;阴天时,云层阻碍了空气中的水汽冷却凝华,所以阴天的晚上地面就不会结霜。

(6)寒露早、立冬迟、霜降收薯正适宜。

我国大部分地区一般在霜降前后收获红薯。寒露时收获略偏早,因为红薯块根还在充实膨大的过程中,而等到立冬节气时收获则又偏迟,红薯易受冷害。所以,霜降是收获红薯的最佳时间。

(7)霜降前降霜,挑米如挑糠;霜降后降霜,稻谷打满仓。

霜降前是寒露节气,正是晚稻灌浆时期,如遇到降霜就会抑制晚稻的受粉灌浆,使水稻产量降低。如果霜降后降霜,晚稻已经成熟,则不会影响水稻产量。

(二)其他谚语

霜降萝卜,立冬白菜,小雪蔬菜都要回来。

霜降摘柿子,立冬打软枣。

霜降不摘柿,硬柿变软柿。

霜降配羊清明羔,天气暖和有青草。

霜降来临温度降,罗非鱼种要捕光,温泉温室来越冬,明年鱼种有保障。

霜降霜降,移花进房。

霜降不打霜,来年必有荒。

霜降打了霜,来年谷满仓。

寒露不算冷,霜降变了天。

雪下高山,霜打洼地。

霜降碧天静,秋事促西风。

霜降晴,风雪少;霜降雨,风雪多。

时间到霜降,种麦就慌张。

严霜出毒日,雾露是好天。

寒露无青稻,霜降一齐倒。

霜后还有两喷花,摘拾干净把柴拔。

时间到霜降,白菜畦里快搂上。

轻霜棉无妨,酷霜棉株僵。

秋雁来得早,霜也来得早。

霜降下雨连阴雨,霜降不下一冬干。

霜降打了霜,来年烂陈仓。

霜降前后始降霜,有的地方播麦忙。

棉是秋后草，就怕霜来早。

寒露收割罢，霜降把地翻。

霜降没下霜，大雪满山岗。

霜降不摘棉，霜打莫怨天。

霜降不割禾，一天少一箩。

芒种黄豆夏至秧，想种好麦迎霜降。

九月霜降无霜打，十月霜降霜打霜。

寒露霜降，收割大豆。抓紧打场，及时入库。晚茬小麦，突击播种。收割山草，好喂牲口。菠菜油菜，种上几亩。来年春季，能早收获。

霜降一到，天气渐冷。抓紧收割，地瓜花生。切晒瓜干，要趁晴天。地瓜入窖，不能放松。麦田苗情，检查要精。缺苗断垄，及时补种。

十月寒露与霜降，秋高气爽秋风凉。北疆初霜在上旬，南疆霜降见秋霜。抓紧秋浇和冬灌，劳动果实快贮藏。牲畜抓膘又配种，拉运草料到冬场。

寒露无青稻，霜降一齐倒。

十月寒露接霜降，秋收秋种冬活忙，晚稻脱粒棉翻晒，精收细打妥收藏。

寒露收割罢，霜降把地翻。

十月寒露霜降到，收割晚稻又挖薯。

十月寒露霜降临，稻香千里逐片黄，冬种计划积肥足，添修工具稻登场。

五、诗情词韵中的霜降

时令到霜降，暮秋景色已达极致。瞻望旷野，百草黄枯，寒意浓郁，不再听到鸟的鸣唱、蝉的噪鸣、蛙的琴鼓。一阵阵寒风刮过摇曳间，千里霜铺，万里飘叶。值此暮秋时节，面对苍茫秋色，历代文人雅士有感而发，写下了一首首脍炙人口的诗词佳作。

（一）元稹的《咏廿四气诗·霜降九月中》

咏廿四气诗·霜降九月中

风卷清云尽，空天万里霜。野豺先祭月，仙菊遇重阳。

秋色悲疏木，鸿鸣忆故乡。谁知一樽酒，能使百秋亡。

这是元稹创作的一首关于霜降节气的诗歌，描述了霜降这个节气的气候特征,天空高旷、万物萧瑟,表达了悲秋的心情。

首联说,清风卷起清云而去,空天万里披上了早霜,整个天空一片清朗澄澈。天地之所以澄明,除了风卷清云,还有小动物们都躲起来了,植物们也褪去碧绿的外衣,准备过冬。万物寂寂,一切都在为蛰伏做准备,是对霜降三候之蛰虫咸俯的侧面写照。蛰虫也全在洞中不动不食,垂下头来进入冬眠状态中,所以大地才会如此澄清寂静。颔联说,野外的豺狼陈列猎物,仿佛在祭拜月亮;仙子般纯洁的菊花恰好遇到了重阳佳节。野豺祭月,说的是霜降三候中第一候——豺乃祭兽。颈联说秋天的景色,稀疏的草木,令人悲伤;鸿雁的鸣叫,遥远的故乡,令人追忆。草木黄落是霜降三候之一,此时大地上的树叶都纷纷枯黄掉落。尾联这里"亡"的不是百秋,而是诗人在深秋霜降时节的一腔愁绪。谁会知道一杯酒,就能使得百秋的惆怅去除殆尽呢!

(二)白居易的《岁晚》

岁 晚

霜降水返壑,风落木归山。冉冉岁将宴,物皆复本源。

何此南迁客,五年独未还。命屯分已定,日久心弥安。

亦尝心与口,静念私自言。去国固非乐,归乡未必欢。

何须自生苦,舍易求其难。

《岁晚》是白居易晚年的作品。诗人先是描述了霜降节气的景象,霜降之后,万物肃静,河水不再四处奔流,回归到深壑之中,而秋风也不再肆意呼啸,趋于平静。转眼间即将岁暮,大自然的一切开始调养生息,趋于平静,万物也周而复始回归到最初的样子。接下来,诗人开始抒发自己的思乡之情。此时的白居易,已经是年暮之人,却依然身在异乡为异客。五年的时间已经过去了,自己始终一个人孤独地活着,未能重返故乡。有的时候,长时间身在一种环境中,时间久了,似乎也就适应了。每个人的命运,老天早有安排,既然无法与天抗争,不如顺其自然,快乐而祥和地过好每一天。远离故土,虽然并非出自本心,但是返回故乡生活就一定能满心欢喜吗? 何须自添烦恼。

白居易写的这首秋日之诗,描写了诗人的心境如这霜降的节气一样,到了暮年,觉得命运已定、无需多言,与寒冷的天气相对应,表达了诗人心灰意冷、自我宽慰的人生态度。

(三)韦建的《泊舟盱眙》

泊舟盱眙

泊舟淮水次,霜降夕流清。夜久潮侵岸,天寒月近城。

平沙依雁宿,候馆听鸡鸣。乡国云霄外,谁堪羁旅情。

《泊舟盱眙》是韦建的一首羁旅思乡诗。诗人从远近、动静,为我们描绘了一幅绝美的秋夜江景。意境幽远深邃,融情于景,其情深沉,其境悠远,极具艺术感染力。

首联交代了写作的时间和空间,停泊小船儿在淮河之滨,霜降时节夕照下河流清澈。颔联说秋夜已深,潮水拍打侵袭着堤岸,天气寒冷,月儿仿佛更加靠近盱眙古城。颈联说在广阔的沙滩上栖息着南飞的大雁,诗人在驿馆里睡不着一直听着鸡鸣到天明。这句用"平沙"对"候馆"、"雁宿"对"鸡鸣",很好地勾勒出一幅秋景羁旅图,使句意颇有一种"鸡声茅店月,人迹板桥霜"的孤独感。尾联说家乡远在天际头,哪能忍受羁旅的情愁呢?故乡漫漫,人在旅途,谁能不起故园情呢?此句很好地回答了前两句诗人难以入睡的原因,那就是一种浓浓的思乡情。羁旅之情一起,内心也就很难再平静了。

(四)苏轼的《南乡子·重九涵辉楼呈徐君猷》

南乡子·重九涵辉楼呈徐君猷

霜降水痕收。浅碧鳞鳞露远洲。酒力渐消风力软,飕飕。

破帽多情却恋头。

佳节若为酬。但把清尊断送秋。万事到头都是梦,休休。

明日黄花蝶也愁。

这是苏轼于宋神宗元丰五年(1082年)在黄州作的一首词。涵辉楼在黄冈县西南,为当地名胜。宋韩琦《涵辉楼》诗:"临江三四楼,次第压城首。山光遍轩楹,波影撼窗牖。"苏轼《醉蓬莱·序》云:"余谪居黄州,三见重九,每岁与太守徐君猷会于西霞楼。"徐君猷,名大受,当时任黄州知州。

深秋霜降时节,水位下降,远处江心的沙洲都露出来了。重阳节如何度过,只借酒消愁,打发时光而已,世间万事都是转眼成空的梦境,因而不要再提往事。重阳节后菊花色香均会大减,连迷恋菊花的蝴蝶,也会感叹发愁了。

该词上片写霜降节气登临远望之所观所感,通过对所观景象的描写,表达自己渴望超脱而又无法真正超脱的无可奈何。下片借登高宴饮来抒发自己达观的人生态度,同时也表达了对友人的怀念之情。全词使用戏谑的手法,展现了苏轼的人生态度,同时也抒发了以顺处逆、旷达乐观而又略带惆怅、哀伤的矛盾心境。在苏轼看来,世事的纷纷扰扰,不必耿耿于怀。如果命运不允许自己有为,就饮酒作乐,终老余生;如有机会一展抱负,就努力为之。

六、思考题

(1)东汉王充《论衡》曰:"云雾,雨之征也,夏则为露,冬则为霜,温则为雨,寒则为雪,雨露冻凝者,皆由地发,非从天降。"谈谈你对霜的理解。

(2)说一说霜降时节,你们家乡都有什么习俗。

第四篇 冬 藏

第七章 蕴 藏

第一节 立 冬

秋天过去，便迎来了冬季。我国传统上是以"二十四节气"中的"四立"（立春、立夏、立秋、立冬）作为四季的起始，与春夏秋三季类似，立冬是冬季的起始，为冬三月之始。我国古时民间习惯以立冬作为冬季的开始。当然，如果按照气候学划分四季的标准，即以连续 5 天日平均气温稳定下降至 10℃ 以下才为冬季的开始，我国大部分地区的冬季并不都是于立冬日同时开始的。华南沿海全年无冬，青藏高原地区长冬无夏，最北部的漠河及大兴安岭以北地区 9 月上旬就早已进入冬季，长江流域的冬季要到"小雪"节气前后才真正开始。"立冬为冬日始"的说法与黄淮地区的气候规律可能更加吻合。

关于"立冬"，《月令七十二候集解》中有记载："立，建始也；冬，终也，万物收藏也"；《孝经纬》中也讲："斗指乾，为立冬，冬者，终也，万物皆收藏也"。因此，立冬就意味着冬季自此开始，这个时候万木凋零，虫蛇伏藏，大自然去繁就简，抱朴守拙，一派清冷萧条之象。万物收藏，藏的并不仅仅是满仓的谷物、沉眠的蛰兽，更是在其他三季萌发、生长、成熟的生命能量。活跃了三季的大地需要在这时收纳起活力，开始静养。

立冬是二十四节气中的第 19 个节气，也是干支历戌月的结束以及亥月的起始，时间点在公历每年 11 月 7—8 日。古代立冬时间的确定，具有明显的天文含义。立冬之日，太阳位于黄经 225°，北斗七星的斗柄指向西北方向，正所谓"斗柄西指，天下皆秋；斗柄北指，天下皆冬"。

一、立冬的气候物候

（一）气候

立冬时节，太阳已到达黄经 225°，地球位于赤纬 $-16°19'$，北半球的正午太阳高度会降低,日照时间将缩短,北半球获得的太阳辐射量越来越少,但由于此时地表在下半年贮存的热量还具有一定的能量即地表尚有"积热",所以初冬通常不会很冷,真正的寒冷在冬至之后。

由于我国幅员辽阔,南北纵跨数十个纬度,因而南北温差大,立冬之后南北温差更加拉大。最北部的漠河和南部海南省的海口,两者的温差可达 30℃～50℃。在南方初冬时节一般不会很冷,这种气候意义的冬季对其来说,显然是偏迟的。从立冬至小雪(孟冬)期间,华南北部在晴朗无风之时,常会出现风和日丽、温暖舒适的"小阳春"天气,在民间有"十月小阳春"一说,正所谓"八月暖九月温,十月还有小阳春"。随着时间推移,在冬至后冷空气频繁南下,气温才会逐渐下降。华南南部、台湾等地区,11 月尚未进入冬季,即使 11 月的气温也不是很高,最高气温一般都在 30℃以下。然而,立冬后北方大部地区将出现雨雪降温天气,华北部分地区的初雪常在此时降临。东北和西北地区,这个时候已经是大雪纷飞的景象了,尤其是东北黑龙江地区,已经异常寒冷,这里早在立冬到来之前就已经呈现冬天景象。

立冬节气,气温下降变化明显。随着冷空气的加强,气温下降的趋势加快。北方的降温,人们习以为常,从 10 月下旬开始,先后供暖,人们在室内可以避寒。而对于此时处在深秋"小阳春"的长江中下游地区的人们,平均气温一般为 12℃～15℃。绵雨已结束,如果遇到强冷空气迅速南下,有时不到一天时间,降温可接近 8℃～10℃,甚至更多。但毕竟大风过后,阳光照耀,冷气团很快变性,气温回升较快。气温的回升与热量的积聚,促使下一轮冷空气带来较强的降温。此时,令人惬意的深秋天气接近尾声,明显的降温使这一地区在进入初霜期的同时,也进入了红叶最佳观赏期,并在 11 月底陆续入冬。

(二)物候

立冬节气十五天分为三候。

一候水始冰。意思是说一候那五天,气温降到零度以下,河流、溪水都开始结成冰。

二候地始冻。意思是说立冬五日后,土地因寒冷开始冻结。

三候雉入大水为蜃。这是古人对自然产生的神奇联想。"雉",是指野鸡之类的大鸟;"蜃",指一种大型贝壳生物,传说这种生物可以施展幻术,在海面上营造出海市蜃楼。立冬十天后，野鸡类大鸟因无法忍受寒冷天气便很少出现了，同时海中的大型贝壳类生物则漂浮到海边。因为蜃类的贝壳花纹及颜色与野鸡的羽毛类似，所以古人认为立冬后禽鸟们会变成贝类入水避寒。正如唐元稹《咏廿四气诗·立冬十月节》诗所云："霜降向人寒，轻冰渌水漫。蟾将纤影出，雁带几行残。田种收藏了，衣裘制造看。野鸡投水日，化蜃不将难。"

此外，立冬时节我国大部分地区的秋天景象并未完全消尽。寒风携着枯叶纷繁而下，立冬节气便在纷乱的落叶声中悄悄登场。正如宋代诗人仇远所写："细雨生寒未有霜，庭前木叶半青黄。小春此去无多日，何处梅花一绽香。"立冬时节，细雨生寒，尚未有霜；庭前落叶，半青半黄，在风中翻飞。诗人苏轼也写道："荷尽已无擎雨盖，菊残犹有傲霜枝。一年好景君须记，正是橙黄橘绿时。"意思是说荷花败尽，连那擎雨的荷叶也枯萎了，菊花虽然已经枯萎，但是那傲霜挺拔的菊枝在寒风中依然显得生机勃勃，一年里最美的景象就是在初冬橙黄橘绿的时节。这些诗词都展现了立冬时节典型的植物物候特征。

二、立冬的农事活动

(一)农林业

二十四节气是古代农耕文明的产物，农耕生产与大自然的节律息息相关。立冬后，在我国北方地区，气温呈现持续下降态势。东北地区大地封冻，农林作物进入越冬期；华北及黄淮地区农民会在日平均气温下降到 4℃左右、田间土壤夜冻昼消之时，抓紧时机浇好麦、菜及果园的冬水，补充土壤水分不足，改善田间小气候环境，防止"旱助寒威"，减轻和避免冻害的发生，正如谚语所说"麦子要长好，冬灌少不了"。另外，大棚蔬菜养殖农户开始搭建大棚，同时进行大棚管理，白天气温高时要在背风口揭膜通气，晚上要做好大棚密封工作。

在我国南方地区，立冬后气温也在下降，但不如北方明显。江淮地区的秋收、秋耕、秋播工作已接近尾声，农民一般会充分利用晴好天气，做好晚稻的收、晒、晾工作，保证入库质量；江南正忙着抢种晚茬冬麦，抓紧移栽油菜，立冬前后的小阳春天气是播种油菜的好时机；而华南却是"立冬种麦正当时"的最佳时期，此时水分条件的好坏与农作物的苗期生长及越冬都有着十分密切的关系，农民会抓紧冬小麦的播种，力求做到带蘖越冬，防止年内拔节，并尽量扩大冬种面积,减少空闲田。

此外,在林业方面,立冬后空气一般渐趋干燥,土壤含水较少,林区的防火工作也提上了议程。

(二)畜牧业

在此时节,因冷空气南下,生猪容易着凉,易发生腹泻病,所以养殖猪的农户通常要做好猪的保温工作;加强牛羊的放牧,吃足草料,同时及时接种防疫针并开展一次驱虫工作;抓紧做好人工牧草黑麦草种植,为草食家畜储足越冬草料;长毛兔秋繁工作接近尾声,长毛兔养殖户会抓紧配种未配种的长毛兔,并做好仔兔保暖工作,避免仔兔被叼出巢箱而冻死;立冬期间是饲养过年鹅的好季节,有养鹅习惯的农户会引进苗鹅饲养,饲养 70 日龄正赶上春节,或可卖上好价钱。

(三)渔业农事

在此时节,水产养殖户会完成冬春鱼池的清整及改造,进行鱼、虾、蟹的并塘越冬及育肥工作,同时要完成防偷防逃工作及罗氏沼虾、南美白对虾的上市扫尾工作。此外,为了防止冬季常规鱼类的寄生虫性疾病再次爆发,养殖户还要及时投喂杀虫药物。

三、立冬的风俗文化

立冬是冬季的第一个节气,也是作为"四立"之一的重要节气,在中国老百姓心中是非常重要的节日,各地庆祝活动也非常丰富。中国过去是个农耕社会,劳动了一年的人们,利用立冬这一天要休息一下,顺便犒赏一家人一年来的辛苦,也期待来年的兴旺吉祥。

(一)迎冬

古时立冬之日,天子有出郊迎冬之礼,并有赐群臣冬衣、矜恤孤寡之制,后世大体相同。《吕氏春秋·孟冬纪》:"是月(孟冬之月)也,以立冬。先立冬三日,太史谒之天子,曰:'某日立冬,盛德在水。'天子乃斋。立冬之日,天子亲率三公九卿大夫以迎冬于北郊。还,乃赏死事,恤孤寡。"高诱注:"先人有死王事以安边社稷者,赏其子孙;有孤寡者,矜恤之。"晋崔豹《古今注》:"汉文帝以立冬日赐宫侍承恩者及百官披袄子。""大帽子本岩叟野服,魏文帝诏百官常以立冬日贵贱通戴，谓之温帽。"

（二）贺冬

贺冬亦称"拜冬"。据考证，在汉代即有此俗。东汉崔定《四民月令》载："冬至之日进酒肴，贺谒君师耆老，一如正日。"宋代每逢此日，人们更换新衣，庆贺往来，一如年节。清代"至日为冬至朝，士大夫家拜贺尊长，又交相出谒。细民男女，亦必更鲜衣以相揖，谓之拜冬"。民国以来，贺冬的传统风俗，似有简化的趋势。但有些活动，逐渐固定化、程式化、更有普遍性，如办冬学、拜师活动，都在冬季举行。

（三）食补

随着寒冷季节的到来，人们的身体也进入了抵抗力较弱的时候。因此古人为顺应自然更替，在此时会多食用高热量的鸡鸭鱼肉等食物，滋阴补阳、驱寒寻暖，同时也更加注重营养的补充，逐渐形成了"入冬日补冬"的习俗。此外，立冬在过去的农耕社会也有时间节点的意义，作为人们劳动一年后的休息日，与粮食生长一年的收获日，人们用谚语"立冬补冬，补嘴空"来说明这天会犒赏一家人这一年来的辛苦，因此饮食也比平日更丰盛。还有"立冬不起菜，必定要受害"的谚语，也是在说从立冬开始，就要酿酒、腌菜、春米，储存食物准备过冬了。

立冬的饮食习俗自北向南呈现出丰富多彩的样貌。在北方，立冬是吃饺子的日子。因为水饺外形似耳朵，人们认为吃了它，耳朵就不会受冻。同时，饺子的名称来源于"交子之时"的说法，立冬是秋冬季节之交，故"交"子之时的饺子不能不吃。另外，在天津市河东区"老天津卫"聚居地，人们吃倭瓜馅的饺子。古代认为瓜代表结实，所以《礼记》中有"食瓜亦祭先也"的说法。此时的倭瓜饺子与往日也大有不同。倭瓜多生长于夏季，立冬时已少有倭瓜，因此人们就将夏天的倭瓜贮存在屋里或窗台上，待它们经过长时间糖化，到了冬天再将它们做成饺子馅，这时候的味道与夏天的倭瓜馅已大不同，若再拌上蒜泥蘸醋吃更是别有一番滋味。

在我国南方，立冬时节人们喜爱吃鸡鸭鱼肉，有的还会和中药一起煮，起到药补的功效。在湖南醴陵，人们有在立冬这天制作著名的"醴陵焙肉"的习俗，这是一种将肉放在炉灶上用烟火慢慢熏制的美食，以松枝熏出来的肉最好。浙江有的地方则把立冬称为"养冬"，是为补养身体之意。民间有"立冬吃一鸡，滋补一冬春"的说法。浙江桐乡一带立冬吃鸡曾经是很讲究的事情。早年间,在以能吃上肉为家境殷实象征的年代,最好的过节享受是一人分得一整只鸡。烧制鸡的柴草也与平时不同,要将稻草捆扎成一束一束的,共七束,把一锅鸡烧熟时,要用完这七束稻草。浙江洞头人到了立冬这天也要杀鸡鸭来慢炖,给家人补身体,还有必须在辰时(早7—9时)吃的讲究。还有的地方在这天要专门炖猪蹄来进补,据说可以防止冬季手脚冻伤。

再往南一点的闽地习俗又有不同。在闽中,立冬俗称"交冬",意为秋冬之交。这一天,家家户户要熬制草根汤,将山白芷根、盐肤木根等各种草根切成片,下锅熬煮出浓浓的汤后,捞去根块,再加入鸡、鸭、兔肉或猪蹄、猪肚等熬制。福建也有地区会用四物、八珍等药材炖肉,一般用狗肉、羊肉,也有用猪排的。食物品种众多,配方也各式各样,大多有补肾、健胃、强腰膝的功效。在广东潮汕地区,立冬吃的则是甘蔗、炒香饭。甘蔗能成为"补冬"的食物之一,是因为民间素来有"立冬食蔗齿不痛"的说法,意思是"立冬"的甘蔗已经成熟,吃了不上火,这个时候"食蔗"既可以保护牙齿,还可以起到滋补的功效。而在台湾地区,立冬这天街头的羊肉炉、姜母鸭等冬令进补餐厅都会宾客盈门,许多家庭还会自炖麻油鸡、四物鸡来补充营养滋补身体。

(四)酿酒

立冬时节,天冷水凛,水中细菌减少,水质好,酒质会更好。浙江丽水地区把这时开始酿的酒,以"十月缸"称之。当然,最出名的还是酿造黄酒。浙江绍兴地区立冬酿黄酒是传统习俗。冬季水体清冽、气温低,是酿酒发酵最适合的季节,这时候酿的酒不容易变坏。千百年来,绍兴地区一直都将从立冬开始到第二年立春这段时间作为最适合做黄酒的时间段,并称之为"冬酿"。在每年立冬开酿前,人们为了能够酿出好酒,都会举行形式较为简单的祭拜仪式。

(五)扫疥

立冬这天还有"扫疥"的习俗。人们在立冬次日用野菊花、金银花等中草药煎汤沐浴,这一习俗主要流行于江苏、河南以及浙江等地,浙江嘉兴也将这一习俗称为"洗疥"。用于煎汤的各种草药中,除了野菊花、金银花等主料,还有香草、茄根或干姜等辅料。

(六)舂"交冬糍"

立冬这一天,漳州的乡村人家要舂"交冬糍"庆祝好收成。糯米蒸熟后倒入石臼,舂得韧韧的、黏黏的,揪成乒乓球大小,细细地揉成团;花生米炒得香香的,磨得细细的,与白糖拌在一起。做好的小糍粑滚以白糖花生粉,摆放在大海碗里。食用时用筷子一口气串上几粒,就像拨浪鼓,所以也叫"拨浪糍"。在民间,做好"交冬糍",寓意着敬了土地神,感谢他慷慨的给予。

(七)吃生葱

在南京,老人们常说:"一日半根葱,入冬腿带风。""立冬嗖嗖疾病盘,大葱再辣嘴中盘。"按老人的讲法,葱性温味辛,能发散让人出汗,使体内瘀滞不通的阳气随着汗液排出,阳气运行便通畅了,病邪也就随汗被驱除了。因此,立冬时节,为了入冬后的健康,南京人此时也学着北方人吃起了生葱,来抵抗南京冬季的湿寒,减少疾病的发生。

(八)冬泳

现在有些地方庆祝立冬的方式也有了创新,在黑龙江哈尔滨、河南商丘、江西宜春、湖北武汉等地,立冬之日,冬泳爱好者们就用冬泳这种方式迎接冬天的到来。在冬季无论是北方还是南方,冬泳都是人们喜爱的一种锻炼身体的方法。

四、立冬的谚语表达

(一)常见谚语

(1)立冬打雷要反春。

如果立冬时节出现电闪雷鸣,这是反常天气,往往影响后期天气变化,到了春天以后,容易出现"倒春寒",不利于人们生产生活,等等。

(2)雷打冬,十个牛栏九个空。

如果在冬季的时候出现了打雷,那当年的冬季会特别的寒冷,甚至会导致牛栏中的牛被冻死。

(3)立冬不倒股(针),不如土里捂。

黄淮麦区如果小麦播种过晚,麦苗到立冬还不能分蘖,根少苗小,容易被冻死,因此还不如晚种几天,让麦种在土里发芽生根,苗不出土。这样麦苗在土中完成春化阶段,不至于受冻。

(4)麦子过冬壅遍灰,赛过冷天盖棉被。

麦子地里面过冬的时候撒点家里的草木灰,就跟冬天盖被子一样的效果。现在不让燃烧秸秆了,过去烧火的这些灰其实是很好的肥料,偏碱性,地里面经常撒这个东西。

(5)立冬不见霜,春来冻死秧。

霜降节气在立冬节气之前。一般到了立冬的时候,基本上已经降霜了。这句农谚是说,如果在立冬的时候气温还比较高,没有出现降霜的天气,那么来年初春,天气会比较寒冷,而这样对于秧苗的生长是十分不利的。

(二)其他谚语

立冬补冬,补嘴空。

立秋摘花椒,白露打核桃,霜降下柿子,立冬吃软枣。

立冬秋蝉叫一声,准备好过冬。

冬天麦盖三层被,来年枕着馒头睡。

立冬晴,一冬晴;立冬雨,一冬雨。

立冬前犁金,立冬后犁银,立春后犁铁。

立冬落雨会烂冬,吃得柴尽米粮空。

立冬东北风,冬季好天空。

立冬南风雨,冬季无凋(干)土。

立冬有雨防烂冬,立冬无鱼防春旱。

霜降腌白菜。立冬不使牛。

立冬那天冷,一年冷气多。

种麦到立冬,来年收把种。

重阳无雨看立冬,立冬无雨一冬干。

立冬小雪紧相连,冬前整地最当先。

立冬北风冰雪多,立冬南风无雨雪。

西风响,蟹脚痒,蟹立冬,影无踪。

立冬不吃糕,一死一旮旯。

立冬种豌豆,一斗还一斗。

立冬之日起大雾,冬水田里点萝卜。

立冬有风,立春有雨;冬至有风,夏至有雨。

五、诗情词韵中的立冬

诗词是中华传统文化中的瑰宝,立冬节气也出现在很多文人墨客的佳作中。立冬时节,秋冬交替,人们或欣赏其美景,或感怀其萧瑟,或燃起浓浓的思念之情,或开始展望来年的勃勃生机。就让我们跟着经典诗词的韵律,去邂逅最美的立冬。

(一)李白的《立冬》

立 冬

冻笔新诗懒写,寒炉美酒时温。

醉看墨花月白,恍疑雪满前村。

《立冬》开篇即写"冻笔新诗懒写,寒炉美酒时温。"这种开门见山和真实自然的写作手法,首先让读者联想到立冬之日气温骤降,诗人的毛笔都已经被冻硬了,所以才"新诗懒写",即使心中已经有了待写的新诗,也因为这冰冷的天气,实在不想提笔。第二句"寒炉美酒时温"中的寒炉,是指冬天里的炉火,古代远非现在室内温度可以通过空调暖气等保持恒温,他们需要不断地加柴起火,因而炉上的酒时常都是温热的。最后两句"醉看墨花月白,恍疑雪满前村",是全诗最精彩的部分。寒意袭人的冬日,诗人一杯一杯饮着温热的酒,微醺着望向寒冷的窗外,苍白凄冷的月光下,砚石上的墨渍和花纹依稀可辨,在迷离和恍惚中,诗人竟误以为是大雪落满了小小的山村。

李白的这首《立冬》,可谓超凡脱俗,别致婉转,充满奇妙的想象。寒冷的冬日,诗人言之"新诗懒写",但豪饮之下,诗人诗兴大发,自然随意,出口成诗。今夜,月明清冷,寂静无声,有香醇的美酒相伴,还有诗人想象中的洒满山村的大雪。细品此诗,不仅酒香四溢、浪漫之情跃于笔端,也让我们感知到一个云游诗人的思乡之情,读来颇有人生意味。

(二)陆游的《立冬日作》

立冬日作

室小才容膝,墙低仅及肩。方过授衣月,又遇始裘天。

寸积篝炉炭,铢称布被绵。平生师陋巷,随处一欣然。

陆游这首诗作于晚年退居山阴期间。首联从自己简陋的居住环境入手,屋子狭小,只能容纳双膝;院墙低矮,其高仅及肩膀。颔联写的是时间,授衣,即制备寒衣;始裘,即开始穿上皮衣。所以,授衣月、始裘天,都说明时令将晚,天气已寒。如此寒冷的初冬季节,诗人如何取暖呢?炉中的炭是平时一点点积攒起来的,而被子里的棉花只有铢那么重。寸、铢,极言其短小、轻微。可以想象如此严寒之下,住在狭小逼仄的屋子里,炭不足温,被不足暖,诗人晚年的生活境况是多么窘迫潦倒。然而诗人笔锋一转,却说"随处一欣然",为什么能够如此泰然面对?原来是素以先贤为师的缘故。陋巷,代指孔子的学生颜回。诗人平生以颜回为师,因此能如此安贫乐道。

这首诗自然平实,前面用夸张的手法描写时至立冬、屋陋用简的生活窘境,为尾联乐观面对生活的态度翻转做了充分的铺垫。作为一生立志北伐的爱国志士,老年陆游没有喋喋不休地诉说自己的不幸和郁愤,而是向世人展现出其超越自我、随遇而安、积极乐观的精神面貌,这也是我们中华民族一脉相承的文化精神所在。

(三)仇远的《立冬即事二首(其一)》

立冬即事二首(其一)

细雨生寒未有霜,庭前木叶半青黄。

小春此去无多日,何处梅花一绽香。

这是宋末元初诗人仇远的一首立冬诗。立冬时节,细雨生寒,尚未有霜;庭前落叶,半青半黄,风中翻飞。这是写"立冬之寒"。一则因为细雨,二则因为落叶。细雨生寒,而落叶知寒。"细雨生寒",是触觉描写;"木叶青黄",是视觉描写。这两者都写出立冬独有的气候特征,概括性极强。此时距离小春,已无太多日子;何处早放的梅花,幽幽传来一绽香。这是写"立冬之美"。一则因为小春将至,二则因为梅花传香。前句与雪莱名句"冬天来了,春天还会远吗?"立意一致;后句脱胎于林逋词句"暗香浮动月黄昏"。"小春日近",是从想象的角度描写春日可期之美;"梅花绽香",则是从嗅觉角度描写立冬之美。

整首诗意境清远,格调高雅,呈现出很好的艺术审美效果。表面上看是写立冬之景,实则言立冬之情。景中含情,含蓄蕴藉,读来令人口齿噙香,心境悠然。

(四)紫金霜的《立冬》

立　冬

落水荷塘满眼枯,西风渐作北风呼。

黄杨倔强尤一色,白桦优柔以半疏。

门尽冷霜能醒骨,窗临残照好读书。

拟约三九吟梅雪,还借自家小火炉。

在我国大部分地区,立冬是冬天的到来,但是并非极寒之地冰天雪地。诗人放眼看去,荷塘水干,再也不是夏秋蓬勃的样子,一片枯荷叶在浅水或干涸的池塘里。西北风开始呼啸,坚强的黄杨树,挺立风中,成了一道独特的风景,白桦树只剩下了一半的叶子,似乎并不想脱落。盈门的白霜,寒气袭人,让人清醒,借着窗户透进来的残光,正好读书。诗人进而想到三九,到那时便可玩雪赏梅,吟诗作画,并燃上一座小火炉,是多么温暖且美好。

这首诗给了我们一个不一样的立冬日。冬日,万物凋零,很多人都有一种莫名的悲伤之感,而诗人却显得那样不同凡响,不去想不愉快的事情,外面是那样的寒冷,诗人干脆就不出门,安安静静地坐在窗边,在残阳的映照下,寒冷让人更加清醒,有利于读书,兴致来了之后,还可以作作诗,吟咏一下外面的大雪与梅花,实在是太冷,不妨将自己火炉点燃,好不惬意。

六、思考题

(1)立冬标志着我们要进入冬天了,意味着今年的学习、工作需要收尾了,也意味着我们到了回顾今年、展望明年的时间点。作为当代大学生,请总结一下这一年的大学学习生活。

(2)请说一说立冬时节,你们家乡还有哪些习俗和谚语?

第二节　小　雪

小雪,是二十四节气中的第二十个节气,冬季的第二个节气,时间在每年公历 11 月 22 或 23 日,即太阳到达黄经 240°时。小雪节气中说的"小雪"与日常天气预报所说的"小雪"意义不同,小雪节气是一个气候概念,是反映降水与气温变化趋势的节气。一般来说,小雪过后,天气会越来越冷,降水量也会渐渐增加。

关于"小雪"名字的由来,古籍中多有记载。如元代时令著作《月令七十二候集解》曰:"小雪,十月中。雨下而为寒气所薄,故凝为雪。小者,未盛之辞。"明代典籍《月令广义》云:"立冬后十五日,斗指亥,为小雪。十月中天地积阴,温则为雨,寒则为雪。时言小者,寒未深而雪未大也。"清朝典籍《清文颖续编》道:"气寒先集霰,作雪始霏微,见晛薄蒌化,随风细屑飞。"由此可见,到了小雪节气,若天气仍较暖,则会下雨,而更多时候会由于寒潮和强冷空气频发,使降水形式由雨变为雪,又因"寒未深"而"雪未大",因此将这一节气称为"小雪"。不过,此时的降雪因不同的形态在气象学上有不同的称谓,若天气不太冷,下的雪常常是半冰半融状态,落到地面后会立即融化,叫作"湿雪";若雨雪同降,称为"雨夹雪";若下的雪是像米粒一样大小的白色冰粒,叫作"米雪"。

小雪期间,夜晚北斗七星的斗柄指向北偏西(相当钟面上的 10 点钟),若在户外观看星象,可见北斗星西沉,而"W"形的仙后座升入高空,代替北斗星担当起寻找北极星的坐标任务,为观星的人们导航。四边形的飞马座正临空,冬季星空的标识——猎户座已在东方地平线探头儿。因此进入小雪,我们不仅可以感受到气温的下降,还可以欣赏到飘飘洒洒的雪花和璀璨夺目的繁星。这些都寓意着我们进入冬天,开始了新的时节。

一、小雪的气候物候

(一)气候

小雪节气,东亚地区已建立起比较稳定的经向环流,西伯利亚地区常有低压或低潮,东移时会有大规模的冷空气南下,我国东南部会出现大范围大风降温天气。受强冷空气的影响,我国北方大部分地区的气温会逐步降到 0℃ 以下,而且常伴有入冬以来的第一次降雪。虽然开始下雪,但雪量一般较小,并且夜冻昼化。如果冷空气势力较强,暖湿气流又比较活跃的话,也有可能下大雪。

根据气象记录,北京、天津、山东济南、河南郑州、陕西西安等地,初雪期均在 11 月下旬,即小雪节气前后。然而,东北、内蒙古、新疆北部等地,在此前一个月就下雪了。虽然此时北方气温经常在 0℃ 以下,且伴随着呼啸的狂风,但只要有太阳,顷刻间就会触到暖意。而南方地区这一时节才开始陆续进入冬季,"荷尽已无擎雨盖,菊残犹有傲霜枝",在长江一带能看见这类初冬景象。

(二)物候

小雪节气十五天分为三候。

一候虹藏不见。这里的"虹"指的是雨后的彩虹,一般在夏季的时候,雨后在阳光的作用下偶尔会有彩虹出现,而彩虹的出现需要雨水,需要阳光,也需要温度。小雪节气到来之后,气温比较低,雨水在低温下便形成了冰雪,所以彩虹也就不会在这个时节出现了。"虹藏不见"说的就是这个时节后彩虹不见了,像藏起来了一样。

二候天气上升地气下降。在我国传统的概念里,"天气"为阳气,"地气"为阴气,小雪节气的时候,阳气会上升,阴气会下降。阴阳一升一降没法相通,难以达到平衡,就导致了我们所说的阴阳失调不通。

三候闭塞成冬。联系上一候所说的阴阳不通,所以万物闭塞无生气。天地肃寂,鸟虫归隐,人们在播种完最后一茬冬小麦之后也纷纷躲在屋里开始过冬,这样的景象便是冬季的景象了,就像一切事物都进入了冬眠一样。

小雪时节的三候是说,小雪过后,气温更低,水凝为雪,无法形成彩虹。而且,此时天空中的阳气上升,陆地中的阴气下降,会导致阴阳不交、天地归静,从而转入严寒的冬天。

二、小雪的农事活动

"节到小雪天降雪,农夫此刻不能歇",这正说明了虽然全国大部分地区都逐步进入了冬季,但农事活动仍不能懈怠。此时,农民们不仅要忙于秋收冬种,还要预防干旱大风、阴雨霜冻等气象灾害,加强冬季作物的管理,做好农作物防冻和畜禽保暖工作,并做好来年春天农作物的种植规划。

(一)粮食作物农事

要及时收割晚稻,收挖秋大豆、秋花生、晚甘薯,在小雪后三五天播种完小麦,因为这时气温尚高,日照充足,有利于出苗。播种时应施足基肥,遇干旱要及时灌水和中耕除草,对播种时未施基肥或基肥不足的,要及时追肥。小麦种完后,抓紧播种大麦,大麦的生育期比小麦短,迟播早熟,适应性广,可适当多种。单、双季稻田均可以种，并不影响早稻的适时播种。

(二)果园农事

晚熟的水果如猕猴桃品种"金魁""华特"等，要及时采收入库。为葡萄、猕猴桃、桃、李等水果的果树施基肥喷水。此外，要做好果树冬季修剪准备工作和果树防寒越冬准备。另外，还要做好今冬明春果树种植规划。

(三)蔬菜农事

清理田间秸秆，深翻土壤，减少病虫害发生。大棚番茄、黄瓜、茄子、辣椒等喜温性作物要加强保温防寒，并适时浇水和及时采收。另外，要注意大棚内温度和湿度的控制，预防灰霉病、霜霉病、疫病等病害。另外，也要做好今冬明春蔬菜种植规划。

(四)茶园农事

首先要清理茶园，将园内的枯枝、残叶、杂草等加以清理，减少茶园内越冬病虫的基数，并在 11 月底前完成药剂封园工作。同时，还要提前做好根颈培土和茶丛覆盖，预防茶园受寒受冻。此外，新茶园的种植应开深沟、施足有机肥，提高茶苗成活率。

(五)畜牧农事

"牛驴骡马喂养好，冬季不能把膘跌"，这一时节对于牲畜来说要抓秋膘。为给草食家畜储足越冬草料，应做好人工牧草种植工作。入冬放牧要注意晚出早归，同时对畜禽舍和栏舍要采取保温御寒措施，特别注意做好幼崽的保暖工作。

(六)水产养殖

做好鱼苗、蟹苗等的越冬管理，以提高成活率。此时应给苗塘适当加深水位，为底部的鱼苗等保温，并补充适量的藻类肥水；苗塘中的水若封冰，则要立马破冰，防止鱼苗等因长时间封冰出现缺氧或者气泡病的情况。小雪之后，水产品水霉病多发，注意防止水产动物应激损伤，减少水霉病发病率。

三、小雪的风俗文化

(一)备衣物

小雪节气，人们就要开始准备御寒衣服和取暖工具了，同时房内会挂上棉帘以防寒。比较典型的取暖工具有以下几种。

1. 香囊

这个香囊不是端午节那种用布做的香囊,而是一种金属制的三层圆球。大户人家用金银,经济条件差一点的人家用铜。外层镂空分上下两层,以子母扣链接,第二层是两个同心圆环,以活轴链接外壁和最里层的焚香盂。使用的时候一般藏在袖子里,焚香盂里面点上熏香,既可以焚香也可以燃烧,一般是古代富贵人家使用的取暖工具。

2. 铜手炉

据说铜手炉产生自隋唐时期,富贵人家和平民百姓都使用,取暖的功能比香囊好得多。铜手炉由炉身、炉罩、提梁三部分组成。炉身盛放炭火发热,炉罩上有孔散热,提梁便于携带,还配有拨火勺翻动炭火。普通人家用的外形比较简单,而富贵人家用的往往还要在外壁上雕刻云纹等装饰,更为美观。

3. 汤婆子

汤婆子又称"锡夫人""汤媪""脚婆",在北方地区俗称"烫壶"。它可以说是古时的热水袋,是普通人家用的东西。外形为扁扁的圆壶,有铜、锡、陶瓷等材质,常套上大小相仿的布袋来防止烫伤。上方开有带螺帽的口,用来注入热水,以收到取暖效果。

(二)备食物

冬天天气寒冷,食物匮乏,因此百姓常常还要为冬天吃饱肚子做好万全的准备。小雪节气的很多习俗活动和饮食有关,包括腌咸菜、做腊肉、品尝糍粑、晒鱼干、吃刨汤、酿小雪酒等。

1. 腌菜腌肉

俗语云:"小雪腌菜,大雪腌肉。"小雪之后,家家户户开始腌制、风干各种蔬菜来延长蔬菜的存放时间,以备过冬食用。这个习俗古已有之,清代厉惕斋在其《真州竹枝词·引》中记载:"小雪后,人家腌菜,曰'寒菜'……蓄以御冬。"白菜和萝卜是最常见的蔬菜食材。

在我国,腌制腊肉已有几千年的历史,民间有"冬腊风腌,蓄以御冬"的说法。每逢冬腊月,即"小雪"至"立春"前,家家户户杀猪宰羊,除留够过年用的鲜肉外,其余加上食用盐,配以一定比例的花椒、大茴、八角、桂皮、丁香等香料,腌入缸中。等7～15天后,用粽叶绳索串挂起来,滴干水,进行加工制作。选用柏树枝、甘蔗皮、椿树皮或柴草火慢慢熏烤,然后挂起来用烟火慢慢熏干而成。

为什么大家都喜欢在小雪这个节气开始腌菜腌肉呢?因为如果天气热,腊肉很容易变坏发臭。小雪过后,气温基本就呈直线下降的状态,不太会反弹,天气变得干燥,腌菜、腊肉更易存放,到了过年时正好拿出来做年货,这慢慢地变成了风俗。

2. 品尝糍粑

在南方,小雪前后有品尝糍粑的习俗。糍粑由糯米蒸熟再通过特质石材凹槽冲打而成,手工打糍粑很费力,但是做出来的糍粑柔软细腻,味道极佳。糍粑有纯糯米做的,有小米做的,也有糯米和小米拌和做的,还有玉米和糯米拌和打成的。俗语云"十月朝,糍粑碌碌烧"。"碌碌烧"是非常形象的客家语言,"碌"是像车轮那样滚动,这里意思是用筷子卷起糯米粉团,像车轮那样前后上下左右,四周滚动粘上芝麻、花生、砂糖;"烧",即热气腾腾。吃糍粑一要热,二要玩,三要斗(比较),才能体味"糍粑碌碌烧"的农家乐趣。

3. 吃刨汤

吃刨汤是土家族的风俗习惯。小雪前后,土家族百姓会举行一年一度的"杀年猪,迎新年"的民俗活动。用热气尚存的上等新鲜猪肉,精心烹饪而成的美食称为"刨汤",很适合冬季养生食用。

4. 酿酒

小雪酒是在小雪后,用新粮食酿酒。《诗经·七月》云:"十月获稻。为此春酒,以介眉寿。"冬天酿酒经春始成,叫作"春酒";人老眉间有毫毛,因此眉寿即为长寿。这句话的意思是说十月下田收获了稻米,用它酿酒来祈求长寿。选择在冬季酿酒的另外一个原因是,古时岁末多有大规模的祭祀和庆典活动,都需要用到酒。

近代各地民间酿酒,大多按照这个时间。浙江安吉入冬后,家家酿制林酒,称为过年酒。平湖一带农历十月上旬酿酒储存,称为"十月白"。用纯白面做酒曲,并用白米、泉水来酿酒的,叫作"三白酒"。到春月在其中加入少许桃花瓣,又称为桃花酒。孝丰在立冬酿酒,长兴在小雪后酿酒,都称为小雪酒。该酒储存到第二年,色清味冽,这是因为小雪时,水极其清澈,足以与雪水相媲美。

5. 炒米

除了腌制寒菜、腊肉,很多地方的百姓还要把糯米炒熟储存起来,以供寒冬时泡开吃,当地民谚说:"炒糯米曰'炒米',蓄以过冬。"

6. 晒鱼干

小雪时,我国台湾中南部海边的渔民们会开始晒鱼干、储存干粮。乌鱼群会在小雪前后来到台湾海峡,另外还有旗鱼、沙鱼等。嘉义县布袋镇一带有谚语"十月豆,肥到不见头"。意思是到了农历十月,可以捕到"豆仔鱼"。

四、小雪的谚语表达

有关小雪节气的谚语流传下来的也有很多,有的反映小雪节气的天气特点,有的是祖辈对农业生产的深刻总结,还有的通过小雪节气这天的天气情况来预测后期的天气情况或来年的农业收成。

(一)常见谚语

(1)小雪封地地不封,老汉继续把地耕。

小雪节气气温降幅不大,土壤未完全封冻,可以继续冬耕。

(2)小雪铲白菜,大雪铲菠菜。小雪不起菜(白菜),就要受冻害。

小雪节气如果还不收获露天种植的白菜,那白菜就可能受到冻害。白菜收获前十天左右即停止浇水,做好防冻工作,以利贮藏,尽量择晴天收获,收获后向阳晾晒 3~4 天,待白菜外叶发软后再进行储藏。

(3)小雪见青天,有雨在年边。

"青天"就是指蓝蓝的天空,如果小雪节气这天是个大晴天,那么冬季的雨(雪)水会较为充足,一直会持续到年边,也就是在过年前这一段时间降雨(雪)的天气较多。这句谚语有明显的地域性,并非适用于我国所有地区。有些地区的谚语则认为小雪节气出现大晴天反而会带来干旱。

(4)小雪无云大雪补,大雪无云百姓苦。

小雪节气当天没有阴天或者降水,那么就要看下面一个节气大雪了,大雪节气当天出现了阴天或者降水,也预示着不错的年景。如果小雪大雪都没有出现降水,那么就会出现"百姓苦"的结果,漫长的冬季将会在干旱中度过,干旱的冬季往往也会比较暖和,这在百姓看来绝不会是一个好年景。这也被很多老人说成:该冷不冷,不成年景,该热不热,五谷不结。

(5)小雪雪满天,来年必丰年。

这句谚语有三层含义:一是小雪落雪,来年雨水均匀,无大旱涝;二是下雪可冻死一些病菌和害虫,来年减轻病虫害;三是积雪有保暖作用,利于土壤的有机物分解,增强土壤肥力。所以在小雪下雪,来年肯定丰收。

(6)小雪不见雪,来年长工歇。

这是在北方地区流传的一句谚语。如果到了小雪节气还没看到过一场雪,那预示着今冬的天气比较反常,来年就可能会出现大的旱情或者是洪涝灾害,就算是种植农作物产量也不会高,劳动人民自然就要在家休息了。

(二)其他谚语

小雪封地,大雪封河。

节到小雪天下雪,地寒木深雪未大。

小雪收葱,不收就空。萝卜白菜,收藏窖中。小麦冬灌,保墒防冻。植树造林,采集树种。改造涝洼,治水治岭。水利配套,修渠打井。

立冬下麦迟,小雪搞积肥。

立冬小雪北风寒,棉粮油料快收完。油菜定植麦续播,贮足饲料莫迟延。

小雪点青稻。

小雪满田红。

到了小雪节,果树快剪截。

小雪虽冷窝能开,家有树苗尽管栽。

小雪到来天渐寒,越冬鱼塘莫忘管。

小雪大雪不见雪,小麦大麦粒要瘪。

小雪有霜,百姓吃糠。

小雪大雪不见雪,来年灭虫忙不赢。

小雪不把棉柴拔,地冻镰砍就剩茬。

小雪地不封,大雪还能耕。

小雪棚羊圈,大雪堵窟窿。

小雪不耕地,大雪不行船。

小雪地能耕,大雪船帆撑。

小雪不封地,不过三五日。

小雪不分股,大雪不出土。

夹雨夹雪,无休无歇。

时到小雪,打井修渠莫歇。

小雪不见雪,大雪满天飞。

小雪有雨十八天雨,小雪无雨十八天风。

小雪下了雪,来年早三月。

小雪西北风,当夜要打霜。

小雪不下看大雪,小寒不下看大寒。

五、诗情词韵中的小雪

雪是个充满诗意的存在,是冷冽冬日的一抹温柔。古人非常喜爱小雪这个美丽的节气,雪虽冷,却以一种洁白明净的视觉感,让人期待。同时,初冬萧瑟,万物欲休,更容易引发诗人孤独寂寥之感。与小雪节气有关的比较有代表性的古诗,有以下几首。

(一)元稹的《咏廿四气诗·小雪十月中》

咏廿四气诗·小雪十月中

莫怪虹无影,如今小雪时。阴阳依上下,寒暑喜分离。

满月光天汉,长风响树枝。横琴对渌醑,犹自敛愁眉。

这首诗是唐代诗人元稹写的二十四节气组诗《咏廿四气诗》中的小雪篇。在诗歌的首联和颔联中,诗人给民众普及了小雪节气的物候特征:不要责怪彩虹怎么就不见了踪影,那是因为如今已经到了小雪时节;这个时候,天空中的阳气上升,阴气沉降,寒气到来,暑气逃离,从而导致天地不通,万物失去生机。颈联继续写小雪节气这一天的天气状况,月亮正圆,月光却十分清寒且洒满天际,稀疏的树林间不时有冷风吹过,仿佛在提醒人们冬季即将到来,该准备御寒的衣物了。尾联点出诗人在小雪天能做的事情——抚琴和饮酒,然而面对着美酒瑶琴,诗人情绪却很低落,以至于敛愁眉。为什么呢?因为在这样的小雪天,诗人没有白居易《问刘十九》中"晚来天欲雪，能饮一杯无"那样可以与之对饮的好友，他独自抚琴饮酒，该是何等的孤独寂寞！

　　元稹的这首诗，不仅让我们了解了小雪节气的气候物候知识，还通过诗人的借景抒情，让我们感受到了古代文人在小雪时节的闲意与孤愁，是值得反复吟诵的好诗。

（二）徐铉的《和萧郎中小雪日作》

和萧郎中小雪日作

征西府里日西斜，独试新炉自煮茶。篱菊尽来低覆水，塞鸿飞去远连霞。
寂寥小雪闲中过，斑驳轻霜鬓上加。算得流年无奈处，莫将诗句祝苍华。

　　这首诗是五代宋初诗人徐铉在小雪节气和萧郎中所写的一首七言律诗。诗歌首联写在日暮的征西府中，诗人正试着新炉煮茶，点出了小雪之日悠闲自在之意。颔联诗人的视线由屋内转向了室外，篱笆旁的菊花正不惧寒冷，独自盛放，硕大的菊花覆盖住了地上的水渍；远望天空，鸿雁南飞，它们越飞越远，仿佛要飞入灿烂的晚霞中。诗人在这儿既点明了小雪节气天气寒冷的气候特征和残菊盛开、鸿雁南飞等初冬典型的景物特征，也为下文表达诗人的寂寥之情做了情感铺垫。颈联写寂静萧条的小雪时节，在悠闲中度过；青丝白发相互交错，双鬓之上又添白发。由此触动了尾联中诗人对时光流逝、催人苍老的无奈感，同时他又绝不用新作的诗句来祝贺头发灰白，可见诗人的心态是相当豁达的。

　　自古文人喜欢在小雪时节用清澈的雪水煮茶，诗人正是在烹茶之际，看到初冬萧瑟的景物，从而引发了对时光逝去的感叹。

（三）方回的《小雪日观残菊有感》

小雪日观残菊有感

欲雪寻梅树，余霜殢菊枝。每嫌开较晚，不道谢还迟。
早惯饥寒困，频禁盗贼危。少陵情味在，时讽浣花诗。

　　这首诗是生活在宋末元初之际的诗人方回所作的小雪节气咏菊诗。诗歌首联道出了小雪节气的天气特征和景物特征，即天寒将雪，因此诗人想外出寻访耐寒的梅花是否开放，却发现被寒霜覆盖的残菊依然盛开着，正应和了"菊残犹有傲霜枝"的景象。颔联说每次都嫌菊花开得太晚，却不知道它凋谢得也很迟,这是写菊花的耐寒,正因如此,故而它在初冬时节仍能风姿犹存,这就为颈联写自己的人生多艰、吟啸徐行奠定了乐观豁达的感情基调。同时,"开较晚""谢还迟"表明菊花不喜欢与百花齐开,它的独自绽放,成了初冬最为靓丽的一道风景。菊花,耐得住寂寞,受得住困苦,正是菊花具有的高贵品质。这何尝不是诗人的一种自喻呢!

整首诗以诗人在小雪之日观赏残菊为背景,赞赏了菊花耐寒顽强的品质,并以菊自喻,表达了不向艰难困苦低头、乐观豁达的精神。

六、思考题

(1)小雪时节,你的家乡有哪些农事活动?

(2)小雪时节,你的家乡有哪些风俗文化活动?

第三节 大 雪

大雪节气是二十四节气中的第二十一个节气,入冬后的第三个节气,交节在公历 12 月 7 日前后,太阳到达黄经 255°,直射点接近南回归线。此时,北半球昼短夜长,气温更低,天气更冷,降雪的可能性更大。南北朝时期《三礼义宗》记载:"时雪转甚,故以大雪名节。"[1]《月令七十二候集解》记载:"大雪,十一月节。大者,盛也。至此而雪盛矣。"相对于小雪节气,大雪意味着雪"坐住了",随下随积,有了积雪。小雪、大雪之小大,并非形容降水量之多寡,而是形容积雪之有无。它和雨水、谷雨、小雪一样,都是直接反映降水的节气。古人之所以将这个节气命名为"大雪",是因为"雪"是水汽遇冷的产物,代表寒冷与降水。这个节气的特点是气温显著下降、下雨或下雪。"大雪"反映的是这个节气期间的气候变化,寒流活跃气温下降、降水增多,并不是表示这个节气期间会下很大的雪。节气大雪与天气大雪意义不同,节气大雪是表示节气期间气温显著下降且降水增多,而天气大雪是指下大量的雪。

我国古代天文学家科学总结认为,冬天大雪多兆次年岁稔。唐《开元占经·雪》谓:"《元命包》曰:'阴阳凝为雪。'《氾胜书》曰:'雪者,五谷之精。'曾子曰:

---

① （南朝梁）崔灵恩《三礼义宗》卷三,清光绪九年(1883 年)玉函山房辑佚书本,第 17 页。

'阴气胜则凝为雪。'《穆天子传》曰：'雪盈表尺年丰。'《八节占》曰：'冬有积雪，岁美人和。'又曰：'冬祁寒降雪盈尺，年丰岁稔之候。'"作为二十四节气之一的大雪，自然也是古人长期观察总结天地人各种知识和经验的结晶，它既昭示着气候温度的变化指导农事生产，也与社会治理、民众生活等统一在一起，并被赋予丰富的文化内涵，影响着千家万户的衣食住行。

一、大雪的气候物候

(一)气候

气温。大雪时节到来，我国大部分地区的最低温度都降到了0℃或以下，除了华南和云南南部的无冬区以外，辽阔的大地都已披上了冬日盛装。北方大部分地区12月份的平均温度为−20℃～−5℃，其中东北、西北地区平均气温已达−10℃以下，黄河流域和华北地区气温也稳定在0℃以下。但在南方，特别是广州及珠三角一带，却依然草木葱茏，干燥的感觉还是很明显。南方地区冬季气候温和而少雨雪，平均气温较长江中下游地区高2℃～4℃，雨量仅占全年的5%左右，南方的强冷空气过后，有时也会出现霜冻。

大雪。大雪时节气温下降，此时的黄河流域一带已渐有积雪，而在更北的地方，则已是大雪纷飞，"千里冰封，万里雪飘"的北国风光了。虽然大雪节气到来意味着天气更加寒冷，降雪可能性也增大，但并不是说降雪量会很大，相反，大雪后各地的降水量均进一步减少。在南方，很难目睹到大地白雪皑皑、绿树披银饰玉的美景。这时，华南气候还有多雾的特点，一般12月是雾日最多的月份。雾通常出现在夜间无云或少云的清晨，气象学称之为辐射雾。"十雾九晴"，雾多在午前消散，午后的阳光会显得格外温暖。

雾凇。根据数据统计，一般每年11月开始到次年2月，西北、东北以及长江流域大部，先后会有雾凇出现，湿度大的山区比较多见。雾凇是低温时空气中水汽直接凝华，或过冷雾滴直接冻结在物体上的乳白色冰晶沉积物。我国冬季雾凇日比较多的地方有黑龙江、吉林、新疆北部、陕西北部，其中以吉林的雾凇最为有名，连续几天的雾凇，使树木呈现玉树琼枝般的效果。雾凇是受到人们普遍欣赏的一种自然美景，但是它有时也会成为一种自然灾害，严重时会将电线、树木压断，影响交通、供电和通信等。

冻雨。大雪时节，强冷空气到达南方，尤其是在贵州、湖南、湖北等地，较容易出现冻雨现象。冻雨是从高空冷层降落的雪花，到中空冷层有时会融化成雨，再降至低空冷层，成为温度虽然低于 0℃ 但仍然是雨滴的过冷却水。当过冷却水滴从空中下降，到达地面，碰到地面上的任何物体时，立刻发生冻结，形成冻雨。出现冻雨时，地面及物体上出现一层并不平整的冰层，对交通、电力、通讯都会造成极大影响，还会造成果树损毁。根据《长江中下游气候》一书统计，每年 12 月，长江中下游地区气温在 −3℃～0℃ 时，容易出现冻雨，冻雨出现概率占到 76％。

相比于吉林、黑龙江和新疆的雾凇，贵州、湖南和湖北的冻雨，华南的辐射雾，大雪常常是人们赞美的对象。白雪皑皑，漫山遍野，大地万物被似玉般的雪覆盖，即使夜晚也会被照亮得如同白昼。松软的雪地踩上去嘎吱嘎吱的声音连同那一串串脚印，让人不由得感叹"生活如雪后初霁的大地，足之所至，迹必留之。"

(二)物候

我国古代将大雪分为三候："一候鹖鴠不鸣，二候虎始交，三候荔挺出。"

一候鹖鴠不鸣。初候，鹖鴠不鸣。《禽经》曰："鹖，毅鸟也。似雉而大，有毛角，斗死方休，古人取为勇士，冠名可知矣。"[1]《汉书音义》[2]亦然。《埤雅》云："黄黑色，故名为鹖。"[3]据此，本阳鸟，感六阴之极不鸣矣。鹖鴠，据两晋郭璞《方言》云："似鸡，冬无毛，昼夜鸣，即寒号虫。"大雪之日"鹖鴠不鸣"，鹖鴠是寒号虫，求旦之鸟，大雪时，此阳鸟感阴至极而不鸣，"夜之漫漫，鹖鴠不鸣"；意思是说大雪节气是至阴的节气，因天气寒冷，寒号鸟也不再鸣叫了。

二候虎始交。虎，猛兽。故《本草》曰："能避恶魅，今感微阳气，益甚也，故相与而交。"[4]大雪是至阴的节气，所谓"反者道之动也"，正所谓盛极而衰，阳气已有所萌动，至阴之中也蕴含着阳的种子，这是古人阴阳转换的观念。作为猛

---

[1] 《禽经》是中国最早的一部鸟类文献。旧题春秋时师旷著，晋张华注，民国十六年至十九年(1927—1930 年)宋百川学海本，第 7 页。

[2] (魏)如淳《汉书音义》(西元 221—265)，卷中，清光绪十三年(1887 年)本，第 1 页。

[3] 《埤雅》是一部名物训诂方面的著作，由北宋名臣、著名经学家陆佃历经 40 余年撰著而成，卷七，明嘉靖(1522—1566 年)重修本，第 47 页。

[4] 《本草》撰人不详，其成书年代自古就有不同考论，或谓成于秦汉时期，或谓成于战国时期。《本草原始》卷九《兽部》，明万历四十年(1612 年)刻本。

兽之王的老虎,感受到天地间萌动的阳气,开始有了交配的行为。

三候荔挺出。荔,《本草》谓之蠡,实即马薤也。郑康成、蔡邕、高诱皆云马薤,况《说文》云:"荔似蒲而小,根可为刷,与《本草》同。""荔挺"也可简称为"荔",兰草的一种,也就是我们现在说的马兰花。大雪节气前后,这种植物"感阳气萌动而抽新芽",为来年生长做准备,蕴积了强大的生命力量,独与严寒抗衡,震撼人心。

二、大雪的农事活动

俗话讲"瑞雪兆丰年""今年麦盖三层被,来年枕着馒头睡",这是因为雪不仅因为其美被人们欣赏,更因为其"营养"丰富被人们所期盼。未融化的积雪犹如越冬作物的棉被;积雪慢慢融化,缓缓渗入土壤,其所含氮肥又慢慢滋养冬日作物。这个时节的农事活动还要根据气候物候而定。

(一)保温抗寒

在北方,大雪节气后,冬小麦完全进入冬眠状态,停止生长,但农事活动仍然不能放松,麦田管理以保苗为主。如果麦田整地粗糙,坷垃多,底墒不足,苗弱苗黄、抗寒能力较差的地块会出现冻害,影响小麦的生长和产量。大雪时节的降雪量虽然在增长,但是全国大部分地区的降水量却减小了,天气较为干燥,因此防止冬小麦的干旱死苗是很重要的农事活动。如果下雪不及时,需要在天气转暖时浇水,提高冬小麦的越冬能力,这对春旱和冬小麦返青十分有利。严冬时节,积雪覆盖大地,地面及农作物周围的温度得以留存,不会因寒流侵袭土壤温度降得很低,起到保暖作用,从而为过冬作物提供了良好的越冬环境。所以,民间还有"大雪纷纷落,明年吃馍馍"的说法。

(二)追施腊肥

大雪时节的积雪可以增温保墒,在温度较高的土壤中,细菌能继续繁殖,许多有机质腐烂分解,增加了土壤养料。同时,积雪中含有大量的无机盐,雪水中氮化物的含量也是普通雨水的 5 倍,有一定的肥田作用,减少了部分田间管理施肥的农事活动。但是,江淮及以南地区的小麦、油菜仍在缓慢生长,要注意施好肥,为安全越冬和来春生长打好基础。华南、西南地区小麦进入分蘖期,应结合中耕施好分蘖肥,注意冬作物的清沟排水。严寒天气下,窖藏的蔬菜和薯类要常常检查,做好通风透气,窖不可封闭太严,使窖藏农产品在不受冻害的前提下尽可能地保持较低的温度,以免温度过高、湿度过大出现烂窖现象。

(三)除虫灭病

古有"冬无雪,麦不结""大雪兆丰年,无雪要遭殃"的说法,除了上述保温抗寒、抗旱、增肥力保养料的作用外,积雪还可以阻塞地面空气的流通,使一部分害虫窒息而死。而且,积雪融化时消耗热量很大,土壤温度骤降,可将土壤表层和作物根茎周围的病毒、害虫和虫卵冻死,减少来年病虫害的发生。

(四)管理副业

大雪时节,严寒低温,牲畜圈舍需要修葺整理,助畜禽安全过冬。大雪后白天光照时间缩短,雨雪天气较为频繁,可能会存在光照强度不够等问题,农户应注意大棚保温,延长光照时间早揭晚盖多见阳光,还可以利用植物生长灯进行人工补光,并及时做好破损棚膜的修补及后墙、后坡的保温工作,以提高温度、促进生长。这时候大多数蔬菜大棚秋冬茬蔬菜正处在生长期,要加强中耕松、绕蔓绑蔓、整枝打杈、辅助授粉、疏花疏果、浇水追肥等管理提升坐果率,产出高品质果实。冬春茬蔬菜正处在育苗期,做好施肥和整地工作,做好定植准备,栽种时深度、密度适宜,及时浇足定植水。

(五)果树修剪

大部分果树进入休眠期,但树体内部仍然在活动,因此冬季果园仍要进行管理、修剪。果树冬季修剪后,清除果园枯枝、病叶、僵果、残叶等;刮除枝干病斑,能有效降低果园的病虫越冬基数。

(六)茶园管理

秋冬季施入茶园的肥料数量足、营养全,来年的春茶萌发早、产量高、品质优。将杂草和茶树修剪下的枝叶深埋土中,耕锄深度 10～15 厘米,树冠内浅耕,树冠外深耕,土块敲细耙平。对发生茶煤病、纹枯病、茶饼病的病树连根挖除,及时烧掉;对茶树老叶和树枝进行一次翻看清查,对发现有虫卵、虫包、虫茧的枝叶采取及时摘除、集中焚烧处理。最后对茶园封园,用石硫合剂进行茶园全面喷洒,可以有效降低越冬害虫和病原菌。

人们还会通过大雪当天的天气来预测来年的天气和雨水情况,可以对农业生产起到一定的指导作用。比如有"大雪不冻倒春寒,大雪不寒明年旱""大雪晴天,立春雪多""大雪下雪,来年雨不缺"等谚语。这都源自于人们对自然界的观察与总结,是劳动人民长期经验与智慧的结晶。

三、大雪的风俗文化

时节的变化,也给人们的生活带来了丰富多彩的活动。大雪时节的人们生活也别有一番雪与冰的乐趣。

(一)观赏封河

俗话说:"大雪河封住,冬至不行船。"在东北,大雪时节还有制作和欣赏冰雕、雪雕的风俗。到了大雪时,河水已冻冰,各地的冰场顿时成了冬季里最热闹、最好玩的去处。不论是大人还是孩子,有滑冰的、滑冰车的,也有打冰猴的。但是,我国北方也不乏有一些河水并未冻实的情况,从安全的角度考虑,人们可以在岸上欣赏封河的风光,尚不能走上冰河滑冰、嬉戏打闹。

(二)赏雪景

古时大雪时节,人们多在冰天雪地里赏雪景,感受大雪的美丽,净化心灵。《东京梦华录》有关腊月的记载,"此月虽无节序,而豪贵之家,遇雪即开筵,塑雪狮,装雪灯,以会亲旧"。南宋周密《武林旧事》也描述了杭州城内王室贵戚在大雪天的活动:"禁中赏雪,多御明远楼。后苑进大小雪狮儿,并以金玲彩缕为饰,且作雪花、雪灯、雪山之类,及滴酥为花及诸事件,并以金盆盛进,以供赏玩。"

(三)大雪藏冰

老百姓的智慧是无穷的,他们会利用大雪藏冰为夏日消暑做准备。官府或民间藏冰的习俗由来已久,我国冰库的历史至少已有 3000 年以上。《诗经·豳风·七月》记载:"二之日凿冰冲冲,三之日纳于凌阴。"意思是十二月凿下冰块,正月搬进冰窖中。据史籍记载,西周时期的冰库就已颇具规模,当时称为"凌阴",管理冰库的人则称为"凌人"。《周礼·天官·冢宰·凌人》载:"凌人掌冰正,岁十有二月,令斩冰,三其凌。"这里的"三其凌",即以预用冰数的 3 倍封藏。西周时期的冰库一般建造在地表下层,并用砖石、陶片之类砌封,或用火将四壁烧硬,故具有较好的保温效果。1976 年,在陕西秦国雍城故址,考古人员曾发现一处秦国凌阴,可以容纳 190 立方米的冰块。

(四)喝红薯粥

在山东地区,大雪时节有喝红黏粥的习俗。鲁北民间有"碌碡顶了门,光喝红黏粥"的说法。天寒地冻,正值农闲时节,当地人穿上了厚厚的棉衣,不再频繁地进行户外活动,人们将家中的红薯和杂粮熬制成黏糊糊的粥,在家里多喝一些红薯粥既取暖又充饥。而且,红薯富含大米以及面粉里缺少的赖氨酸,对人的身体非常有益,可以提高人体的免疫力,减少在寒冷的冬天感冒发烧的机会,同时红薯也是一种非常好的减肥食物,颇受一些女孩子的欢迎。

(五)腌制咸货

在南方,有"小雪腌菜,大雪腌肉"的习俗。大雪时节一到,我国南方很多地区就开始了腌制腊肉、腊肠的工作。腌肉就是用食盐腌制,是家家户户忙着腌制的"咸货"之一。经过一道道工序腌制好的腌肉,从缸中取出,挂在朝阳的屋檐下晾晒干,以迎接新年。好的腌肉外观清洁,刀工整齐,肌肉结实,表面无黏液,肥膘稍有黄色,切面色泽鲜红,十分诱人。

(六)捕捞乌鱼

在我国台湾地区,大雪是捕捞乌鱼的好时节,谚语"小雪小到,大雪大到",是指从小雪时节开始,乌鱼群就慢慢进入台湾海峡,到了大雪时节因为天气越来越冷,乌鱼沿水温线向南回流,汇集的乌鱼群也越来越多,整个台湾西部沿海都可以捕获乌鱼,产量非常高,常被当作上等佳肴来招待宾客。

(七)其他风俗文化

大雪时节白天变短,夜晚变长,田间耕作减少,北方女性就开始进行纺织类活动,在家中用织布机织布;南方则是进入自家小作坊,做一些刺绣类活动到深夜。

滇西北泸沽湖地区的摩梭人自古流传着祭牧神节,于每年的十一月十二日举行祭祀节日,正值大雪时节。鄂温克和鄂伦春族的传统节日——米特尔节,流行于内蒙古陈巴尔虎旗,每年在农历十一月十三日举行。这一天,有羊群的要把种羊归入羊群,卖一些大牲畜,宰杀过冬和春季食用的牛羊并贮存起来,确保冬季有足够的冻肉和粮食食用。

四、大雪的谚语表达

二十四节气是中华民族的原创文化,是先农智慧的结晶和经验的总结,每一个时节都体现了先民对顺应天时、天人合一思想的认知。大雪时节的寒、暖、风、雪等天气现象的出现,均对来年有影响,人们在生活生产实践中不断观察总结,形成了一条条极具智慧的谚语。

(一)常见谚语

(1)大雪不冻,惊蛰不开。

这个多地都适用的谚语,是指如果大雪节气的时候,气温还比较高,天气比较暖和的话,到了惊蛰的时候就依然比较寒冷。"惊蛰不开"是指到了惊蛰的节气,土地还被冰雪覆盖着。

(2)冬雪回暖迟,春雪回暖早。

这是浙江当地关于大雪的谚语,意思是在冬天下雪了,天气回暖就比较慢,而如果是在春天降雪了,那回暖就比较早。实际上,对农事活动来讲,人们都是喜欢冬雪的,因为有谚语"冬雪是个宝,春雪是根草""腊雪是宝,春雪不好"。

(3)积雪如积粮。

寒冷的冬天降下大雪,对农田作物生长比较有益,预兆着来年有较好的收成,看到今冬的积雪,就如同看到了明年收获的成堆粮食一样。

(4)大雪半融加一冰,来年病虫发生轻。

大雪时节如果积雪略微融化时,又遇冷空气降温结冰,田间越冬的草和虫子被冻死不少,来年的病虫基数就会减少,而且冻死的草和虫子以及雪中的氮肥都可以作肥料,滋养着土地,来年的庄稼作物自然长势就会更好。

(5)大雪封地一薄层,拖拉机还能把地耕。

大雪时节的农田还没有完全冻实,机械化作业还能翻耕。同样的还有"半上午插犁半下午停,中午前后把地耕"。

(6)冬天进补,开春打虎。

大雪时节是进补的好时节,能调节体内的物质代谢,使营养物质转化为能量,最大限度地贮存于体内,有助于体内阳气生发。

(二)其他谚语

冬天聚热下大雪。

大雪河封住,冬至不行船。

大雪晴天,立春雪多。

大雪不冻倒春寒。

大雪不寒明年旱。

大雪下雪，来年雨不缺。

寒风迎大雪，三九天气暖。

先下小雪有大片，先下大片后晴天。

先下大片无大雪，先下小雪有大片。

沙雪打了底，大雪蓬蓬起。

落雪是个名，融雪冻死人。

冬雪是个宝，春雪是根草。

大雪纷纷是丰年。

雪有三分肥。

雪在田，麦在仓。

冬无雪，麦不结。

大雪三白，有益菜麦。

冬雪一层面，春雨满囤粮。

今年大雪飘，来年收成好。

今冬雪不断，明年吃白面。

白雪堆禾塘，明年谷满仓。

大雪纷纷落，明年吃馍馍。

冬雪一层面，春雨满囤粮。

麦浇小，谷浇老，雪盖麦苗收成好。

雪盖山头一半，麦子多打一石。

冬天麦盖三层被，来年枕着馒头睡。

麦浇小，谷浇老，雪盖麦苗收成好。

冬雪消除四边草，来年肥多害虫少。

化雪地结冰，上路要慢行。

雨水泥泞溅一身，冰地摔倒伤骨筋。

大雪时节风刮起，身上冻伤要流血。

五、诗情词韵中的大雪

冬，虽不像春日里草长莺飞，不像夏日里生机盎然，不像秋天里硕果累累，但有"大河上下，顿失滔滔""千里冰封，万里雪飘""山舞银蛇，原驰蜡象"的迷人景致，更有傲雪枝头的醉人清香……

大雪，虽天气清寒，但诗情画意。雪，落在掌心，寒凉轻盈；雪，落在大地，却从不生根。虽不曾留住它，但它却装饰过这片大地，涤荡过我们的心灵，留下一首首诗词，倾诉着大雪节气的美。

(一)元稹的《咏廿四气诗·大雪十一月节》

咏廿四气诗·大雪十一月节

积阴成大雪，看处乱霏霏。

玉管鸣寒夜，披书晓绛帷。

黄钟随气改，鹖鸟不鸣时。

何限苍生类，依依惜暮晖。

这是唐代诗人元稹所写的一首关于节气大雪的诗歌，描写了大雪节气里的寒冬场景。诗人首联利用"积阴"以示酷寒之气，以"霏霏"指大雪盛密之状，描写了大雪节气的特点与自然景象，阴气不断积聚，大雪纷飞，以致漫天遍野、银装素裹，到处白茫茫一片，似乎整个世界都一下子安宁了下来，显得是那么的纯净。颔联描述了这个节气的人们在此寒冬时节的活动。每到这时候的夜晚，有人吹奏乐器，有人开卷读书，似乎要在遥遥寒夜里，努力驱散那阴冷寒凝之气，不知不觉也就到了拂晓。颈联描写了此时预测节气的黄钟律管也快要飞灰响应冬至了，鹖鸟也冷得不再鸣叫。这一句和大雪时节初候的"鹖鴠不鸣"相一致，亦是描写此时节的寒冷天气。尾联，诗人又在感叹这阴极的冬末，就如同一天中的暮色那样，令人珍惜不已。

(二)柳宗元的《江雪》

江　雪

千山鸟飞绝，万径人踪灭。

孤舟蓑笠翁，独钓寒江雪。

前两句"千山鸟飞绝,万径人踪灭"描写雪景,"千山""万径"都是夸张语。山中本应有鸟,路上本应有人;但却"鸟飞绝""人踪灭"。诗人用飞鸟远遁、行人绝迹的景象,渲染出一个荒寒寂寞的境界,虽未直接用"雪"字,但读者似乎已经看到了铺天盖地的大雪,已经感觉到了大雪时节凛冽逼人的寒气。后两句"孤舟蓑笠翁,独钓寒江雪",刻画了一个寒江独钓的渔翁形象,在漫天大雪几乎没有任何生命的地方,一条孤单的小船上,渔翁身披蓑衣,独自在大雪纷飞的江面上垂钓。此诗描写了大雪时节大雪封山鸟飞绝的景象。

(三)白居易的《夜雪》

夜　雪

已讶衾枕冷,复见窗户明。

夜深知雪重,时闻折竹声。

作者对大雪进行了非常精妙细微的描述。前两句从触觉(冷)写起,再转到视觉(明)。第一、二句描述了天气寒冷,人在睡梦中被冻醒,惊讶地发现盖在身上的被子已经有些冰冷。疑惑之间,抬眼望去,只见窗户被映得明亮亮的。"冷"字,暗点出落雪已多时,因为一般来说,雪初落时,空中的寒气全被水汽吸收以凝成雪花,气温不会骤降,待到雪大时,才会加重寒意。"讶"字,也是在写雪。人之所以起初浑然不觉,待寒冷袭来才忽然醒悟,皆因雪落地无声。"衾枕冷"正说明夜来人已拥衾而卧,从而点出是"夜雪"。"复见窗户明",从视觉的角度进一步写夜雪。夜深却见窗明,说明雪下得大、积得深,是积雪的强烈反光给暗夜带来了亮光。第三、四句变换角度,从听觉(闻)写,体现出上句果、下句因的巧妙构思,诗人选取"折竹"这一细节,衬托出"重"字。通过积雪压折竹枝的声音而知雪很大,且雪势有增无减。"折竹声"于"夜深"而"时闻",显出雪夜的宁静,以有声衬无声,使全诗的画面静中有动、清新淡雅,真切地呈现出一个万籁俱寂、银装素裹的大雪时节景象。

六、思考题

(1)《荀子·王制》言:"春耕、夏耘、秋收、冬藏,四者不失时,故五谷不绝而百姓有余食也。"正所谓"一年四季、风水轮转",生活节奏与四季的变迁息息相关,每一季都有着不同的使命。天地冻,万物藏,所有的生机好像都被一层白雪给遮盖。雪不深时,麦苗悄悄地露出一个尖尖,小心翼翼地观察着万物凋零的世界。它在默默地蓄力,等到来年开春时才能有足够的养分供自己成长。人生也是如此,在低谷时我们应该如何正确对待?

　　(2)大雪时节你家乡的文化风俗有多少?我们作为当代大学生,应该如何理解、传承节气风俗文化?

第八章　休　养

第一节　冬　至

冬至是我国农历中二十四节气之一,在节气排序中,冬至位于第二十二,但它却是最早被制定出的节气。早在3000多年前的西周时期,华夏先民就已经发明用土圭观测太阳的方法,以此确定冬至的时间。《周礼·地官司徒》载:"以土圭之法测土深。正日景(影)以求地中。日南则景(影)短,多暑;日北则景(影)长,多寒。"土圭是一种古老的计时仪器,在测量时,首先需要在地上立一根杆子,再观察阳光下杆影的移动规律和长短变化,以定冬至日和夏至日。《恪遵宪度》中说:"日南至,日短之至,日影长至,故曰冬至。'至'者,极也。"以太阳作为坐标,冬至是太阳离当时人们最远的一天,同时又是一个极致点,因为意味太阳瞬间会跨过这个极致点回归。[1]

冬至的"至"是极致的意思,《广群芳谱》记载:"斗指子为冬至,至有三义,一者阴极之至,二者阳气始至,三者日行南至。"冬藏之气至此而极。大体说来"至"包含三层意思:阴寒达到极致,天最冷;阳气始至;太阳行至最南处,昼最短,夜最长。而此句中的"斗指子","斗"指的是北斗七星,它是按照顺时针的方向转动来判断季节的。例如,"斗柄指东,天下皆春;斗柄指南,天下皆夏;斗柄指西,天下皆秋;斗柄指北,天下皆冬"。当北斗七星斗柄指向正北方"子"的位置时就是冬至了。

在中国传统社会里,冬至是一个重要的时间节点,人们不仅将其视为时气变化的坐标,将冬至所在的月份奉为"天正",而且它在古代也曾长期被视为一个与新年媲美的人文节日,号称"亚岁""小岁",曾有"冬至大如年"的说法。

---

[1]　李建萍《从中国古诗词管窥冬至节气文化现象》,《古今农业》2018年第1期,第72~78页。

一、冬至的气候物候

冬至在上古就是新年，在历法时代之前，人们通过天象观测，很早就发现了冬至点，并以此作为年度时间循环的起点。

(一)气候

冬至节气的到来，意味着冬季到了极限。冬至这一天，太阳正好直射在南回归线上，是北半球白天最短、黑夜最长的一天。不少文献当中记录这一天为"日短"。《尚书·虞书·尧典》云："日短星昴，以正仲冬。"在孔颖达的解释中，"日短"就是冬至这一天。而冬至日时黄昏时刻昴宿在天顶。宋代沈括的《梦溪笔谈·象数一》也引用了"日短星昴"这一说法，并进一步说道，"今乃日短星东壁，此皆随岁差移也。"是说正月斗柄所指的方位和之前有所不同，沈括观察冬至日时却是壁宿在天顶。

冬至过后，太阳直射点逐渐向北移动，太阳开始向北回归线移动，北半球的白昼开始慢慢变长，正午太阳高度也逐渐升高，而黑夜渐渐缩短。所以，有俗话说，"吃了冬至饭，一天长一线"。《吕氏春秋·有始览》中说道："冬至日行远道，周行四极，命曰玄明。"这正说明了至少在秦代，人们就认识到冬至时节太阳距离我们最远的现象。

冬至前后，虽然北半球日照时间最短，接收的太阳辐射量最少，但这时地面在夏半时积蓄的热量还可提供一定的补充，故这时气温还不是最低。但是地面获得的太阳辐射仍比地面辐射散失的热量少，所以在短期内气温仍继续下降。我国除少数海岛和海滨局部地区外，1月都是最冷的月份，故民间有"冬至不过不冷"之说，天文学上也把"冬至"规定为北半球冬季的开始。

(二)物候

在现代天文学上，冬至预示着一年中最寒冷的时节即将来临，同时也预示着阴阳交替时刻，是阴(夜)气盛极转衰、阳(日)气刚要萌生、冬去春来的前兆。因此，古人非常重视冬至这个节气。《逸周书·时训解》云："冬至之日，蚯蚓结。又五日，麋角解。又五日，水泉动"，说的就是我国古代将冬至分为三候："一候蚯蚓结；二候麋角解；三候水泉动"。

一候蚯蚓结。按照东汉蔡邕《月令章句》的说法："蚯蚓在穴，屈首下向，阳气气动则宛而上首,故其结而屈也"。古人认为,蚯蚓是阴屈阳伸的生物。地气趋于寒冷之时,蚯蚓的身体是向下的。进入冬至时节,阳气微生,蚯蚓的头开始转而向上,所以这个时候,蚯蚓身体的形状像是打了结的绳子一样。也可以理解为冬至阳虽已生长,但阴气仍然十分强盛,土中的蚯蚓仍然蜷缩着身体。

二候麋角解。麋,就是俗称的"四不像"。古人认为它为泽兽,属阴。"麋为阴兽,冬至阴方退,故解角,从阴退之象。"冬至一阳生之际,麋感到阳气萌发,鹿角脱落,此乃"阴退之象"。据记载,清乾隆三十二年(1767 年)冬至,乾隆帝重读《礼记·月令》时,疑惑"麋角解"之说是否有确凿的证据,特地派人去鹿圈中查验,结果被称为"麈"的麋鹿,有的果真在解角。就是说冬至一阳生,麋感阴气渐退而解角。

三候水泉动。由于冬至后太阳直射点往北回返,太阳往返运动进入新的循环,太阳高度自此回升、白昼逐日增长,所以此时山中的泉水可以流动并且温热。

二、冬至的农事活动

冬至时节,我国北方大部地区平均气温普遍在 0℃以下,南方大部地区平均气温为 6℃～8℃。东北大地千里冰封,黄淮地区也常常是银装素裹。江南地区冬作物仍继续生长,华南沿海平均气温则在 10℃以上。

每当冬至节气临近,各地农民就开始抢抓农时,开展冬管、冬种、冬收等农事活动了。因为冬至前后,虽然北半球日照时间最短,接收的太阳辐射量最少,但这时地面在夏半时积蓄的热量还可提供一定的补充,故这时气温还不是最低,需要为开春后的农事活动做好准备。

(一)田间农事管理

冬至节气以后,气候已进入严寒时期。大部分地区温度急降,并有霜冻出现。该月是冬种作物田间管理的关键时期。

(1)管好小麦。促进长根叶、多分叶的关键时期,应适时给麦苗追施一次速效肥料,以利分叶早生,增加有效分叶数,为高产搭好丰产苗架。小麦苗期生长逢冬旱季节,遇旱要沟灌"跑马水"。

(2)油菜移栽和早栽油菜的前期田间管理均要求"精细"二字,特别是甘蓝型油菜需肥量大,应施足基肥,早施硼肥和钾肥,以促冬发稳长,增加冬前绿叶数和年后第一分枝数。

(3)小麦、油菜中耕松土、重施腊肥、浇泥浆水、清沟理墒、培土壅根。

(4)稻板茬棉田和棉花、玉米苗床冬翻,熟化土层。

(5)冬闲田翻犁晒白,清除田蒡、田埂及田边杂草,消灭越冬病虫、病源。

(6)绿肥田除草,并注意培土壅根,防冻保苗。

(二)蔬菜管理

冬至前后正值大棚番茄定植、茄果类、瓜类蔬菜播种育苗的关键期,对蔬菜生产要强化管理。

1. 要科学播种育壮苗

播种时,应避开阴冷天气,抢晴天在大棚内采用电热丝等加温设施和控温仪,增加苗床地温、催芽等措施,提高出苗率;播种后,要及时搭建小拱棚、加盖无纺布保温增温,提高成苗率,培育壮苗。即将定植的大棚早熟栽培番茄、茄子等秧苗,选温度较高的晴天及时移栽,浇好定根水,灌根防病,搭内棚保温促成活发根。

2. 要合理调控棚内温湿度与光照

早晚关闭大棚,加盖覆盖物,检查棚膜破漏,防止冷空气进入棚内。要采取多层覆盖,在棚内搭建塑料中棚或小棚,并可覆盖无纺布、遮阳网等保温,遇强冷空气冰冻天气要采取点蜡烛、燃香等应急加温防冻措施。同时在棚内畦间铺设干稻草,注意适期通风,降低棚内湿度,下午及早关棚,盖好棚内各种覆盖物,保证蔬菜的正常生长。

3. 要加强田间生产管理

天气变冷后,应适当控肥控水,不随意施用过多的化学肥料尤其是氮肥,防止植株徒长及萎根。追肥灌水应选晴天中午进行,建议采用膜下滴灌与肥水一体化技术,根据不同生长发育阶段追施不同配比的水溶性肥料。合理应用植物生长调节剂保花保果,综合防治病虫害,选晴天做好整枝、理蔓、打叶、疏花疏果等工作。遇连续阴雨、下雪和低温天气,棚内湿度较大时,要注意喷药防治疫病、灰霉病等病害来减少损失。

(三)水果种植管理

一般情况下,此时柑橘采收已基本结束,桃等落叶果树也进入冬季休眠期。

广大果农需要做好果园冬季管理工作。

1. 清沟排水

及时清理沟渠,防止园内积水。

2. 修剪

结合冬季修剪,剪除枯死枝、病虫枝,清除杂草、落叶等集中烧毁,确保田间清洁。

3. 药剂清园

冬季修剪后清理,药剂可选用石硫合剂,铲除在树体上越冬存活的害虫及病菌,减少来年病虫源。

(四)畜牧管理

1. 注意日粮营养水平

由于天气寒冷,畜禽需要更多的能量来驱寒,维持体温正常,基础代谢大量增加。因此要随时注意气象预报,根据气温、交通恢复状况等适时调整饲喂量及日粮组成。适当提高其日粮能量浓度,如可增加玉米 $10\%\sim20\%$ 的用量。同时做好饲料原料的质量控制,在潮湿天气条件下,特别要注意饲料原料的储存,避免被雨淋或受潮,防止霉变。同时要严格判定饲料原料质量,发霉变质饲料严禁使用。

2. 做好疫病综合防控工作

采取严格的防疫消毒措施,尤其是做好饲养栏舍及周围环境的消毒卫生,防止细菌、病毒等侵入。加强免疫注射,强化抗体水平和畜禽动态监测,做好猪流行性感冒、传染性胃肠炎等疾病预防。对家禽要做好鸡新城疫、禽流感、传染性支气管炎等疾病预防。发生病情时要合理使用药物,对症下药,用量准确,疗程要足。饮水给药要考虑药物的溶解度及饮水量,注意交替用药或间隔用药,避免耐药性产生,注意停药期,掌握一般用药原则。

3. 密切关注气象信息

随时关注天气信息,及时出栏已达上市要求的畜禽。做好饲料、疫苗、兽药及加温等材料储备。

三、冬至的风俗文化

冬至，是我国农历中一个非常重要的节气，也是一个传统节日，早在周朝，便有冬至"天子率三公九卿迎岁"的记载。周用夏历，以冬十一月为正月，冬至就是岁首，所以拜岁、贺冬是一同进行的。

宫廷和民间历来十分重视这一天，从周代起就有冬至的祭祀活动。汉代以后，冬至节成为民间一个重要的节日。汉朝以冬至为冬节，官府要举行祝贺仪式，称为贺冬，例行放假。《续汉书·礼仪志中》引蔡邕《独断》曰："冬至阳气起，君道长，故贺"人们一般认为，冬至过后，白昼一天比一天长，是阳气回升、节气循环的开始，也是一个吉日，应当庆贺。这一天大家相互道贺。《宋书·礼志一》曰："魏晋则冬至日受万国及百僚称贺"。这一天皇帝祭天、接受百官朝贺，百姓祭祖。这些都说明在中国的传统节日中，冬至是十分重要的节日，甚至一度比春节还重要得多。特别是在唐宋时期，冬至一度与岁首相提并论。《新编醉翁谈录·京城风俗记·十一月》："都城以寒食、冬至、元旦为三大节。自寒食至冬至，久无节序，故民间多相问遗。"宋时，冬至和寒食、元旦一起成为一年当中人们重视的三大节日。三大节日之中有冬至的一席之地，在清代也是如此，《清史稿·礼志七》记载："顺治八年，定元旦、冬至、万寿圣节为三大节。"这都揭示了至少在宋代和清代之时，冬至都被视为大节，是官方重视、百姓关心的节日。

冬至过节源于汉代，盛于唐宋，相沿至今。人们认为冬至是阴阳二气的自然转化，是上天赐予的福气。周密《武林旧事·冬至》描述了宋人过冬至的场面："朝廷大朝会庆贺排当，并如元正仪，而都人最重一阳贺冬，车马皆华整鲜好，五鼓已填拥杂遝于九街。妇人小儿，服饰华炫，往来如云。岳祠城隍诸庙，炷香者尤盛。三日之内，店肆皆罢市，垂帘饮博，谓之'做节'。"很多朝代都有庆贺冬至的活动，元马臻《至节即事》诗曰："天街晓色瑞烟浓，名纸相传尽贺冬"，说的就是元代人们在庆贺冬至节。冬至俗称"冬节""长至节""亚岁"等。

(一)登台观望天象

依照古代礼制，国君在冬至这一天，在太庙听政以后，必须登台观望天象，由文书记载云物变化的情况。据《春秋左传·禧公五年》记载："王正月辛亥朔，日南至。公既视朔,遂登观台以望……凡分、至、启、闭,必书云物,为备故也。"就记载了在周惠王正月辛亥日初一,也就是冬至这一天,鲁僖公观看冬至典礼,于是登台以望。而在古代,凡是"二分、二至及四立"那天,都要登台观测记载云物变化,占验吉凶祸福,预测节气变化,以便对将来的变故作出准备。唐代穆寂《冬至日祥风应候》一诗中的"独喜登台日,先知应候风",说的就是冬至日登台观望之俗。今日人们有了更为科学的观测技术,天象观望之俗也就没有了。

(二)祭祀

冬至之时会进行祭祀。古代时皇帝在这天要到郊外举行祭天大典,也就是在圜丘祭天,仪式非常隆重。《周礼·春官宗伯·大司乐》载:"冬日至,于地上之圜丘奏之。"《续资治通鉴》卷一六四"宋理宗绍定元年十一月辛巳"条载:"辛巳,日南至,祀天地于圜丘。"这都是在说古代帝王冬至日往圜丘举行祭天的仪式。而冬至之后日渐长,所以冬至日帝王出南郊祭天又谓之"迎阳"。南朝梁简文帝《南郊颂》有"配天道尊,迎阳义重"之句,明代唐顺之《送樊大夫会朝长至》诗也说"天子迎阳疏玉户,群方献寿拜金函"。冬至祭祀的活动一直延续到清朝。

现在民间有些地区的人们也会进行祭祖,比如在我国台湾保存的冬至用九层糕祭祖传统。人们用糯米粉捏成鸡、鸭、龟、猪、牛、羊等象征吉祥的动物,然后用蒸笼分层蒸成,用以祭祖,以示不忘老祖宗。同姓同宗者于冬至或前后约定之早日,集中到祖祠中,按照长幼之序,一一祭拜祖先,俗称"祭祖"。祭典之后,还会大摆宴席,招待前来祭祖的宗亲们。大家开怀畅饮,相互联络久别生疏的感情,称为"食祖"。冬至节祭祀祖先,在台湾一直世代相传,以示不忘自己的"根"。

(三)红线量日影

晋魏时期,皇宫里有用红线量日影的习俗。《岁时广记》卷三八引《岁时记》:"晋魏间,宫中用红线量日影,冬至后日添长一线。"《岁时广记》卷三八引《唐杂录》:"宫中以女功揆日之长短,冬至后日晷渐长,比常日增一线之功。"所以冬至又称"添线",是说冬至后白昼渐长。红线量影的习俗,后来屡屡出现在文人描写冬至的诗文当中,而从宋代文人"汉家红影无人见,未必曾添一线长"的表述中可以推测,大概到南宋之时,这个习俗已经没有了。现在红线量日影的习俗早已淹没在历史长河当中,渐渐为其他习俗所取代了。

(四)赠鞋

冬至日,民间习惯赠鞋,其源甚古。《中华古今注》说:"汉有绣鸳鸯履,昭帝令冬至日上舅姑。"这是指冬至后,民妇献鞋于公婆,表示女工开始。《太平御览》卷二八引北魏崔浩《女仪》:"近古妇人常以冬至日上履袜於舅姑,践长至之义也。"这是说在三国时古代有献鞋袜的礼俗,表示长久履祥纳福。曹植《冬至献袜履颂》中就有"伏见旧仪,国家冬至,献履贡袜,所以迎福践长"的句子。明代时张居正《贺冬至表五》中提到:"对时陈献履之衷,叩阙致呼嵩之祝。"明人谢肇淛《五杂俎·天部二》中也对赠鞋的习俗有所记载:"传记载,冬至日当南极,晷景极长,故有履长之贺⋯⋯故妇于舅姑,以是日献履、袜,表女工之始也。"

后来,赠鞋于舅姑的习俗,逐渐变成了舅姑赠鞋帽于甥侄了,而且主要体现在孩童身上。过去主要是手工刺绣,送给男子的礼物,帽子多做成彪、狗形,鞋上刺绣的也是猛兽;送给女孩子的礼物,帽子多做成凤形,鞋上刺绣多为花鸟。现在则多数是从商场购买,样式紧跟时代潮流。每逢节日,大人们总喜欢抱着小孩儿串门儿,夸耀舅姑赠送的鞋帽。

(五)开始数九

从冬至逢壬日(亦有说法从冬至当日算起)开始数起,每九天为一个时段,这个时段便是与夏季的"伏"相对的"九"。"数九"共有九个时段,第一个九天叫一九,后依次称二九、三九⋯⋯一直数到九九过后,就是天气回暖,大地将春的时节了。南朝梁宗懔《荆楚岁时记》记载:"俗用冬至日数及九九八十一日,为寒尽。"说的就是冬至日是"三九"的起始日。从冬至日算起,每九天算一"九",一直数到"九九"八十一天,"九尽桃花开",天气才开始暖和。这是因为虽然冬至日照时间最短,但并非冬季里最冷的日子,因为前期地面积累的热量,还没有散失到极致。而过了冬至,随着地面积蓄的热量减少,气温在一段时间内,还会继续下降。民间就把冬至之后喻为"数九寒天"了。数九的风俗,延续至今。

(六)"贺冬"与"先赏"

唐时皇帝于冬至日赐百官辛盘,表示迎新之意,谓之"借春"。而唐代民间冬至时则互拜相贺,杜甫《狂歌行赠四兄》有"四时八节还拘礼,女拜弟妻男拜弟"的句子,其中的四时即指春、夏、秋、冬,八节指立春、春分、立夏、夏至、立秋、秋分、立冬和冬至。可见这些时节之中,百姓都是往来拜贺的。

宋时逢冬至,无论贫富皆换新衣,采买食物,祭祀祖先,官员放假,百姓互相庆贺,热闹非常。庆祝活动延续的时间比较持久,观赏宴游活动从冬至时节一直持续到上元期间,不宵禁,纵情尽兴,饮宴游戏。这段时间的活动也称为"先赏"。宋孟元老《东京梦华录·冬至》记载了当时冬至这一段时间的繁华:"十一月冬至,京师最重此节,虽至贫者,一年之间,积累假借,至此日更易新衣,备办饮食,享祀先祖。官放关扑,庆贺往来,一如年节。"《宣和遗事》中也记录:"每岁冬至后,即放灯。自东华以北,并不禁夜,从市民行铺夹道以居,纵博群饮,至上元后,乃罢。谓之'先赏'。"田汝成在《西湖游览志余·熙朝盛事》中记载:"冬至谓之亚岁,官府民间,各相庆贺,一如元日之仪。吴中最盛,故有肥冬瘦年之说。"①特别指出吴地风俗多重视冬至,冬至庆贺活动也最为丰富,家家互送节物,有"肥冬瘦年"之谚。宋周道遵《豹隐纪谈》中也记载"吴俗重冬至节,曰肥冬瘦年,互送节物。"现今人们对冬至的重视程度远不如春节,也就没了互相祝贺和热烈庆祝的各种场面。

(七)放假

冬至放假的习俗在汉代就有了。《太平御览》中记载,汉代的冬至假期是五天。《续汉书·礼仪志中》中有这样的记载:"冬至前后,君子安身静体,百官绝事,不听政,择吉辰而后省事。"所以这天朝廷上下要放假休息,军队待命,边塞闭关,商旅停业,亲朋各以美食相赠,相互拜访,欢乐地过一个"安身静体"的节日。隋唐至宋时,以冬至、元正、寒食为大节,放假七日,其中节前三日、节后四日,俗称"前三后四"。这也可以在宋人笔记中得到证实,王楙《野客丛书·大节七日假》:"国家官私,以冬至、元正、寒食三大节为七日假,所谓前三后四之说。仆考之,其来尚矣。"如今冬至日已不再放假,但作为重要的节气之一,这一天依然有其他风俗。

(八)制"消寒图"

冬至民间有贴绘"九九消寒图"的习俗,消寒图是记载冬至进九以后天气阴晴的,人们以此卜来年丰歉,其形制不一。简单地画纵横九栏格子,每格中间再

---

① 《西湖游览志馀》二十六卷,主要围绕南宋临安与西湖,记述有关史事、掌故、轶闻,较详细地介绍了南宋到明代中叶杭州城的政治、经济、文化和社会风貌。网罗颇广,叙述详赡,是宋史研究之重要史料。

画钱形,共得八十一钱,每天涂一钱,涂法是"上阴下晴、左风右雨、雪当中"。清富察敦崇《燕京岁时记·九九消寒图》中有:"消寒图乃九格八十一圈。自冬至起,日涂一圈,上阴下晴,左风右雨,雪当中。"民间歌谣也说:"上阴下晴雪当中,左风右雨要分清,九九八十一全点尽,春回大地草青青。"或者选择九个九画的字联成一句,放在格中,也是日涂一笔。一般选用的九画字联句是"庭前垂柳珍重待春风",还有的用"亭前屋后看劲柏峰骨"等语,都称为九九消寒句。

颇为雅致的是作九体对联。每联九字,每字九画,每天在上下联各填一笔,如上联写有"春泉垂春柳春染春美",下联对以"秋院挂秋柿秋送秋香",称为九九消寒迎春联。

还有被称为"雅图"的梅花图案,明刘侗、于奕正《帝京景物略·春场》中对此习俗也有详细的描述:"日冬至,画素梅一枝,为瓣八十有一,日染一瓣,瓣尽而九九出,则春深矣,曰九九消寒图。"

(九)穿新衣

冬至有穿新衣的习俗,朝廷在这一天赐官员新衣冠,而民间到了冬至也要换上新衣。宋孟元老《东京梦华录》就说:"十一月冬至。京师最重此节,虽至贫者,一年之间,积累假借,至此日更易新衣,备办饮食,享祀先祖。官放关扑,庆祝往来,一如年节。"

明刘若愚在《酌中志·饮食好尚纪略》中记载了当时特殊的冬至服饰:"冬至节,宫眷内臣皆穿阳生补子,蟒衣。"明代宫眷内臣①于冬至日穿的官服,上面绣着冬至节令的徽饰,被称为"阳生补子"。节日之时的特别穿戴和装饰,在清代还被称为"翻褂子"。富察敦崇《燕京岁时记·翻褂子》中就记载了清代每年"冬至月初一日,臣工之得著貂裘者,均于是日一体穿用,谓之翻褂子"。如今,冬至穿新衣的习俗并没有得到延续,但人们对下一年美好的期望依旧,人们会在春节穿新衣以示新年新面貌。

(十)饮食风俗

喝赤豆粥。在江南水乡,有冬至之夜全家欢聚一堂共吃赤豆粥的习俗。相传,共工氏的儿子不成才,作恶多端,死于冬至这一天,死后变成疫鬼,继续残害

---

① 宫眷,内宫侍奉皇帝的嫔妃才女之类。内臣,在宫内侍奉皇帝及其家族的官员,又称宦官、中官、内侍等。

百姓。但这疫鬼最怕赤豆,于是人们就在冬至这一天煮吃赤豆饭,用以驱避疫鬼、防灾祛病。《荆楚岁时记》记载了这一风俗:"共工有不才子以冬至日死,为人厉,畏赤小豆,故作粥以禳之。"说的就是共工后人变为瘟神、疫鬼,四处流毒。而冬至日以赤豆作粥则可以祛除瘟疫,保得身康体健。《岁时杂记》也记载着这一习俗:"至日,以赤小豆煮粥,合门食之,可免疫气。"

吃饺子。北方大部分地区都会在冬至日吃饺子。缘何有这种食俗呢? 相传东汉南阳医圣张仲景曾在长沙为官,他告老还乡时适逢大雪纷飞的冬天,寒风刺骨。他看见南阳白河两岸的乡亲衣不蔽体,有不少人的耳朵被冻烂了,心里非常难过,就叫其弟子在南阳关东搭起医棚,用羊肉、辣椒和一些驱寒药材放置锅里煮熟,捞出来剁碎,用面皮包成耳朵的样子,再放进锅里煮熟,做成一种叫"驱寒娇耳汤"的药物施舍给百姓吃。服食后,乡亲们的耳朵都治好了。后来,每逢冬至人们便模仿做着吃,形成了"捏冻耳朵"也就是包饺子的习俗。

吃馄饨。过去老北京有"冬至馄饨夏至面"的说法。相传汉朝时,北方匈奴经常骚扰边疆,百姓不得安宁。当时匈奴部落中有浑氏和屯氏两个首领,十分凶残。百姓对其恨之入骨,于是用肉馅包成角儿,取"浑"与"屯"之音,呼作"馄饨",恨以食之,并求平息战乱,能过上太平日子。因最初制成馄饨是在冬至这一天,所以有了在冬至这天家家户户吃馄饨的习俗。

喝羊肉汤。羊肉有驱寒补气的作用,因此在寒冷的冬至节,人们有喝羊肉汤的习俗。这一习俗最早起源于汉代。相传汉高祖刘邦在冬至这一天吃了樊哙煮的狗肉,觉得味道特别鲜美,赞不绝口。上行下效,冬至吃狗肉就在民间传开了。不仅吃狗肉,还吃羊肉以及各种滋补品。到后来,羊肉就慢慢取代了狗肉。

吃汤圆。吃汤圆也是冬至的传统习俗,在江南尤为盛行。"汤圆"是冬至必备的食品,是一种用糯米粉制成的圆形甜品,"圆"意味着"团圆""圆满",冬至吃汤圆又叫"冬至团"。民间有"吃了汤圆大一岁"之说。冬至汤圆可以用来祭祖,也可用于互赠亲朋。旧时上海人最讲究吃汤圆。古人有诗云:"家家捣米做汤圆,知是明朝冬至天。""圆"意味着"团圆""圆满"。冬至吃汤圆,象征家庭和谐、吉祥。

饮酒。江南旧俗,称冬至前夕饮酒为节酒。清顾禄《清嘉录·冬至大如年》:"(冬至)节前一夕,俗呼'冬至夜'。是夜,人家更速燕饮,谓之'节酒'。"

吃荞麦面。浙江等地每逢冬至这天,全家男女老少都要集齐。家家户户要做荞麦面吃。习俗认为,冬至吃了荞麦,可以清除肠胃中的猪毛、鸡毛。

吃年糕。从清末民初直到今天,杭州人在冬至都喜欢吃年糕。每逢冬至做三餐不同风味的年糕,早上吃的是芝麻粉拌白糖的年糕,中午是油墩儿菜、冬笋、肉丝炒年糕,晚上是雪里蕻、肉丝、笋丝汤年糕。冬至吃年糕,意谓年年长高,图个吉利。

作为一年当中重要的节日,古时冬至节的庆贺方式也会受到当时国事的影响。一般来说,国运昌盛时仪式繁复,庆贺活动多样;而若令行节俭或者遭逢战乱,各种庆贺活动则能省尽省。如南朝宋武帝永初元年(420),原本在冬至这天地方是一定要派人进京的,但这年八月皇帝下诏曰:"庆冬使或遣不,事役宜省,今可悉停。唯元正大庆,不得废耳。郡县遣冬使诣州及都督府者,亦宜同停。"在这一年停止了地方进京,很可能是考虑到进京一路消耗过多。另如明人叶盛《水东日记·京都贺节礼》记载:"初,京都最重冬年节贺礼。不问贵贱,奔走往来者数日。家置一册,题名满幅。己巳之变,此礼顿废。景泰二年冬至节,礼部请朝贺上皇于东上门,诏免贺。"可见经过土木堡之变,冬至节奔走互贺等礼仪不行,竟然连宫廷中贺上皇的仪式也免去了。

四、冬至的谚语表达

(一)常见谚语

(1)夏至三庚入伏,冬至逢壬数九。

夏至过后第三个庚日进入初伏,冬至过后第一个壬日进入一九。庚日和壬日都是古代历法中的天干地支。

(2)冬至进补,开春打虎。

冬至进补能使营养物质产生的能量尽可能多地贮存于体内,有助于人体阳气的升发,从而提高免疫力。

(3)大雪忙挖土,冬至压麦田。

在大雪节气前后,若土壤未封冻,要赶紧深耕破塑。冬至,要对旺长麦田及时进行镇压,提高其耐寒抗冻能力。但镇压时要注意看天看地看苗,一般选择在晴天中午进行镇压,盐碱地和沙地不可以镇压。

（4）冬至过,地冻破。

过了冬至,冬季空闲的地块应该耕翻破塑,以便接纳冬季雨雪,熟化疏松土壤,减少病虫越冬基数。另外,"地冻破"还有形容天气寒冷、地表受冻破裂的意思。

（5）冬至落雨星不明,大雪纷飞步难行。

冬至出现了雨雪天气,那么在之后很长一段时间,降雪的概率将会增加很多。

（二）其他谚语

冬至大如年,越满越团圆。

冬至大过年,人间小团圆。

冬至饺子腊八粥。

冬至馄饨腊八粥。

冬至不吃肉,冻掉脚指头。

冬至不端饺子碗,冻掉耳朵没人管。

十月一,冬至到,家家户户吃水饺。

家家捣米做汤圆,知是明朝冬至天。

冬至晴天,来年收成好。

冬至有风无雨,来年五谷丰登。

冬至下雨又刮风,来年夏季有失误。

冬至有雨明春暖。

冬至冷,明年暖得早。

冬至出日头,年前年后冷死牛。

冬至无霜,石舀无糠。

冬至江南风短,夏至天气旱。

冬至南风百日阴。

冬至天气晴,来年百果生。

晴冬至,烂年边。

干晴冬至烂湿年,烂湿冬至干晴年。

冬至一交霜,斗谷一扎秧。

冬至始打霜,夏至干长江。

冬至打了霜,清明防烂秧。

冬至一场风,夏至一场暴。

冬至冷,春节暖。

冬至寒,小满水满。

冬至不冷,夏至不热。

冬至日子短,夏至日子长。

冬至冬,洗脸一个工。

过了冬至节,一天长一节。

五、诗情词韵中的冬至

中国古代冬至日不仅是一个节气,还是我国具影响力的传统节日之一。人们对冬至十分重视,它已经从一个以家庭为单位的团聚活动上升为国家性的活动,深刻影响着人们的生活和文化。

(一)杜甫的《小至》

小　至

天时人事日相催,冬至阳生春又来。

刺绣五纹添弱线,吹葭六琯动浮灰。

岸容待腊将舒柳,山意冲寒欲放梅。

云物不殊乡国异,教儿且覆掌中杯。

开篇以"天时人事日相催,冬至阳生春又来"二句总起,用"阳生春来"点明冬至节气,与诗题紧扣,同时给人以紧迫感:时间飞逝,转眼又是冬去春来。该诗用刺绣添线、葭管飞灰点明冬至日特征。紧接着描绘河边柳树即将泛绿和山上梅花冲寒欲放的景象,显示冬天里孕育着春天。用柳叶"将舒"承一"容"字,使人产生柳叶如眉的联想,以梅花"欲放"承一"意"字,给人以梅若有情的感觉,富有动感特征,蕴含着生命的张力,体现出春临大地的蓬勃生机。虽然春天容易引发乡愁,但诗人的乡愁却是乐观向上的,故诗最后的"云物不殊乡国异,教儿且覆掌中杯"二句以抒情作结,奉劝世人干尽杯中酒,享受美好的生活。全诗选材典型,紧紧围绕冬至前后的时令变化,"事""景""情"三者烘托,情由景生,渐次由开端时光逼人的感触演进为新春将临的欣慰,过渡得十分自然,充满着浓厚的生活情趣,切而不泛。

(二)白居易的《邯郸冬至夜思家》

邯郸冬至夜思家

邯郸驿里逢冬至,抱膝灯前影伴身。

想得家中夜深坐,还应说着远行人。

冬至后白日渐长,阳气始生,须安息静养,古人以为冬至不宜出游。而此刻仍漂泊在外地的古人到了这一时节都要回家过节,所谓"年终有所归宿"。所以冬至夜饱含着游子心中的乡愁。时逢冬至,在这个一年中黑夜最长的晚间,诗人却只能被迫远离故乡,游宦在外地,不能和亲朋好友相聚一堂,共同欢庆节日。第一句叙客中度节,已植"思家"之根。紧接着第二句就写作者在邯郸客栈里过节的情景,"抱膝"二字,活画出枯坐的神态;"灯前"二字,既烘染环境,又点出"夜",托出"影";一个"伴"字,把"身"与"影"联系起来,并赋予"影"以人的感情。只有抱膝枯坐的影子陪伴着抱膝枯坐的身子,作者的孤寂之感,思家之情,已溢于言表。正因为古人十分重视这个节日,节日的气氛必定是祥和而温馨的,场面也必然是热闹又喧嚣的。所以,当人们被诸多不可抗拒因素所迫而不得不远离故土的时候,其内心难免会凄凉。该诗深刻描绘出游子在冬至夜里浓浓的思乡念亲之意。

(三)杜牧的《冬至日遇京使发寄舍弟》

冬至日遇京使发寄舍弟

远信初凭双鲤去,他乡正遇一阳生。

尊前岂解愁家国,辇下唯能忆弟兄。

旅馆夜忧姜被冷,暮江寒觉晏裘轻。

竹门风过还惆怅,疑是松窗雪打声。

杜牧与弟弟杜颛感情深厚,诗人客居他乡,时逢冬至,团聚无望,遂托京使给弟弟捎信。冬至节自然有宴饮,饮酒也难以消解思家的愁苦,更何况只有弟弟在京城,那就更加挂念他。诗人把两种感情加以对比,烘托对弟弟的殷切思念。一杯苦酒,默坐独饮,非但无以解忧,反而顿生愁绪无数。这种愁闷,不是遥远的国家之忧,而是有切肤之感的骨肉之痛。"姜被"之典既表兄弟情深,"晏裘"故实又现对弟之关切。天冷了,不知多病的弟弟是否知道保重自己的身体,是否知道添衣加被。尾联用萧瑟冷落之景,衬托对弟弟的思念之情,情因景而更真切感人,愈加显示出兄长的心情沉重。飒飒的寒风已让诗人深感不安,更何况是冷雪。即使不是雪,雪天的到来也不会远。思念关切之情演变为更深的惆怅焦虑。全诗层层推进,对亲人的关切之情逐层加深。

(四)苏轼的《冬至日独游吉祥寺》

冬至日独游吉祥寺

井底微阳回未回,萧萧寒雨湿枯荄。

何人更似苏夫子,不是花时肯独来。

第一、二句是说,冬至日,井底阳气也应该回生了,它到底是回来了还是没有回来呢? 萧萧风声夹杂着冬天的冷雨,湿润着枯萎的草根。"微阳",象征着阳气回归,春天即将到来;"湿枯荄",则象征着阳气回归后,万物即将复苏的开始。一切仿佛因为冬至的到来,而蕴含着希望,尽管希望还那么微弱,但不可否认的是,阳气已经开始回升了。第三、四两句是说,哪一个人像我苏东坡这样呢,不在牡丹花开的时节肯独自前来。这两句是千古名句,道出了"诗心",即诗人的精神内质:超凡脱俗,特立独行,与众不同。该诗前两句写景,紧扣冬至时节特点,后两句议论抒情,作者不为世俗所拘之洒脱旷达的形象跃然纸上。同年五月二十三日,苏轼曾跟随杭州知州沈立去吉祥寺赏牡丹。到冬至日,诗人刻意避开繁华喧嚣,专访冬季落寞之牡丹园,句中"花时"即指自然之花期,又暗合人生得意官运亨通之时,体现了作者对世间趋炎附势之徒的鄙夷。

六、思考题

(1)你还知道哪些关于冬至的诗词呢?

(2)在古人的观念中,自冬至日起,天地阳气渐强,预示下一个循环的开始。你是怎样理解冬至这个节气的呢?

第二节　小　寒

小寒是农历二十四节气中的第二十三个节气,冬季的第五个节气,干支历子月的结束与丑月的起始。斗指癸,太阳黄经为 $285°$,它的到来意味着一年将近尾声,于每年公历1月5—7日交节,是表示气温冷暖变化的节气。冷气积久而寒,这时正值"三九"前后,强冷空气活动频繁,气温下降明显,北方天寒地冻,滴水成冰,南方霜雪交加,冷透肌骨。一个"小"字似乎将隆冬的寒气化解了许多,但其实一年中最寒冷的日子已经到来。关于小寒的来源,《月令七十二候集解》称:"小寒,十二月节。月初寒尚小,故云。月半则大矣。"这是说寒气分大小,此时积累不多,故称小寒。在古人看来,寒冷是一个不断积聚的过程,冷气积久而寒却未达极点,是谓"小寒"。

小寒时节,太阳直射点还在南半球,北半球的热量则还处于散失的状态,我国大部地区白天吸收的热量少于夜晚释放的热量,所以温度就会继续降低,直到收入和放出的热量趋于相等。此时,中国大部分地区已进入严寒时期,土壤冻结,河流封冻,加之北方冷空气不断南下,天气寒冷,人们称为"数九寒天"。小寒之时,东亚大槽发展得最为强大和稳定,蒙古冷高压和阿留申低压也最为强大且稳定,西风槽脊尺度达到最大并配合最强的西风强度。小寒节气冷空气降温过程频繁,但达到寒潮标准的并不算太多。

在中国北方地区流传着"小寒胜大寒,常见不稀罕"的说法,意为小寒节气要比大寒节气的时候更冷,这并不是什么稀奇的事情。小寒一般是在"二九"到"三九"的时段,可以说是中国北方地区一年中最寒冷的时日,因小寒过后大寒气温会稍有升高。中国南方虽然没有北方峻冷凛冽,但是气温亦明显下降。中国南方地区最冷是在四九天,四九比三九更冷,四九时处大寒节气内,南方地区大寒比小寒更冷。整体来看,小寒时是干冷,而雨水后是湿冷。

最冷的时节中,却处处蕴藏着无限生机。北方不少河湖变身为天然的运动场,人们溜冰滑雪,在冰天雪地里大展拳脚,乐观畅达。对自然变化敏感的飞鸟也开始萌动,雁思北乡,鹊始筑巢,连山林中的雉鸡也鸣叫起来。霜雪满天的冬日渐渐奏响了春天的乐曲。小寒时节蜡梅也悄然绽放,那一抹鹅黄随风摇曳,给凛冽的天地增添了无限活力。进入腊月以后的小寒时节,年味渐浓,人们开始忙着写春联、剪窗花,逛街买年画、彩灯,置新衣,备年货,好不热闹。辛苦了一年的人们,无比期待在即将到来的新年与家人团圆重聚。

寒冬腊月,人们注重饮食、保养身体,各地形成了各具特色的小寒食俗。比如南京人小寒要吃菜饭,广州人在小寒早上吃糯米饭,江浙一带有小寒吃花生的习俗。此时人体气血偏衰,阴邪之气颇盛,如果合理进补温热食物来补益身体,可以抵御寒气侵袭,使得来年身体强健。

一、小寒的气候物候

(一)气候

冬至之后,冷空气频繁南下,各地气温持续降低。小寒临近"三九",民间有"冷在三九""小寒一过,出门冰上走""小寒胜大寒"等说法,可见此时的寒冷程度。《广群芳谱》中也指出:"小寒为节者,亦形于大寒,故谓之小,言时寒气犹未极也。"从节气顺序进行字面理解,大寒应该比小寒更为寒冷,其实不然。小寒虽谓小,实则寒冷甚过大寒,而且历年气象记录也表明,小寒确实比大寒冷,可以说是全年二十四节气中最冷的节气。所以,小寒标志着开始进入一年中最寒冷的日子。

雪花飘飘、银装素裹,被视作小寒时节典型的气候特征。小寒时节,北京的平均气温一般是在−5℃,极端最低温度在−15℃以下。中国东北北部地区,这时的平均气温在−30℃左右,极端最低气温可达−50℃以下,午后最高气温平均也不过−20℃。到秦岭—淮河一线平均气温则在0℃左右,此线以南已经没有季节性的冻土,冬作物也没有明显的越冬期。这时的江南地区平均气温一般在5℃上下,虽然田野里仍然充满生机,但亦时有冷空气南下,造成一定危害。华南北部最低气温却很少低于−5℃,华南南部0℃以下的低温更不多见。低海拔河谷地带,则是中国南方大部分地区隆冬最暖的地方,1月平均气温在12℃左右,只有很少年份可能出现0℃以下的低温。加之逆温效应十分显著,所以香蕉、芒果等热带水果能够良好生长。华南冬季最低气温不低,有利于农业生产,也适宜发展多种经营。"受命不迁,生南国兮"的柑橘,生长一般要求最低气温不低于−5℃,年温高于15℃,华南内绝大多数地区都能满足,副热带植物也几乎应有尽有。之所以如此,此时此地得天独厚的气候条件,应当是一个很重要的因素。

(二)物候

小寒节气十五天分为三候。

一候雁北乡。小寒二阳之际,虽然是冰天雪地,但是阳气已动,因此候鸟大雁感阳出现向北飞的迹象。

二候鹊始巢。每年冬天小寒前后，天气寒冷，多刮北风，但此时阳气已动，鹊因感受到阳气增加而开始衔草筑巢，准备孕育后代。

三候雉始雊。古人认为雉乃文明之禽，羽毛漂亮的雉鸟也被称为"阳鸟"。"雊"为鸣叫的意思。每到小寒节气，雉就会感受到阳气萌动，从而雌雄同鸣。

三候的意思是在小寒节气时，大雁北迁，喜鹊筑巢，野鸡鸣叫。小寒是以鸟类作为物候标识的，鸟类在感知时节流转方面有人类难以比拟的天赋，大雁是顺阴阳而迁徙的候鸟，此时雁已感受到阳气的萌动，开始向北迁移。小寒前后，天气寒冷，但此时阳气已动，大雁预先感知到春天的气息，喜鹊会冒着严寒开始筑巢，为孕育后代作准备。山中的野鸡也觉察到了阳气，开始鸣叫寻找同伴。天寒地冻的表象之下，已然涌动着大地复苏的气息，给人以春日的希望。物极必反，阴极必阳，寒到极致便是天将回暖之时，小寒时节虽然天气寒冷，但是大自然的生灵仍能在冰天雪地之中感知到天地间的阳气萌动。

二、小寒的农事活动

小寒是一年中雨水最少的时段，由于中国南北地域跨度大，所以，同样的小寒节气，不同地域会有不同的农事活动。农人们此时虽大多不忙于农事，但早已关心起来年的收成。他们常常根据小寒的气温或雨水变化预测来年的天气和农事。比如"小寒暖，立春雪"和"小寒不寒，清明泥潭"，当年小寒温暖，预示来年立春前后有雪，清明雨水增多。"小寒雨蒙蒙，雨水惊蛰冻死秧"，若小寒阴雨，寒冷将持续到来年的雨水甚至惊蛰。此外还有"小寒无雨，小暑必旱"和"小寒不寒大寒寒"等说法。虽是冬闲，但农人们或给作物追施冬肥，或采用人工覆盖法防御农林作物冻害，或给田间的果树完成整枝修剪，或在兴修农田水利。除此之外，小寒节气，人们还要留意气象台对强冷空气的预报，预防大风降温和雨雪天气，注意防寒防冻。

（一）北方歇冬保暖

我国北方大部分地区已进入严寒时期，土壤冻结，河流封冻，加之北方冷空气不断南下，天寒地冻北风吼，此谓"数九寒天"。北方地区田间已经没有太多的农活，都在歇冬，主要任务是在家做好菜窖、畜舍保暖以及造肥积肥、兴修水利等工作。

(二)南方追肥防寒

在南方地区则要浇好冻水,注意给小麦、油菜等作物追施冬肥,做好果树修剪、蔬菜越冬保暖等工作,农事并不忙碌。海南和华南大部分地区主要是做好防寒防冻,以使农作物安全过冬。所谓腊月栽桑桑不知,此时腊月桑树处于休眠状态,栽植桑树成活率高,利于培养成丰产树型。

(三)农事活动

畜牧方面。猪舍、牛舍、羊栏要关闭门窗,提高舍内温度。牛羊外出放牧应迟出早归。饲养蛋鸡专业户,为提高产蛋率,在蛋鸡饮水中加入适量红糖,补充冬季寒冷引起的蛋鸡能量不足,增加人工光照。由于野外牧草枯萎,牛羊要给予人工补饲。山羊特别是怀孕的母羊更要补充精料的喂量,同时增加维生素 E 和微量元素,防止母羊流产的发生。偶蹄家畜猪、牛、羊等打好防疫针,防范外来疫源感染而引起急性、烈性传染病的发生。特别要对猪流行性腹泻病、传染性胃肠炎、传染性支气管炎、禽流感等疫病进行防治。最后,一定要做好通风消毒等工作。

蔬菜管理。适时播种、科学管理。中小工棚的西瓜、西葫芦和黄瓜,应在小寒前后,在冬暖棚或阳畦内的营养钵或方块育苗。对长势较弱的黄瓜、番茄、辣椒等越冬作物应结合浇水进行追肥。病害防治方面,由于阴雨雾天气较多,棚内湿度大,易诱发作物的灰霉病、叶霉病、疫病、霜霉病及白粉病等,在防治上应施用烟雾剂或粉尘剂,要集中农药交替使用,有效提高防治效果。

果树管理。柑橘树继续做好冬季清园,剪除病虫枝,杀灭越冬病虫害。幼年树以整形为主,成年结果树以修剪为主。做好根部培土、树干涂白等防冻措施,出现旱情的适度灌水,并修整园地道路及灌排沟渠。杨梅树在雪天及时清除枝叶积雪,防止损伤或压断枝条。及时清园,剪去病虫枝、枯枝和衰弱枝,清扫落叶并及时烧毁,以消灭越冬病虫。人工摘除蓑蛾类虫囊,同时做好开园种植准备工作,挖好定植穴,施足基肥。枇杷树在春芽萌芽前,删除密生枝、衰弱枝、病虫枝和枯枝,对部分多年生弯曲、衰弱枝按顺序进行短截。修剪宜轻,修剪量不超过树冠总枝叶量的 10%。要继续做好清园工作,扫除枯枝落叶,减少病虫基数。发现有枝干腐烂病,及时刮除,刮下的枝皮就地烧毁。葡萄树冬季修剪时期以 12 月底至 1 月初落叶后为佳,落叶后剪除各种病虫枝,消除残枝,刮除老树皮,集中烧毁。梨树幼树培养好三大主枝,做好拉枝作业,为使成年枝达到均匀结果,多余花芽适当疏除,做好清园,发现轮纹病及时刮除。桃树继续整形修剪,并选留接穗。继续肥培管理,深翻改土,水利建设,道路维修。新果园平整土地,定点种植,做好苗木调运和室内苗木掘接。

小寒要继续抓好春花作物(春天开花的作物,如大麦、小麦、油菜、蚕豆等)的培育,做好防冻、防湿工作,力争好收成。要防止积雪冻雨压断竹林果木。冬季多大雾、大风,海上或江湖捕鱼、养殖作业需特别注意安全。

三、小寒的风俗文化

"小寒"是腊月的节气,相关民俗有数九迎春、画九消寒、围炉解寒等,千百年来,各地的人们在生活起居、衣食住行等方面总结出了一系列经验,形成了丰富多彩的小寒民俗,如猫冬避寒、食补增暖、药补御寒和运动御寒等。

(一)腊祭

由于古人会在十二月份举行合祀众神的腊祭,因此把腊祭所在的十二月叫腊月。腊祭为我国古代祭祀习俗之一,远在先秦时期就已形成。汉代应劭《风俗通义》云:"腊者,猎也,言田猎取兽以祀其先祖也。或曰腊者,接也,新故交接,故大祭以报功也。"腊祭的意义在于:一是不忘记自己及其家族的本源,表达对祖先的崇敬与怀念;二是祭百神,感谢他们一年来为农业所做出的贡献;三是人们终岁劳苦,此时农事已息,借此游乐一番。自周代以后,"腊祭"之俗历代沿袭,从天子、诸侯到平民百姓,人人都不例外。如今在上海地区,临近年终,老少毕集岁终祭祖,焚香燃烛,摆供美酒佳肴与过年节物,俗语"请老祖宗"。据传列祖列宗都到,一年中只有年底这一次,应该说是岁末腊月里腊祭的传承。

(二)冰戏

冰戏为中国古代冰上运动的总称,又称"冰嬉"。冰戏活动兴起较早,但盛于明清时期。冰戏包括走冰鞋、抢等、抢球、转龙射球、打滑挞等多种游艺。我国北方各省,冰期十分长久,从十一月起,直到次年四月。春冬之间,河面结冰厚实,冰上行走皆用爬犁。爬犁或由马拉,或由狗牵,或由乘坐的人手持木杆如撑船般划动,推动前行。冰面特厚的地区,大多设有冰床,供行人玩耍,也有穿冰鞋在冰面竞走的。冰戏与满族人民的日常生活和生产活动有关,在其发展的过程中添加了满族特色的运动元素,冰上蹴鞠、转龙射球等项目都是满族传统特技"工于鞍马,精于骑射"与冰戏运动的完美结合。

(三)踏雪寻梅

小寒时节,民间多有赏梅风俗,踏雪寻梅甚为风雅。梅花在隆冬时节,孤洁清高,故有"花中清客"之誉,属"岁寒三友"之一。"小寒"时节腊梅含苞待放,踏雪寻梅,嗅其芳香之气,鼻中孤雅幽香,令人神清气爽。

(四)数九画九

小寒时节数九迎春,我国自古就有冬至后"数九"的习俗。数九,又叫数九九,是民间一种计算寒天的方法,俗称"数九寒天",数到九个"九",就到春天了。数九除了各种歌谣或顺口溜外,还有一种九九消寒图,也称为"画九"。九九消寒图像九宫格一样,每个格子里有九个圆圈儿,每过一天涂一个圆圈儿。另有一种九九消寒图是在纸上画一枝素梅,在梅枝上画八十一个梅花瓣儿,每天用彩笔染一瓣花,全部染完后,春天就来了。

(五)围炉解寒

此时,天气虽然寒冷,但旧岁已近暮,新岁将登场。由于是农闲又临近寒假,亲人们有时间相聚并围炉解寒。暖身活血补气的牛羊肉、栗子、红薯、杏仁、瓜子、花生、葡萄干等食物皆是小寒饮食之选,尤其是炖汤的烹饪方法最适合寒冷节气,正所谓"三九补一冬,来年无病痛"。居民日常饮食也偏重于暖性食物,如羊肉或狗肉,其中又以羊肉汤最为常见,有的餐馆还推出当归生姜羊肉汤。

(六)吃黄芽菜

据《津门杂记》记载,天津地区旧时有小寒吃黄芽菜的习俗。黄芽菜是天津特产,用白菜芽制作而成。冬至后将白菜割去茎叶,只留菜心,离地二寸左右,以粪肥覆盖,勿透气,半月后取食,脆嫩无比,可弥补冬日蔬菜的匮乏。

(七)熬制膏方

到了小寒时节,也是老中医和中药房最忙的时候,一般入冬时熬制的膏方都吃得差不多了。到了此时,有的人家会再熬制一点,吃到春节前后。

(八)煮菜饭

到了小寒,老南京人一般会煮菜饭吃。菜饭的食材不尽相同,有用矮脚黄青菜与咸肉片、香肠片或板鸭丁,再剁上一些生姜粒与糯米一起煮的,十分香鲜可口。其中矮脚黄、香肠、板鸭都是南京的著名特产,可谓真正的"南京菜饭",甚至可与腊八粥相媲美。

此外,冬练三九也是民间传统,冬藏时节,万物蛰伏,人体也应进行适当的体育锻炼和户外活动,但要注意避免大汗淋漓,导致阳气外泄。由于离过年越来越近,有些地方还会保留年味十足的锻炼方式,如跳绳、踢毽子、滚铁环、斗鸡等。在北方,如果遇到下雪,打雪仗、堆雪人等活动很快就会使全身暖和,血脉通畅。

四、小寒的谚语表达

(一)常用谚语

(1)小寒无雨(雪),小暑必旱。

也有"小寒大寒不下雪,小暑大暑田开裂"的说法。这两句谚语的意思大同小异,都是说如果小寒大寒这两天没雨(或没雪)的话,那么来年的小暑大暑这几天,也一定不会下雨,田里的庄稼会严重缺水。这是因为冬季下雪不仅仅可以为麦子提供充足的水分、灭杀害虫,更重要的是冬季下雪意味着来年风调雨顺。

(2)小寒蒙蒙雨,雨水还冻秧。

根据小寒节气阴雨(雪)情况判断农业,类似的谚语还有"小寒雨蒙蒙,雨水惊蛰冻死秧"。小寒"下雨",应该是指这个小寒不是太冷,所以小寒之后的大寒节气会长或者冷些,而雨水使土地湿润,因此当大寒来临后,这些水分会凝结成冰,等第二年春天来临后,土地底部的冰并没有完全融解,故而插秧后,冰慢慢融成冰水,从而冻坏植物根部。

(3)小寒暖,立春雪。

如果小寒这天天气比较暖和,温度比较高,那么立春的时候就会经常出现雨雪天气,也就是人们常说的"倒春寒"。"倒春寒"是一种气象灾害现象,一般发生在春分至清明前后,而此时正是农作物播种下秧以及种子出苗时期,"倒春寒"会冻蔫秧苗或冻死秧苗。如果秧苗被冻蔫或冻死,不仅耽搁农作物的生长周期,还会降低农作物的生长质量,甚至会造成农作物减产歉收或绝收。

(4)小寒不寒,清明泥潭。

如果小寒那一天天气晴暖,则预示着来年春天清明时节就会多雨且比较寒冷。类似的还有"小寒天气热,大寒冷莫说""小寒大寒寒得透,来年春天天暖和"等,这些都是根据小寒的冷暖情况预兆未来天气的谚语。清明雨水丰沛,降雨频繁,田间会如泥潭一样。清明本就雨水多,但如果清明时节降雨过于频繁或者降雨量过大,也不利于农业生产。清明时节正是春播春种的关键阶段,如果这个时期降雨频繁或降雨量过大,致使田间积水或有泥潭产生,会使春耕无法进行,耽搁播种时间,降低播种质量。

(5)三九不封河,家家吃黑馍。

小寒期间,正是滴水成冰、河道冰封冰上走的阶段。这句农谚的意思是如果三九或小寒大寒期间没有出现河道冰封现象,说明当年气候比较反常,或者预示当年是个暖冬。而暖冬往往预示来年收成不好,会出现农作物减产歉收或绝收现象。农家因收成减少,只能用粗粮搭配度日。

(二)其他谚语

小寒三九天,把好防冻关。

小寒时处二三九,天寒地冻冷到抖。

小寒节,十五天,七八天处三九天。

小寒暖,倒春寒。

小寒大寒,准备过年。

小寒大寒不下雪,小暑大暑田开裂。

小寒天气热,大寒冷莫说。

小寒胜大寒,常见不稀罕。

小寒大寒,冻成冰团。

小寒大寒寒得透,来年春天天暖和。

小寒不寒大寒寒,大寒不寒终须寒。

小寒不寒寒大寒。

小寒寒,惊蛰暖。

小寒雨蒙蒙,雨水惊蛰冻死秧。

小寒暖烘烘,立春雪临门。

小寒雨挡门,立春脱棉袄。

小寒大寒大日头,来年开春冻死牛。

牛喂三九,马喂三伏。

南风送小寒,头伏旱。

小寒不穿棉,来年耕牛闲;小寒天气暖,拿被去换粮。

冬天动一动,少闹一场病;冬天懒一懒,多喝药一碗。

小寒一过,出门冰上走。

小寒胜大寒,三九冻成团。

数九寒天鸡下蛋,鸡舍保温是关键。

五、诗情词韵中的小寒

传统数九的二九和三九之间的深冬,天寒地冻,可谓极冷的时段。北方冰天雪地,南方寒冷料峭。然而太阳在冬至之后从南回归线已经缓慢回归,在晴朗的天气里,天空更蓝,阳光清丽明媚,敏感于阳光的动植物在严寒里纷纷萌动,这是一段冬春转换、寒冷中却酝酿无尽生机的时光,让人欢喜,也让人在欢喜中保持对寒冷的忍耐。我们可以通过古人的一首首诗词管窥小寒节气的物候以及人情。

(一)元稹的《咏廿四气诗·小寒十二月节》

咏廿四气诗·小寒十二月节

小寒连大吕,欢鹊垒新巢。

拾食寻河曲,衔紫绕树梢。

霜鹰近北首,雊雉隐丛茅。

莫怪严凝切,春冬正月交。

"黄钟大吕"是中国古代十二律中的头两个音律,黄钟是对应子月即十一月,大吕对应十二月,所以诗中说"小寒连大吕"。"拾食寻河曲,衔紫绕树梢"是说此时,鸟鹊觅食,总喜欢去河道弯弯的地方,因为那里方便它们口衔树枝和湿泥,进而围绕树梢来筑巢。颈联"霜鹰"对"雊雉","近"对"隐","北首"对"丛茅",非常工整。天空中只见一只翱翔的老鹰正在向北方飞翔。雉是野鸡,雊为求偶鸣声,雊鸠开始躲进干草丛或者茅草堆发出鸣叫,这些都是阳气发动后鸟类的活动:雁(鹰)开始北迁了,喜鹊开始筑巢了,野鸡开始鸣叫了。"莫怪严凝切,春冬正月交",写出了人们对于即将到来的春天的向往,请你不要埋怨天地如此的冷凝严切,因为春冬交替马上就要在正月进行了,无限希望就在前头。这首诗描写了以长安为中心的黄河流域小寒节气的气候特点,可谓霜天雪地、严寒深重,反映了小寒时节雁(鹰)北乡、鹊始巢和雉始雊的独特物候现象。最后,元稹用了一个有哲理性的收尾,不要责怪此时特别寒冷,因为这是冬春转换的月份,天地间的阴阳气息在消长搏杀,肯定会让人感觉寒凉,但寒气中含有春天即将到来的欢喜明丽。

(二)黄庭坚的《驻舆遣人寻访后山陈德方家》

驻舆遣人寻访后山陈德方家

江雨蒙蒙作小寒,雪飘五老发毛斑。

城中咫尺云横栈,独立前山望后山。

理解这首诗最关键之处在于读懂题目——"驻舆遣人寻访后山陈德方家",题目一是交代了小寒出行的工具车马;二是车停下来观望,与"独立前山望后山"相呼应;三是说明了诗人在等待结果,因为已经派人去寻人;四是交代了寻人的具体位置在后山;五是点出寻访的到底是何人。天气再冷,也阻挡不了诗人寻亲访友的乐趣。小寒节气,江南烟雨蒙蒙,颇有寒意。雪花飘飘,落在五老峰上,这是写小寒天气的特点。小寒时出行,又下雨又飘雪,可为何在这样寒冷的雨雪天还要出来寻人呢? 这就间接说明寻访此人的重要性。马上就要进城了,可我却立在这里,望着后山。为什么呢? 因为我的朋友就住在那里,我等待着前往后山去访寻的仆人与朋友一起回来。黄庭坚的这首诗词意境很美,首句小寒时节,长江上冷雨一片迷茫,远处白雪皑皑的庐山五老峰,就像五个须发斑白的老人。这里描写了作者要寻访的好友,就在庐山附近。沉沉浓云低压在九江城头,我单独站立在庐山的前山遥望着后山,等待着朋友。这首小寒访友诗,把诗人立于风雪、不畏严寒、翘首以盼、期待相聚的身影刻画得栩栩如生。从中不难看出,黄庭坚对于友人陈德方的敬重与仰慕。

(三)陶宗仪的《十一月廿七日雪赋禁体诗一首明日小寒》

十一月廿七日雪赋禁体诗一首明日小寒

九冥裁剪密还稀,驴背旗亭索酒时。

剡水怀人乘逸兴,梁园授简骋妍词。

　　小寒纪节欣相遇，瑞兆占年定可期。

　　莫塑狮儿供一笑，埽来煮茗快幽思。

　　作者陶宗仪为元末明初藏书家、文史学家。诗歌题中有"雪赋"二字，点明诗歌写作背景，此时正在下雪。所谓禁体诗，就是"禁物体""禁字体"，要求限定某些字不能入诗，或是某些字必须入诗，是一种遵守特定禁例写作的诗，意在倡导一种求新避熟的新诗风。首联，用"九冥"指代天空，"驴背"则指诗人失意之时骑上驴背吟诗，与"骑马"相对应，分别寓意"在野"与"在朝"，有"归隐"与"入仕"的区别。"剡水"，指王子猷"雪夜访戴"的发生地。"梁园"，指西汉梁孝王与司马相如诸文士聚会地。小寒时节，雪花纷飞，玉树琼妆，银装素裹，分外妖娆。正是才子们对雪吟诗，让雪生出了一种孤高纯净的绝世之美。诗人在大雪之中，从古人的情思中回到现实，对于来年发出美好祈愿。尾联，叙述眼中所见的情景：店小二忙着堆塑一只雪狮子，博取客人一笑，诗人让店小二赶紧扫雪上茶，将心中的诗情构成一幅完整的雪景图。这是小寒前一日，诗人记录下自己骑驴雪后饮酒的情景，表达了诗人对古人雪天与友吟诗的渴慕，同时抒发了自己内心的孤独，并希望来年庄稼能够丰收。

六、思考题

　　小寒时节，你们家乡都有什么习俗？

第三节　大　寒

　　小寒后十五日，斗柄指丑为大寒。大寒是二十四节气中的最后一个节气，时值每年公历 1 月 20 日前后。有的年份"大寒"节将持续到农历正月上旬，素有"小寒大寒，杀猪过年"之说。

　　"大寒"是反映温度变化的节气，此时太阳到达黄经 300°。《授时通考·天时》引《三礼义宗》曰："大寒为中者，上形于小寒，故谓之大。自十一月一阳爻初起，至此始彻，阴气出地方尽，寒气并在上，寒气之逆极，故谓大寒。"这是说冬至一阳初生后，阳气逐渐强大，由下至上，经小寒至大寒，才彻底将寒气逐出地面。大寒因此是阴寒密布地面，寒气砭骨。《月令广义》称："大寒，至此栗烈极矣！"

这些都表明到"大寒"节,是气候达到最冷的时候,是时"重阴凄而转肃,鳞介潜而长伏",是一年中最苦寒的时节。所谓"三九四九冰上走",正是在"大寒"前后这段时间。这时寒潮南下频繁,风大,低温,地面积雪不化,呈现出冰天雪地、天寒地冻的严寒景象。北国风光可谓千里冰封,万里雪飘。不过,有些年份,"大寒"前后一两天气温降到最低值,天气特别寒冷,但接着天气转暖,整个"大寒"期间还不如"小寒"期间冷。

大寒是气温变化的极点,其冷暖规律也影响着农业生产。"大寒见三白,农人衣食足""大寒猪屯湿,三月谷芽烂"等民谚,正反映了大寒的天气情况影响着作物的丰收。

大寒守着岁末,年节又在立春前后,两者往往相互重合。每逢此时,空气中愈发弥漫着辞旧迎新的浓厚"年味",多彩的民俗也增添了欢乐的氛围。人们除旧布新,打扫卫生,装点住所,置办年货,在忙碌中喜迎新年的到来。大寒意味着四时的终结,天气虽冷,但冰雪覆盖之下也隐含着勃勃生机,预兆着万物复苏的春天的开始。

一、大寒的气候物候

大寒是我国大部地区一年中最冷的时期之一,近代气象观测记录虽然表明,在我国绝大部分地区,大寒不如小寒冷;但是,在某些年份和沿海少数地方,全年最低气温仍然会出现在大寒节气内。"小寒大寒,冷成一团"的谚语,说明大寒节气也是一年中的寒冷时期。

(一)气候

大寒的气候特点是降水稀少、气候比较干燥,常有寒潮、大风、暴雪等灾害性天气。

大寒节气,大气环流比较稳定,环流调整周期大约为 20 天。此种环流调整时,常出现大范围雨雪天气和大风降温。当东经 80°以西为长波脊,东亚为沿海大槽,我国受西北风气流控制及不断补充的冷空气影响便会出现持续低温。如淮河、秦岭以北地区 1 月份平均气温普遍在 0℃以下,其中东北、华北北部、西北大部都在零下 10℃以下,极端最低气温长江以北可达零下 12℃~20℃。

小寒、大寒是一年中雨水最少的时段。常年大寒节气,我国南方大部分地区雨量仅较前期略有增加,华南大部分地区为 5～10 毫米,西北高原山地一般只有 1～5 毫米。华南地区冬干,越冬作物这段时间耗水量较小,农田水分供求矛盾一般并不突出。不过"苦寒勿怨天雨雪,雪来遗到明年麦",在雨雪稀少的情况下,不同地区按照不同的耕作习惯和条件,适时浇灌,对小春作物生长无疑是大有好处的。

我国民间把"冬至""小寒""大寒"三个节气称为"隆冬"。隆冬时节平均 5 天左右就有一次冷空气南下,寒潮、霜冻、暴雪是隆冬的主要灾害性天气。这个时期,铁路、邮电、石油、海上运输等部门,要特别注意及早预防大风降温、大雪等灾害性天气。农业上要加强牲畜和越冬作物的防寒防冻。

(二)物候

中国古代将大寒分为三候:一候鸟乳,二候征鸟厉疾,三候水泽腹坚。

一候鸡乳。鸡乳,育也。《月令广义》曰:"鸡木畜,丽于阳而有形,故乳在立春节前也。"所谓鸡乳,就是鸡孵化蛋。当大寒到来之时,母鸡就会开始孵蛋,准备孵出小鸡。这实际上也正预示着春季的到来。

二候征鸟厉疾。征,伐也。杀伐之鸟,乃鹰隼之属,至此而猛厉迅疾也。说的是大寒节气后五天左右,鹰隼等征鸟也就是猛禽正处于捕食能力极强的状态,盘旋于空中到处寻找食物,因为这时候秋季储存的食物和能量都已经基本消耗完毕,加之气候寒冷,它们必须捕获足够多的食物才能补充身体的能量抵御严寒。

三候水泽腹坚。《月令广义》曰:"冰之初凝,水面而已,至此彻,上下皆凝。故云腹坚。腹,犹内也。"按照古人的认识和解释,叫作"冰之初凝,水面而矣"。然而,一到大寒,天气最冷之时,其水"则彻上下皆凝,故云腹坚。腹,犹内也"。这时大地的寒气积累到了极限,水域中的冰一直冻到水中央,水面的冰层最为坚固厚实。在东北等地区,冰面甚至可以承载卡车通行。

二、大寒的农事活动

大寒节气一般降水稀少,或无降水,也有的年份大雪屯门。在北方地区,广袤的田野已被冰雪覆盖,并无太多农活。人们在农闲时刻进行"歇冬",一方面顺应天时、休养生息,另一方面也进行牲畜的防寒防冻与土地的积肥堆肥,为春耕做足准备。而在南方,土地尚未冻结,依旧需要加强对小麦及其他作物的田间管理,做好防寒防冻、追施冬肥等工作。

(一)农林蔬菜管理

大寒节气是一年中的寒冷时期,所以要做好农林作物和蔬菜的防寒工作。对于某些作物来说,在生育期内需要有适当的低温。其中最具代表性的就是冬小麦和油菜,这些作物在来年开春之前需要在较低的温度中生长,气温一高反而无法进行正常发育。如在我国南方播种小麦、油菜,一旦播种时间早了或者遭遇了较暖的冬季气候,往往就会出现拔节、抽薹等长势过旺的现象,当寒潮或强冷空气到来时,更容易遭受低温霜冻的损害。如果遇到这种情况,则应以人工方式如泼浇稀粪水、撒施草木灰等帮助作物抵御低温霜冻,尽可能地减少损失。

麦类作物继续追施腊肥。1月份后是小麦生长发育最旺盛的阶段,进入拔节孕穗期,栽培上要促控结合,要做好清沟排水工作,疏通田内沟并与田外渠保持通畅,增施磷、钾肥,促进根系稳健生长。但要防止氮肥过多,同时要预防小麦倒伏。油菜继续做好防霜冻、清沟排水、培土壅根工作,在施足基肥的基础上,重视薹肥的施用,加强田间管理。

对露地蔬菜,要做好防冻、育苗的各项准备和管理工作。露地栽培的蔬菜地,可用作物秸秆、稻草等稀疏地撒在菜畦上,作为冬季长期覆盖物,起到保温防冻的作用。遇到低温来临时再加厚覆盖物作为临时性覆盖,低温过后及时揭去。对温室棚菜,必须在冷空气来临前的2~3天揭棚降温炼苗,以防冻害。一般寒冷季节要少通风,地膜要晚揭早盖,盖严压实,有破损处要及时修补以防漏风。连续阴雨天气,也应定时揭膜通风降湿,以减轻冻害。南方地区春洋白菜、春茄子、春番茄、春芹菜等要准备播种育苗,晚白菜、晚包菜等则要做好定植和管理工作。

果园里要注意清沟排水,防水渍、防冻害。雪后应及早摇落果树枝条上的积雪,避免大风造成枝干断裂。苹果、梨、桃、葡萄、樱桃这时处于休眠期,要及时进行冬剪。新开发的果园继续抢晴好天气定植苗木。高山茶园,特别是西北朝向的茶园,易受寒风侵袭,要用稻草、杂草或塑料薄膜覆盖,以防止茶树枯梢和沙尘对叶片的直接危害。

(二)畜牧水产养殖

畜禽饲养专业户须高度重视,做好保温工作,使家畜、家禽能够安全越冬。

猪舍、牛舍、羊栏要关闭门窗,提高舍内温度。家畜饮用的水温度不能过低,最好喂温水。牛羊外出放牧要晚出早归,并给予人工补饲。打好防疫针,防范外来疫源感染而引起急性、烈性传染病的发生。饲养蛋鸡的专业户,为提高产蛋率,要增加人工光照,还要在饮水中加入适量红糖来补充能量。

水产养殖方面,要搞好捕捞和饲喂工作。1月气温最低,每天都要做好调节水温水质、观察天气、掌握投饵和病害的防治等工作,管理上不能有丝毫放松。利用冬闲时间做好鱼塘的清理和消毒工作。1月是冬放鱼种的最佳时期,到春节之前放养结束。要选择晴朗天气,对投放的鱼种进行鱼体消毒,草鱼还需要浸泡免疫或者注射草鱼出血病疫苗。网箱养鱼冬放鱼种还要在放养前经囤箱密集锻炼,以便其尽快适应网箱高密度环境。

三、大寒的风俗文化

在大寒至立春这段时间,有很多重要的民俗和节庆,如尾牙祭、祭灶、小年和除夕等,有时甚至连我国最大的节庆春节也处于这一节气中。大寒时节已近岁末,一般在腊月中旬,接近春节。从此时开始,各地的人们除旧布新,腌制年肴,置办年货,充满了喜悦与欢乐的气氛,为迎接新春做着准备,如赶年集,买年货,写春联,准备各种祭祀供品,扫尘洁物,腌制各种腊肠、腊肉,或煎炸烹制鸡鸭鱼肉等各种年肴。同时祭祀祖先及各种神灵,祈求来年风调雨顺。

(一)吃糯米

在我国南方广大地区,有大寒吃糯米的习俗,如广东佛山民间在大寒节这一天用瓦锅蒸煮糯米饭。这项习俗虽听来简单,却蕴涵着前人在生活中积累的生活经验。由于大寒时节天气比较寒冷,身体缺少热量,抵抗能力下降,而糯米味甘,性温,比普通大米糖分高,食之具有御寒滋补的功效,正好可以弥补这个缺点,抵御严寒。

(二)买芝麻秸

旧时大寒时节,人们还要争相购买芝麻秸(即芝麻收割后的茎)。因为"芝麻开花节节高",用芝麻秸比喻来年生活更高更好。到除夕夜,将芝麻秸洒在行走的路上,供孩童踩碎,谐音吉祥意"踩岁",同时以"碎""岁"谐音寓意"岁岁平安",求得新年节好口彩。"踩岁"亦称"踿岁"。清代富察敦崇《燕京岁时记·踿岁》曰:"除夕自户庭以至大门,凡行走之处遍以芝麻秸撒之,谓之踩岁。"梁斌《红旗谱》载:"(严志和)又抱了一捆芝麻秸来,撒在地上。江涛问:'爹,这是什么意思?'严志和说:'这个嘛,让脚把它们踩碎。取个踩岁的吉利儿。'"这些讨口彩、图吉利的习俗,展现了人们新年的美好愿望,也使得大寒驱凶迎祥的节日意味更加浓厚。

(三)祭灶

大寒时节,最为重要的一项活动就要数"祭灶"了。腊月二十三,传说是灶王爷上天的日子。灶王爷,也称灶君、灶君菩萨、东厨司命。在民间传说中,灶神是玉皇大帝派到人间察看善恶的神。灶神的全衔是"东厨司命九灵元王定福神君",被尊奉为三恩主之一,也就是一家之主,家里大大小小的事都归他管。为了感谢灶王爷在一年中守护家庭的功劳,同时希望他在天上多为自己说些好话,每户人家都要在这一天拿出丰盛的祭品欢送灶王爷,将酒、糖、果等供品放在厨房灶神牌位下,祭祀后要烧掉灶神像,意味着送灶神上天。

祭祀时,还有一个有趣的细节,祭祀的供品中一定要有胶牙糖做成的糖瓜、糖饼或年糕,为的是这些食物将灶神的嘴粘住,防止灶神上天乱揭人间短处。因此,过去灶龛两侧常可见到这样的对联:"上天言好事,回宫降吉祥""上天言好事,下界保平安"和"一家之主"的横批。旧时,祭灶仪式感很强,马虎不得。全家老少都要参与祭祀,要梳头、行礼,讲究的人家要由长子奉香、送酒,并为灶神的坐骑撒马料、供清水,好让灶神骑着升天。

祭灶当日,人们不能乱说话,不能言是非,尤其是灶神朝天言事之夜。出嫁女忌在娘家过小年,要在节前赶回婆家。在山西孝义,小年这天不动磨、妇女不用针;祭灶日当夜俗称"老鼠嫁女",人们要早早睡下,若夜晚看到老鼠则预示来年多鼠害。

(四)尾牙祭

尾牙源自于拜土地公做"牙"的习俗。所谓二月二为头牙,以后每逢初二和十六都要做"牙",到了农历十二月十六日正好是尾牙。尾牙祭是旧时大寒节气中又一重要活动。一般情况下,尾牙祭祀多在十二月十六日的下午四五点开始祭拜。尾牙祭拜土地公时,供桌会设在土地公神位前。在门口或后门处也会设供桌,以祭拜地基主。祭祀的供品有牲礼(鸡、鱼、猪三牲)、四果(四种水果,其中柑橘、苹果是一定要有的),还有"春卷",即润饼,里面卷有豆芽菜、红萝卜、笋丝、肉丝、香菜,外面裹有花生粉,吃起来美味可口。

在台湾,每年的腊月,商人都会祭拜土地公神,称为"做牙"。这一天买卖人要设宴,白斩鸡为宴席上不可或缺的一道菜。据说鸡头朝谁,就表示老板第二年要解雇谁。因此有些老板一般将鸡头朝向自己,以使员工们能放心地享用佳肴,回家也能过个安稳年。做尾牙算是感谢土地公对信众的农业收成与事业生意顺利的庇佑,所以会比平常的做牙更加隆重。现如今在福建商人群体中仍很盛行。

(五)剪窗花

在大寒时节,剪贴窗花是最盛行的民俗活动。人们会在春节到来之前剪出各种各样的窗花,为节日增添一些喜气。窗花内容有各种动植物掌故,如喜鹊登梅、燕穿桃柳、孔雀戏牡丹、狮子滚绣球、三羊(阳)开泰、二龙戏珠、鹿鹤桐椿(六合同春)、五蝠(福)捧寿、犀牛望月、莲(连)年有鱼(余)、鸳鸯戏水、刘海戏金蟾、和合二仙等。也有各种戏剧故事,谚语说:"大登殿,二度梅,三娘教子四进士,五女拜寿六月雪,七月七日天河配,八仙庆寿九件衣。"体现了民间对戏剧故事的偏爱。刚娶新媳妇的人家,新媳妇要带上自己剪制的各种窗花,到婆家糊窗户,左邻右舍还要前来观赏,看新媳妇的手艺如何。

(六)贴春联

这春联可是有讲究的。在纸写春联之前,岁首新年、新旧交替时刻用的是"桃符"。桃符与春联是传统社会新年装饰门户的重要节物,它们都具有民俗信仰的意义。宋代王安石《元日》一诗曰:"爆竹声中一岁除,春风送暖入屠苏。千门万户曈曈日,总把新桃换旧符。"桃符的新旧置换,昭示着时间的斗转星移,寒冬过去而新春来临。随着时代的变迁,人们要表达的意愿越来越多,在桃符上的字也就越写越长,春词逐渐形成了对仗工整的吉祥联语。于是出现了春联这一新年门饰,最早的春联是写在桃符上的。相传出生于山西太原的五代后蜀皇帝孟昶是第一幅春联的作者,他在桃板上撰写了"新年纳余庆,嘉节号长春"的联语,开创了春联这一雅俗共赏的文学新体裁。

春联,从桃符图像文字到吉语联对,是新年春联出现的重要预演。春联的最初起源虽在唐末五代,但明朝之后,过年写贴纸质春联,已成为迎接新年的重要民俗。明人刘侗等所写的《帝京景物略》中说:"东风剪剪拂人低,巧撰春联户户齐。"年节中家家户户都要贴春联,并且一般都要写敬仰和祈福的话,讲究寓意吉祥,词语对仗工整。春联的种类繁多,但每家屋里都会贴"抬头见喜",大门对面都会贴"出门见喜"。人们对大门上的对联很重视,对联的内容都非常丰富,而且妙语连珠,如"天恩深似海,地德重如山。"

(七)除夕守岁

大寒节气全在为过年忙活,到了腊月三十万事齐备。腊月三十为除夕。除夕下午,都有祭祖的风俗,称为"辞年"。除夕祭祖是民间大祭,有宗祠的人家都要开祠,并且门联、门神、桃符均已焕然一新,还要点上大红色的蜡烛,然后全家人按长幼顺序拈香向祖宗祭拜。

旧时除夕之夜,人们要鸣放烟花爆竹,焚香燃纸,敬迎灶神,叫作"除夕安神"。入夜,堂屋、住室、灶下,灯烛通明,全家欢聚,围炉熬年、守岁。正是这样的一种文化传统,使得家家户户特别重视除夕节。除夕晚上,全家人都要守岁,并在到达午夜时吃刚刚出锅的饺子。这饺子音同"交子",预示着子时到来,新年开始。同时,饺子的形状乃是面皮包裹馅料,形如神话中天地混沌未开时的状态。破饺子等于是再一次破除混沌,祈祷新的一年天地之间气候调和、秩序井然。

除夕是一年之终,子夜一过,便是一年之始。《史记·天官书·正义》说:"正月旦岁之始,时之始,日之始,月之始,故云'四始'。""有始有终"是中华文化传承中一贯遵循的处事原则,这是我们中国人的讲究。

大寒过后,又是一个新的循环。从下一个十五日开始,便是立春。春天的大幕再次开启,万物开始生发,四季再次轮回,所有的日子将又一次踏上征程。

四、大寒的谚语表达

大寒时的民谚有很多,有的反映大寒的寒冷,有的根据当天的天气情况预见来年的天气情况和作物的丰收情况,有的充满了对来年的期望,洋溢着喜庆的气息。

(一)常见谚语

(1)大寒不寒,春分不暖。

大寒这一天如果天气不冷,那么寒冷的天气就会向后延展,来年的春分时节天气就会十分寒冷。

(2)大寒见三白,农人衣食足。

大寒忌晴宜雪,腊月下雪是丰年的征兆。欧阳修《喜雪示徐生》:"常闻老农语,一腊见三白。是为丰年候,占验胜蓍策。"为什么腊月下雪就预兆丰收呢?《清嘉录》卷十一《腊雪》说得好:"腊月雪,谓之腊雪,亦曰'瑞雪',杀蝗虫子,主来岁丰稔。"腊雪杀了蝗虫,次年不闹虫灾,自然丰收在望。

(3)大寒日怕南风起,当天最忌下雨时。

大寒这一天如果是吹南风而且天气暖和,则代表来年作物会歉收;如果遇到当天下起雨来,来年的天气就可能会不好,进而影响到作物的生长。

(4)大寒猪屯湿,三月谷芽烂。

从民间流传的说法来看,大寒宜冷不宜暖。大寒节气天气暖湿,预示着阳历2～4月份低温阴雨严重,会对春耕作物的生长产生不利影响。

(二)其他谚语

小寒大寒,冷成冰团。

小寒不寒寒大寒。

小寒天气热,大寒冷莫说。

小寒大寒,滴水成冰。

大寒小寒,无风自寒。

小寒不太冷,大寒三九天。

大寒大寒,无风也寒。

大寒牛眠湿,冷到明年三月三。

南风送大寒,正月赶狗不出门。

小寒不如大寒寒,大寒之后天渐暖。

大寒到顶点,日后天渐暖。

小寒大寒不下雪,小暑大暑田开裂。

小寒大寒寒得透,来年春天天暖和。

小寒大寒多南风,明年六月早台风。

大寒不寒,人马不安。

该冷不冷,不成年景。

大寒水源枯,来春大雨铺。

大寒不寒,大暑不热。

大寒不寒,无水插秧。

大寒下雨,来春雨多。

大寒不寒终要寒。

大寒若逢天下雨,二月三月雨水多。

大寒暖几天,雨水冷几天。

大寒有雨沤出正,新旧两年不见晴。

大寒暖,立春冷;大寒冷,立春暖。

大寒出太阳,雪打早稻秧。

大寒牛恋塘,冷到来年三月三。

大寒牛辘塘,冷死早禾秧。

大寒牛练塘,春来冷死秧。大寒牛练塘,春分冻烂秧。

大寒出日头,出年冻死牛。

大寒出日头,临春冷死牛。

暖大寒,育秧难。

大寒不寒,谷种成堆。

大寒牛浸水,来岁早春头。

大寒不冻,冷到芒种。

大寒一夜星,谷米贵如金。

大寒东风不下雨。

南风打大寒,雪打清明秧。

冬寒有雾露,无水做酒醋。

三九见大风,黄梅无大雨。

冬后南风无雨雪。

三九见东风,梅雨定是空。

冬季南风三日雪,夏季南风泥如铁。

三九四九,刀尖不入土。

冬季奇寒,次年必旱。

三九四九,霜凌夜夜有。

三九雨不尽，三伏雨如粪。

冬暖必有倒春寒，要过谷雨才脱棉。

三九猪滚泥，三伏无水吃。

冬暖年成荒，冬寒有福享。

数九寒天天不寒，来年田里少粮食。

冬暖雨少，冬寒雨多。

小寒不如大寒寒，大寒之后天渐暖。

冬前不结冰，冬后冻死人。

一冬无雨，必有春瘟。

冬前冻破地，冬里盖薄絮。

小寒大寒，杀猪过年。

过了大寒，又是一年。

五、诗情词韵中的大寒

大寒是十二四节气中的最后一个节气，古代文人用诗句来描写大寒的景色，抒发自己在大寒时的情感，让我们一起来品味古诗词中的大寒之美。

(一)元稹的《咏廿四气诗·大寒十二月中》

咏廿四气诗·大寒十二月中

腊酒自盈樽，金炉兽炭温。大寒宜近火，无事莫开门。

冬与春交替，星周月讵存？明朝换新律，梅柳待阳春。

元稹的这首歌咏大寒节气的诗并没有写"鸡乳、征鸟厉疾、水泽腹坚"等物候现象，而是直接写人们的习俗和新、旧年的交替。

首联，腊酒点出了年味，大寒节气已经到了腊月，新年即将到来。将腊酒斟满，炉炭点燃，静静地享受这安谧的冬日时光，正如诗人的好友白居易笔下的"绿蚁新醅酒，红泥小火炉"。颔联，语言平实，道出了大寒天的养生之道。《月令广义》引《素问》曰："水冰地坼，无扰乎阳。早卧晚起，必待日光。"大寒时节要去寒就温，多晒太阳，不要让阳气外漏。"大寒宜近火"，可以围着炉火喝辣酒，驱寒取暖。"无时莫开门"说的也是这个意思，如果开门让冷风吹了，容易落下病根。颈联，是说大寒到来也就意味着春天快到了，一年即将结束，十二个月也就过完了。大寒虽是一年中最后一个节气,但却是一年"运""气"循环变化的开始。人们除旧布新,腌制年肴,准备年货,添置新衣,喜迎新年的到来。尾联,"春"字出韵。是说过不了几天,就要用新的历法。梅花和柳树也期待着阳春而蓄势待发,一切都蕴藏了无限生机与活力。

在这样寒冷的季节里,诗人元稹认为最惬意的事情,莫过于知己好友共聚一室,温腊月酒,围炉取暖,畅饮叙谈。诗歌反映了大寒时节人们的习俗生活及对新春的期盼。

(二)邵雍的《大寒吟》

大寒吟

旧雪未及消,新雪又拥户。阶前冻银床,檐头冰钟乳。

清日无光辉,烈风正号怒。人口各有舌,言语不能吐。

这是宋代诗人邵雍的一首五言律诗,整首诗围绕一个"寒"字展开。首联写雪之寒,旧的积雪尚未来得及消融,新的大雪又纷纷飘落拥积在庭户。颔联写冰之寒,台阶前井栏上的辘轳架早已冰冻,檐头之上,雪水化成了一个个冻冻丁,像钟乳石一样。颈联写风之寒,清朗的日子,没有夺目的光芒,也感觉不到太阳的一丝暖意;猛烈的北风,正疾厉怒号,更让人觉得凛冽寒冷。尾联写舌之寒,人们口中的舌头也仿佛被冻住了,一句话也说不出来,真可谓呵气成冰。

诗人从雪、冰、风、舌四个方面极力描摹大寒之寒,在视觉、听觉和触觉上让人们形象真切地感受到了什么是一年中最冷的时节,体现了大寒节气天寒地冻的特点。

(三)陆游的《大寒出江陵西门》

大寒出江陵西门

平明羸马出西门,淡日寒云互吐吞。

醉面冲风惊易醒,重裘藏手取微温。

纷纷狐兔投深莽,点点牛羊散远村。

不为山川多感慨,岁穷游子自销魂。

陆游写过很多有关节气的诗歌,这首《大寒出江陵西门》就是他在大寒节气里所作的一首借景抒情之诗。

诗中充满"大寒"时节的氛围,前三联叙事。天刚亮,诗人就骑着一匹瘦马出了城,日光冷白,寒云舒卷,冷风扑面,吹散了诗人的酒意。他将双手藏进皮衣,也只是取得微温。城外大风低温,连狐兔等耐寒动物都纷纷躲入莽莽苍苍的深林,牛羊则依然三三两两地散落在远方的村落里。"深""远"二字写出了如今大地贫瘠,兽迹难觅,也为尾联中诗人的感慨作了铺垫。岁暮之时,诗人倒不是因为萧索的山川而多愁善感,那令他怅然的,依然是对于国家战乱不定的忧愁感伤以及对人民生活困苦的深深同情。

诗文语言平实,但景物描写生动,借景抒情,流畅自然。既描写出了大寒时节的寒冷与苍茫,也表达了诗人此时的一种情怀。

六、思考题

(1)结合大寒的节气特点和相关谚语,说说为什么大寒的冷暖对农业生产影响很大。

(2)说一说大寒时节你们家乡都有什么习俗。

结语　坚定新时代二十四节气农耕文化自信与守正创新

中华民族有着绵延不断的文明历史和灿烂辉煌的传统文化。中华传统文化源远流长、博大精深,积淀着中华民族 5000 多年文明的深厚底蕴,承载着中华民族最为深沉的精神追求,彰显着中华民族独特的文明标识,是中华民族生生不息、发展壮大的力量源泉,是我们取之不尽、用之不竭的精神宝库。中华优秀传统文化是中国特色社会主义植根的丰厚土壤,是社会主义先进文化形成发展的强大母体,是我们傲立世界文明走向中华民族伟大复兴的重要软实力。

二十四节气是中华优秀传统文化的重要载体和表达形式,包含了天文、地理、时令、气候、物候、农业生产、乡上生活、节日民俗、礼仪庆典等内容,是中华文明这棵参天大树上最为璀璨的一颗明珠。《二十四节气农耕文化教程》通过梳理二十四节气的气候、物候、农事活动、风俗文化、谚语表达、诗情词韵等内容,深刻诠释了二十四节气的文化意蕴。开展"二十四节气农耕文化"课程教学,对于弘扬中华优秀传统文化、增强大学生的文化自信具有重要意义。

一、坚定新时代二十四节气农耕文化自信

习近平总书记指出,中国有坚定的道路自信、理论自信、制度自信,其本质是建立在 5000 多年文明传承基础上的文化自信。二十四节气积淀了中国劳动人民丰富的生产生活智慧,涵育了中华 5000 多年厚重的文化底蕴,在世界文化史上占据着举足轻重的地位,我们必须坚定对二十四节气的文化自信。

首先,二十四节气具有比西方更早的历史缘起和更漫长的发展历程。二十四节气作为我国夏历这一阴阳合历不可分割的一部分,表达的是太阳视运动的节点周期,反映了华夏历法中的四时节律和物候变化,最早可以追溯到 4000 年前的夏商时期,到汉朝时已经形成了成熟的二十四节气。汉武帝太初元年(前 105 年),汉武帝时期编纂的《太初历》首次正式将二十四节气纳入国家历法,比

西方的阳历早了半个多世纪(一般认为,阳历即现代的公历历法可以追溯到公元前 45 年的《儒略历》)。

其次,二十四节气具有深邃的生产生活智慧和丰厚的农耕文化意蕴。二十四节气是黄河农耕文化的精华,其形成和发展,使黄河流域劳动人民可以根据气候、物候的变化安排耕种、收割等农事活动。同时,二十四节气中富含节庆、礼仪、民俗、文学等内容,是人们在长期的生产实践和社会生活中形成的文化成果,充分展现了中华优秀传统文化的智慧和魅力。至今,二十四节气仍对人们的生产生活具有重要指导作用。

第三,二十四节气越来越受到世界各国人民的了解和认可。作为中华优秀传统文化的重要组成部分,二十四节气被誉为"中国的第五大发明"。2006 年 5 月 20 日,二十四节气作为民俗项目经国务院批准列入第一批国家级非物质文化遗产名录。2016 年 11 月 30 日,被正式列入联合国教科文组织的人类非物质文化遗产代表作名录。在 2022 年北京冬奥会开幕式上,二十四节气与古诗词、古谚语融为一体,将神州大地的锦绣山河与冰雪健儿的飒爽英姿次第呈现,让网友惊呼"每一帧都是壁纸",将"中国式浪漫"传递给整个世界。

二、促进二十四节气农耕文化守正创新

弘扬中华优秀传统文化,就是保护中华民族生生不息的精神根脉,二十四节气作为中华优秀传统文化的重要内容,需要一代代中华儿女薪火相传、守正创新。

(一)"守正"是弘扬二十四节气农耕文化的前提和基础

"守正"是传承中华优秀传统文化的核心价值观,也是弘扬二十四节气农耕文化的要旨所在。对于二十四节气农耕文化的"守正",不仅是对中华优秀传统文化的沉淀和历史铭记,更是对民族传统的传承和延续。

首先,要增强对二十四节气农耕文化的传承意识。二十四节气农耕文化的传承不仅需要专业人士的投入,更需要全社会广泛了解和参与。要加强二十四节气农耕文化的宣传普及,加强节气文化在现代社会的传播和推广,只有当每个人都意识到节气文化的重要性,自觉保护和传承二十四节气农耕文化,才能真正做好"守正"工作。

其次,要加强对二十四节气农耕文化的研究整理。要做好"守正",就必须加强对二十四节气的深度认识和研究。不断完善节气文化的记录和整理,让更多人了解和认识节气文化的精髓。同时进行多方面的挖掘和探讨,更好地发掘二十四节气的文化内涵,加深民族之间的纽带,增强全民族的文化自信心。

(二)创新是弘扬二十四节气农耕文化的目标和方向

创新是文化发展的动力,是二十四节气农耕文化弘扬发展的必然选择。在现代社会中,弘扬和发展二十四节气农耕文化,必须加强对节气文化的转化和创新。

首先,要创新二十四节气农耕文化的传播手段和表达形式。要善于运用新的数字信息技术推动二十四节气农耕文化的保护、传播、转化、创新,运用现代科技手段丰富二十四节气农耕文化的时代化表达、艺术化呈现,让文化自身说话,不断向世人展示二十四节气的独特魅力。此外,还可以在二十四节气的庆祝活动中加入现代元素,如现代舞蹈、影像艺术等,为二十四节气农耕文化注入新的活力和能量。

其次,要创新二十四节气农耕文化的时代内容和应用价值。要坚持人民立场,着眼于人民群众不断发展的美好生活需要,积极推广二十四节气的应用。不仅要通过节日庆典、节气习俗等传统文化形式,将二十四节气农耕文化展示出来,更要善于与现代生活相结合,将二十四节气农耕文化应用到当今健康、养生、旅游、农业等领域,更好地满足现代社会的需求。

三、弘扬二十四节气农耕文化时代价值

二十四节气作为中国古代农耕文化的典范,充分体现了中国古代劳动人民的勤劳智慧,至今仍对人们的生产生活和文化习俗具有重要的指导意义。新时代我们必须坚持守正创新、与时俱进,大力弘扬二十四节气农耕文化的时代价值。

第一,要大力弘扬二十四节气形成发展的科学精神。二十四节气的形成发展经历了漫长的历史过程,在科学技术相对落后的古代中国,勤劳智慧的中国人民在长期的生产生活实践中,通过观天象、读风水、察万物、辨人文,运用传统统计方法,科学地揭示了四时运转、季节变换的自然规律,并将这些自然规律运

用于指导生产生活。这一过程中所体现的孜孜以求、坚持不懈的科学探索精神，值得我们永远传承和发扬。

第二，要大力弘扬二十四节气农耕文化的深厚思想精髓。二十四节气农耕文化体现了中国劳动人民深邃的思想智慧，承载着深厚的思想文化内涵，如尊重自然、顺应天时、崇宗敬祖、孝老敬亲、睦邻友群等，既体现了天人合一、系统观念、辩证统一、联系发展的哲学智慧，也体现了人与自然的和谐共生，人与人、人与社会和谐相处的生态文明理念与和谐社会思想。对于我们建设社会主义生态文明、构建社会主义和谐社会、促进世界和平与发展具有重要的时代价值。

第三，要大力弘扬二十四节气农耕文化的生产生活智慧。二十四节气能比较准确地反映自然的律动与节奏，体现人与自然的和谐关系，曾一度成为农业生产的重要指南。虽然伴随着城镇化的加快和气象学的发展，这种作用在逐渐下降，但我国仍然是农业大国，特别是乡村振兴战略的实施，二十四节气在指导农业生产方面仍然可以大有作为。二十四节气充满内涵丰富的生活传统，在其产生、发展与历史流变过程中，其内涵一直在顺应社会形势的发展变化而演变，我们可以通过传承创新，让二十四节气更广泛地介入现代民众的社会生活，充分发挥二十四节气在日常交往、休闲娱乐、饮食养生等方面的功用与价值。

第四，要大力弘扬二十四节气农耕文化的文化价值。二十四节气是中华民族的原创文化，是古代民众在长期实践中不断求索、认知、总结的智慧结晶，它所蕴含的中华文明的宇宙观和核心价值理念，是中华文明区别于其他文明的重要方面。二十四节气农耕文化所蕴含的精神、思想和智慧，不仅对于我们中国人民具有重要的时代价值和指导意义，对于其他国家人民同样也具有一定的指导作用。我们要向世界积极传播包括二十四节气在内的中华优秀传统文化，传播好中国声音，讲好中国故事，向全世界展示中华优秀传统文化的丰富内涵和独特魅力。

四、增强青年大学生农耕文化传承使命

习近平总书记强调，文化自信，是更基础、更广泛、更深厚的自信。《二十四节气农耕文化教程》可以帮助青年大学生深入了解每一个节气的起源、演变和文化内涵，认知一年中天象、时令、气候、物候等方面的变化规律，了解与二十四节气相关的节日庆典、节气传统和民间习俗，从而深刻把握这一中华优秀传统

文化的深厚底蕴,充分感悟中华优秀传统文化的智慧和魅力,并主动将其运用到自身生活实践之中,科学安排生产活动,丰富日常文化生活,进一步增强二十四节气的文化自信,从而更加坚定对中华优秀传统文化的高度自信,不断增强做中国人的志气、骨气和底气。

习近平总书记强调,农耕文化是我国农业的宝贵财富,是中华文化的重要组成部分,不仅不能丢,而且要不断发扬光大。二十四节气不仅是指导农耕生产的时节体系,更是包含有丰富民俗事象的民俗系统,蕴含着悠久的文化内涵和历史积淀,是中华文化的重要组成部分。二十四节气蕴含的中国智慧可以为解决当今农业问题提供思路,有助于我们应对农业资源环境等生态问题。开展"二十四节气农耕文化"课程教学,积极推广和传播二十四节气农耕文化,有助于不断加深青年大学生对传统农耕文化的热爱,更好地传承弘扬农耕文化,不断增强知农、爱农情怀。

一代人有一代人的使命,一代人有一代人的担当。新时代给了青年人更多新平台、新机会,青年大学生要在认真学习二十四节气农耕文化基础上,深入挖掘二十四节气文化内涵和智慧,不断促进二十四节气与现代科技、现代社会及时代文化相结合,推陈出新、创新发展。积极传播和弘扬二十四节气文化,更好地传承和发扬中华优秀传统文化的精髓,不断将二十四节气文化智慧推向世界。

文化自信和守正创新是弘扬二十四节气文化的重要因素,也是文化自信建设的重要组成部分。只有不断增强文化自信,才能在守正基础上持续促进文化创新。同时,也只有不断推进守正创新,才能进一步坚定文化自信,不断促进二十四节气文化的传承和发展。坚定文化自信,建设文化强国,需要我们结合新的时代条件传承好、弘扬好二十四节气文化,让二十四节气这一中华优秀传统文化的瑰宝在新时代绽放出更加绚丽的光芒。

参考文献

[1] 胡朴安. 中华全国风俗志[M]. 石家庄:河北人民出版社,1986.

[2] 高占祥. 论节日文化[M]. 北京:北京文化艺术出版社,1991.

[3] 王象晋. 二如亭群芳谱[M]//范楚玉. 中国科学技术典籍通汇·农学卷:第三分册. 郑州:河南教育出版社,1994.

[4] 吴澄. 月令七十二候集解[M]. 济南:齐鲁书社,1997.

[5] 胡振国. 节气·农事·农谚[M]. 济南:山东科学技术出版社,1998.

[6] 钟孝书. 二十四节气新读[M]. 贵阳:贵州科技出版社,2007.

[7] 石夫,韩新愚. 不可不知的中华二十四节气常识[M]. 郑州:中原农民出版社,2010.

[8] 袁炳富. 节气与农事[M]. 合肥:安徽大学出版社,2010.

[9] 王晓梅. 一本书读懂二十四节气[M]. 北京:中央编译出版社,2010.

[10] 关美红. 二十四节气知识一本通[M]. 北京:中国三峡出版社,2011.

[11] 高倩艺. 中国民俗文化丛书[M]. 北京:中国社会出版社,2011.

[12] 董雪玉,肖克之. 二十四节气[M]. 北京:中国农业出版社,2012.

[13] 慕玲玲. 二十四节气常识使用手册[M]. 北京:经济科学出版社,2012.

[14] 余耀东. 二十四节气[M]. 合肥:黄山书社,2012.

[15] 李学勤. 字源[M]. 天津:天津古籍出版社,2012.

[16] 崔寔著,石声汉校注. 四民月令校注[M]. 北京:中华书局,2013.

[17] 许彦来. 二十四节气知识[M]. 天津:天津科学技术出版社,2013.

[18] 周墨涵. 跟着节气过日子[M]. 北京:农村读物出版社,2013.

[19] 赵萤. 节气节日[M]. 北京:中华书局,2013.

[20] 沈善书. 时光印痕:唐诗宋词中的节气之美[M]. 北京:中国华侨出版社,2013.

[21] 李丛锋. 话说节气与农业生产[M]. 北京:中国劳动社会保障出版社,2014.

[22] 江楠. 二十四节气知识[M]. 北京:中国华侨出版化,2014.

[23] 吕波,路楠. 节气农谚农事[M]. 北京:化学工业出版社,2014.

[24] 吕厚军,崔伟,吕波. 现代农事与节气[M]. 北京:化学工业出版社,2015.

[25] 栗元周. 细说二十四节气[M]. 北京:北京燕山出版社,2016.

[26] 李志敏. 二十四节气养生经[M]. 天津:天津科学技术出版社,2016.

[27] 王秀忠,隋斌. 二十四节气农谚大全[M]. 北京:中国农业出版社,2016.

[28] 李颜垒. 新岁时歌·古诗词中的二十四节气[M]. 北京:中国纺织出版社,2016.

[29] 熊春锦. 中华传统节气修身文化[M]. 北京:中央编译出版社,2016.

[30] 宋英杰. 二十四节气志[M]. 北京:中信出版集团,2017.

[31] 菩提子. 诗说二十四节气[M]. 北京:中国华侨出版社,2017.

[32] 黄思贤,魏明扬. 汉字中的自然之美[M]. 上海:文汇出版社,2017.

[33] 张长新. 节气·农事·农谚[M]. 北京:中国农业出版社,2017.

[34] 邱丙军. 中国人的二十四节气[M]. 北京:化学工业出版社,2018.

[35] 杨楠,唐心怡,田明鑫. 二十四节气那些事[M]. 天津:天津科学技术出版社,2018.

[36] 宋敬东. 中华传统二十四节气知识[M]. 天津:天津科学技术出版社,2018.

[36] 东篱子. 二十四节气全鉴[M]. 北京:中国纺织出版社有限公司,2018.

[38] 周家斌,周志华. 传统文化中的科学二十四节气[M]. 北京:科学普及出版社,2018.

[39] 蒙曼. 了不起的中华文明:你好,二十四节气[M]. 北京:化学工业出版社,2019.

[40] 黄耀红. 天地有节:二十四节气的生命智慧[M]. 北京:生活·读书·新知三联书店,2019.

[41] 李学峰. 二十四节气与七十二物候[M]. 北京:中国摄影出版传媒有限责任公司,2019.

[42] 白虹. 二十四节气知识[M]. 天津:百花文艺出版社,2019.

[43] 张晨雯. 二十四节气与"飞花令"[M]. 济南:山东科学技术出版社,2019.

[44] 宋兆麟. 二十四节气[M]. 重庆:重庆出版社,2019.

[45] 中国农业博物馆. 壮族霜降节[M]. 北京:中国农业出版公司,2019.

［46］王臣. 日月书:古诗词里的二十四节气［M］. 北京:化学工业出版社,2020.

［47］陈广忠. 二十四节气——创立与传承［M］. 北京:研究出版社,2020.

［48］果麦. 诗歌里的二十四节气［M］. 天津:天津人民出版社,2021.

［49］刘风雪. 图说二十四节气［M］. 北京:北京日报出版社,2021.

［50］李一鸣. 中国文化常识:二十四节气与节日［M］. 北京:中国友谊出版公司,2021.

［51］秋霖. 图说二十四节气与北方农事［M］. 西安:西北大学出版社,2021.

［52］李零.《管子》三十时节与二十四节气——再谈《玄宫》和《玄宫图》［J］. 管子学刊,1988(2).

［53］游修龄. 农时与反季节［J］. 古今农业,2001(1).

［54］萧放. 冬至大如年——冬至节俗的传统意义［J］. 文史知识,2001(12).

［55］侯晓东. 农业、气候与祭祀——尧山圣母庙会时间的区域解读［J］. 青海社会科学,2015(6).

［56］王加华. 节点性与生活化——作为民俗系统的二十四节气［J］. 文化遗产,2017(2).

［56］李凤能.“芒种之种”不含种麦［J］. 文史杂志,2018(3).

［58］丁建.《王祯农书·授时图》与二十四节气［J］. 中国农史,2018(3).

［59］秦闯. 清明节气的形成及农时功用［J］. 古今农业,2022(1).

［60］李景祥.“芒种”不关“春牛图”［J］. 咬文嚼字,2022(5).

后 记

　　《二十四节气农耕文化教程》是在青岛农业大学黄河文化、黄河精神进课程教材研究工作领导小组的领导下编写的,是青岛农业大学校长刘新民教授主持的山东省 2022 年本科教学改革研究项目"黄河文化、黄河精神进课程教材研究"重大专项的重要研究成果之一。在编写过程中,得到了学校领导、各职能部门的大力支持。同时,广泛听取了专家和师生的意见建议。

　　本书于 2023 年 1 月启动编写,6 月底定稿,书名为《二十四节气农耕文化教程》,定位为新时代大学生通识课必修课程,全书 20 余万字,由青岛农业大学人文社会科学学院院长云立新教授、副院长蔡连卫副教授主持编写,以青岛农业大学人文社会科学学院为主的 28 位教师组成的编写组成员耗时半年编纂而成。

　　本书编委会主任由刘新民担任;副主任由田义轲、张玉梅、云立新担任;编委有赵龙刚、吕永庆、蔡连卫、柴超、贾永超、刘园园、曹银娣、徐浩、吴薇、王淙、隋仁东。本书编写组成员(以姓氏笔画为序)有云立新、王南冰、车艳妮、付洁、包艳杰、朱广峰、刘鹏、刘少帅、刘向培、李杰、李卿、李衍妮、宋兆祥、宋颖芳、张华、张嫒、岳帅伯、宗茜、赵桂欣、胡述耀、夏明丽、党晓虹、徐以师、徐金娟、程江霞、蔡连卫、翟崑、魏宁宁等,云立新和蔡连卫负责统稿。

　　本书以春夏秋冬的四个季节变换为主线,以二十四个节气的自然时令变迁为顺序,全面介绍了二十四节气的演变过程和文化特征,结构完整、脉络清晰、内容丰富、包罗万象,思想性、可读性较强。是对中华上下五千年农耕文明和黄河文化的浓缩展示,对于促进中华优秀传统文化创造性转化和创新性发展具有重要的普及和启发意义。

　　导论部分,从二十四节气的农耕文化意蕴、二十四节气农耕文化的历史演变、二十四节气农耕文化的当代价值、开展二十四节气农耕文化课程教学的重要意义四个方面进行了综述,对于全面了解和把握二十四节气的基本概况、文化精髓和当代价值提供了重要参考,有助于学生进一步厘清二十四节气农耕文化的当代价值和开展二十四节气农耕文化课程教学的重要意义。

主体部分,分为春生、夏长、秋收、冬藏四篇,共八章、二十四节,涵盖一年春夏秋冬完整的四季轮回。每篇两章、一个季节,每章三节,每节介绍一个节气,分别从气候物候、农事活动、风俗文化、谚语表达、诗情词韵、延伸阅读与思考等六个方面展开,使丰富的传统农耕文化生活跃然纸上。

结语部分,对全书内容进行总结、提炼和升华,紧密结合习近平新时代中国特色社会主义思想,紧紧围绕把握新发展阶段、贯彻新发展理念、构建新发展格局,阐述了新时代二十四节气农耕文化对文化自信与守正创新的意义。

后记部分,简要介绍了本书的编写情况,权且作为编写组的自我推介和编写工作的小结。

因作者水平有限,本书在体例和内容上还存在一定瑕疵与不足,敬请各位专家学者和广大读者批评指正。

本书编写组
2023 年 6 月